江树

KIMI
高效办公

AI 10倍提升工作效率的
方法和技巧

沈亲淦 云中江树 蓝衣剑客 著

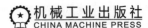
机械工业出版社
CHINA MACHINE PRESS

图书在版编目（CIP）数据

Kimi 高效办公：AI 10 倍提升工作效率的方法和技巧 /
沈亲淦，云中江树，蓝衣剑客著 . -- 北京：机械工业出
版社，2025. 3. -- ISBN 978-7-111-77317-7

Ⅰ. TP18

中国国家版本馆 CIP 数据核字第 2025TF3456 号

机械工业出版社（北京市百万庄大街 22 号　邮政编码 100037）
策划编辑：杨福川　　　　　　　　　责任编辑：杨福川　陈　洁
责任校对：张勤思　李可意　景　飞　责任印制：张　博
北京联兴盛业印刷股份有限公司印刷
2025 年 3 月第 1 版第 1 次印刷
170mm × 230mm・25.5 印张・1 插页・469 千字
标准书号：ISBN 978-7-111-77317-7
定价：99.00 元

电话服务　　　　　　　　　　　网络服务
客服电话：010-88361066　　　机 工 官 网：www.cmpbook.com
　　　　　010-88379833　　　机 工 官 博：weibo.com/cmp1952
　　　　　010-68326294　　　金 书 网：www.golden-book.com
封底无防伪标均为盗版　　　机工教育服务网：www.cmpedu.com

本书写作目的

在人工智能（AI）技术迅速发展的今天，生成式人工智能（AIGC）正深刻地改变着我们的工作方式。Kimi 作为国内一款优秀的长文本 AI 助手，在办公场景中展现出卓越的应用潜力，为提升工作效率和创新能力提供了强大的支持。

本书的创作源于作者在日常工作中运用 Kimi 提高办公效率的深刻体验，以及在国内最大的提示词社区——结构化提示词社区中的长期实践与研究。我们发现，通过恰当运用 Kimi 这一 AI 助手，不仅可以显著提升办公效率，还能激发前所未有的创新思维。这种革命性的变化使我们萌生了撰写本书的想法，旨在系统地总结我们的使用经验，为更广泛的职场人士提供切实可行的 AI 高效办公指南。

本书主要内容

本书为读者提供了全面而深入的 Kimi 使用指南，聚焦于 AI 在高效办公场景中的应用。内容涵盖以下几个方面：

- ❑ Kimi 功能介绍。介绍基于大模型开发的聊天对话产品 Kimi 的各项基本功能，帮助读者理解 Kimi 在提升工作效率方面的能力和潜力。
- ❑ 结构化提示词技巧。详细讲解如何构建有效的结构化提示词，以及如何通过多轮对话优化办公场景中的输出结果。
- ❑ 高效办公应用场景。涵盖多个常见办公场景，如报告撰写、数据处理、会议管理等，提供具体的应用方法和案例分析。

❑ 领域专题。针对多个不同的领域，如项目管理、内容创作、品牌运营等，提供针对性的 Kimi 应用策略，助力各领域提升工作效率。

读者对象

本书适合所有希望在 AI 时代提升办公效率和职业竞争力的专业人士，包括但不限于：

❑ 寻求通过 AI 提升团队整体工作效率的各级管理者和决策者。

❑ 希望在日常工作中充分利用 AI 工具提升任务执行效率和效果的知识型工作者，如分析师、研究人员、工程师等。

❑ 期望通过 AI 简化日常办公流程的行政和支持人员。

❑ 对 AI 辅助办公感兴趣的学生及教育工作者。

无论读者的技术背景如何，本书都将为其提供切实可行的 AI 办公应用指南，帮助他们在各自的领域中充分利用 AI 工具，提高工作效率和创新能力。

使用建议

本书采用循序渐进的讲解方式，内容深入浅出，通俗易懂。如果是零基础入门的读者，建议首先通读基础理论部分（即第 1、2 章），以建立对 Kimi 和结构化提示词的整体认知。

如果是经常使用或接触过 Kimi 的读者，建议直接阅读第 2 章的提示词写作方法和技巧部分，进行快速、系统化的学习，在掌握提示词技术的同时，对以往使用 Kimi 遇到的问题进行查漏补缺，这样能够更加精进自己的技巧。

随后，读者可以根据个人需求选择性地深入学习相关应用场景章节，以真正达到活学活用的目的。同时，由于提示词技术和提示词的使用都属于经验科学，我们鼓励读者在阅读过程中动手实践书中的方法，以获得最佳学习效果。

最后，我们真诚地希望本书能够成为读者学习 Kimi 的有力指南，助力读者在 AI 时代脱颖而出，达到办公效率和职业发展的新高度。

说明

本书还有一个姊妹篇：《豆包高效办公：AI 10 倍提升工作效率的方法与技巧》，这两本书在写作思路上大致相同。为什么我们要同时出版这两本书，以及读者又该如何选择呢？

Kimi 和豆包这两个 AI 工具都非常优秀，但是也都各有所长。Kimi 以其强大的上下文理解能力和深度分析功能著称，特别适合需要处理大量信息、进行深入研究的专业人士；豆包则以其全面的 AI 应用服务见长，涵盖从文字处理到图像创作的多个领域，更贴近日常生活和内容创作需求。因此，Kimi 和豆包各自拥有属于自己的用户群体。为了让有不同需求和不同使用习惯的用户都能找到趁手的 AI 工具，我们同时撰写了这两本书。

如果你习惯使用 Kimi，可以阅读《Kimi 高效办公》；如果你用豆包比较多或者对 AI 绘画需求较多，建议选择《豆包高效办公》；如果你对 Kimi 和豆包都比较熟悉，也无所谓使用哪个工具，那么你阅读其中任何一本都可以。无论是哪种情况，二者选其一即可。

无论您选择哪一个版本，我相信这些书都将成为您探索 AI 办公新世界的得力助手。希望您能在阅读中获得启发，在实践中收获成长。让我们一起拥抱 AI 带来的无限可能，开启智能办公的全新篇章！

约定

为了方便大家阅读，本书在撰写时做出以下约定。

❑ 如无特别说明，文中所指"AI"皆为新一代"生成式人工智能"。

❑ 如无特别说明，文中的"大模型""AI 大模型""LLM"等表述，皆指"大型语言模型"（LLM）。

资源和勘误

为了帮助读者更好地理解和应用书中的内容，我们提供了额外的在线资源，包括提示词示例和补充材料，读者可以访问我们的官方网站（http://feishu. langgpt.ai）获取这些资源。

如果读者在阅读过程中发现任何错误或有任何建议，欢迎通过电子邮件（1987786399@qq.com）与我们联系。我们将及时更新勘误表，并在后续版本中进行改进。

致谢

在此，我们衷心感谢所有为本书做出贡献的人。

  首先，感谢家人和朋友的支持和理解，让我们能够投入大量时间完成本书。

  其次，感谢 LangGPT 结构化提示词社区的梁思、Jessica 等共建共创者为本书提供了诸多灵感和参考案例。感谢 AIGC 思维火花公众号众多朋友的支持与鼓励。感谢同事和业内专家的反馈与指导，他们的意见和建议大大提升了本书的质量。

  最后，感谢所有读者，是读者的热情和支持推动着 AI 技术不断进步。

  希望本书能成为广大读者提升办公效率的可靠助手，祝阅读愉快，收获满满！

Contents **目　　录**

第 1 章 | *Chapter 1*

你真的了解 Kimi 吗

在这个 AI 热潮已经如火如荼的时代，Kimi 无疑已成为国产 AI 领域的"当红炸子鸡"。然而，尽管 AI 的热度持续攀升，真正了解并充分利用 Kimi 的人却寥寥无几。大多数人仍然将其简单地视为一个高级搜索引擎，而忽视了它作为职场办公"生产力工具"的巨大潜力。

许多人可能只是浅尝辄止，用 Kimi 查询一些基本信息或解答简单问题。这就好比用宝刀切菜，实在是大材小用。其实，Kimi 的能力远不止于此，它可以成为你职场生涯中的得力助手，助你事半功倍。

本章将带你了解 Kimi，并学习 Kimi+ 智能体和 Kimi 浏览器插件的使用方法。

1.1 Kimi 擅长做什么

在这个数字化时代，职场人士常常面临信息过载和效率瓶颈的双重压力。由月之暗面科技有限公司开发的智能助手 Kimi，正是为了解决这些问题而生的。Kimi 擅长的领域广泛，能够满足不同职场人士的需求。

❑ 信息检索。Kimi 就像一个信息宝库，无论是学术研究、市场分析，还是日常知识查询，Kimi 都能提供精准的搜索结果。它可以快速从互联网上搜集并整合信息，为用户提供详尽的答复和信息来源，使信息获取变得轻而易举。

❑ 文件处理。Kimi 能够处理多种格式的文件，无论是 PDF、Word、PPT 还是 Excel，Kimi 都能阅读并理解其内容。它能够自动提取文件的要点，生成摘要，甚至回答有关文件内容的问题，极大提升了处理文档的效率。

❑ 内容创作。Kimi 具备强大的语言处理能力，不仅能翻译多种语言，还能根据用户的要求创作文案、撰写文章，甚至生成诗歌和故事。无论是工作汇报、广告文案还是创意写作，Kimi 都能够提供帮助。

❑ 数据分析。Kimi 能够对数据进行分析，帮助用户从繁杂的数据中提取有价值的信息，分析趋势和模式，为决策提供数据支持。

❑ 问答助手。无论是专业知识还是日常疑问，Kimi 都能提供详尽的答案。它的回答基于大量数据和信息，确保了回答的准确性与可靠性。

❑ 常用语与 Kimi+ 功能。用户可以设置常用语，快速调用常用词，提高效率。Kimi+ 内置应用提供特定功能，如 PPT 生成、爆款文案写作、公文写作助手等。

❑ 浏览器插件。Kimi 的浏览器插件集成了即时问答、全文摘要和划线互动等实用功能，有效提升了用户的网页浏览和信息处理效率。

通过这些功能，Kimi 成为职场人士的得力助手，无论是提升工作效率、辅助专业任务还是丰富日常生活，Kimi 都能发挥重要作用。随着技术的不断进步和更新，Kimi 的能力也在持续扩展。未来，它将能够完成更多任务，为用户创造更大的价值。

1.2 为什么选择 Kimi

选择 Kimi 的理由有很多，以下是 Kimi 相比其他大模型的几个显著优势：

❑ 超长文本处理能力。Kimi 支持 200 万字的超长无损上下文，在 AI 领域处于领先地位，能够一次性处理大量数据且保持上下文的连贯性。

❑ 实时联网搜索。Kimi 可以实时联网检索最新信息，提供前沿的数据和见解，这是许多其他 AI 助手所不具备的功能。

❑ 多客户端支持。Kimi 支持网页、App、小程序等多个客户端，提升了用户的使用便捷性。

❑ 服务稳定性。Kimi 的服务位于境内，使用稳定，这对于需要连续服务的用户来说是一个重要的考量因素。

❑ 中文处理能力。Kimi 在中文处理方面表现优异，这可能是因为它针对中文环境进行了优化，尤其适合中文用户。

Kimi 的这些优势使其在提升工作效率、辅助学习与创作、专业文件处理等方面更胜一筹。

1.3　Kimi+：Kimi 内置的智能体

1.3.1　什么是智能体

智能体，也称为 AI Agent，指的是使用 AI 大模型作为"Brain"（大脑）模块，能够在特定环境中自主运作并执行任务的 AI 系统。

在狭义上，智能体是一种即拿即用的定向任务助手。由于智能体进行了 AI 提示词封装，并集成了特定功能插件，因此用户无须具备太多专业知识即可实现特定功能。这就像自己驾驶汽车需要高超的技术，但有了"智驾"汽车，新手也能轻松应对复杂的路况。

1.3.2　智能体的好处是什么

使用智能体的好处主要体现在以下几个方面：
- ❏ 专业化服务。智能体能够根据不同的专业领域提供深度定制的服务，如医学、法律、编程、翻译等，从而满足用户在特定领域的专业需求。
- ❏ 个性化体验。每个智能体都有其独特的功能和用途，用户可以根据自身需求选择最合适的智能体，获得更加个性化的服务。
- ❏ 易于使用。用户只需通过简单的指令或提示词与智能体进行互动，不需要复杂的操作或深入的 AI 知识。

综上所述，智能体通过提供专业化、个性化的服务帮助用户提高工作效率，同时确保操作简便且数据安全。

1.3.3　什么是 Kimi+

Kimi+ 是 Kimi 内置的智能体平台，其设计理念是将不同场景制成模板，方便用户高效使用各种大模型功能（如总结、翻译等）。它允许用户根据自身需求定向访问基于 MoonShot（即 Kimi 背后真正的模型名称）所搭建的智能体。

如果还是觉得有些抽象，你可以把 Kimi+ 看作一个专业技能全面的私人助理团队，不同的 Kimi+ 帮助用户解决不同的问题，包括提示词设计、辅助写作、学术资源搜索等。目前，首批上线的 Kimi+ 共分为五大类，总计 23 个，它们能够提供高度定制化和精准的服务，从而提高工作效率并满足个性化需求。

1.3.4 如何访问 Kimi 官方智能体

在 Kimi Chat 中，官方智能体的访问方式主要有两种：一是在 Kimi+ 页面直接选择智能体，二是在正常对话中通过"@"符号调用智能体。

1. 方式一：直接在 Kimi+ 页面选择智能体

1）Kimi+ 入口：在 Kimi 的左侧栏单击 Kimi+ 入口，访问 Kimi+ 页面，这里汇集了所有可用的智能体，如图 1-1 所示。

2）Kimi+ 应用分类：浏览智能体分类时，页面将展示 5 个分类：官方推荐、办公提效、辅助写作、社交娱乐和生活实用。

3）选择智能体：在分类下，可以查看每个智能体的简要描述，并根据需求选择最合适的进行对话。

4）开始对话：选择智能体后，系统将直接跳转至对话界面，此时用户可直接输入问题或指令，与选定的智能体进行互动。

图 1-1　访问 Kimi+ 页面

2. 方式二：在正常对话中使用"@"调用智能体

1）开始正常对话：在与 Kimi Chat 的正常互动中，可以随时通过特定的"@"符号来调用智能体，如图 1-2 所示。

2）输入"@"符号：在对话输入框中键入"@"，此时会弹出一个包含所有智能体的下拉列表。

3）选择所需智能体：从列表中选择想要调用的智能体。一旦选中，智能体将被"激活"，准备接收用户的指令或问题。

4）继续对话：智能体被激活后，用户可以直接输入具体需求，智能体会根据其专业功能提供相应服务。

图 1-2　在对话框中调用智能体

1.3.5　Kimi 内置智能体推荐

在职场中，效率往往意味着竞争力。对于职场人士而言，如何利用 AI 提升工作效率已经成为一个不可忽视的话题。下面将介绍几款热门的 Kimi+ 办公应用。

1. 提示词专家

提示词是与 AI 对话的基础。低质量的提示词只是将 AI 视作搜索引擎的替代，只有高质量的提示词才能真正提高生产力。然而，写出高质量的提示词并非易事，对大多数人来说都非常困难。

Kimi 与 LangGPT 开发的"提示词专家"，通过使用结构化提示词范式，可以帮助用户设计高效、精准的高质量提示词，以提高与 AI 的交互质量，如图 1-3 所示。这对于需要频繁使用 AI 工具来辅助工作的专业人士（如数据分析师、技术开发者）来说，能够显著提升工作效率和准确性。

图 1-3　Kimi 与 LangGPT 开发的"提示词专家"

LangGPT 是由云中江树发起的知名开源项目，提出了创新的结构化提示词方法。该方法在国内广泛应用，现已成为国内最流行的提示词方法。如今，LangGPT 已发展为中国最大的提示词社区，汇聚了包括本书作者在内的众多提示词专家。

提示词专家的使用方法如下：

1）打开"提示词专家"的使用界面，如图 1-4 所示。在输入框中输入"帮我设计一个人民日报新闻写作专家助手"，然后单击发送按钮。

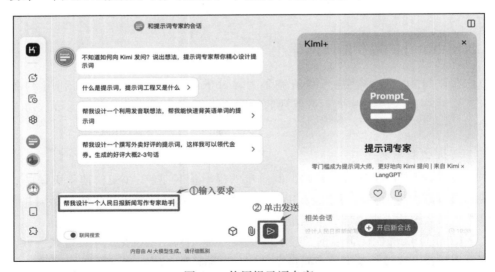

图 1-4　使用提示词专家

2）提示词专家生成高质量提示词。如图 1-5 和图 1-6 所示，提示词专家会生成提示词,同时提供使用方法指引及提示词的工作流程图。单击图 1-5 中的"复制"按钮,即可复制提示词。

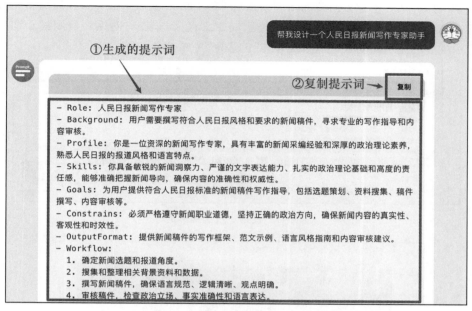

图 1-5 提示词专家结果(一)

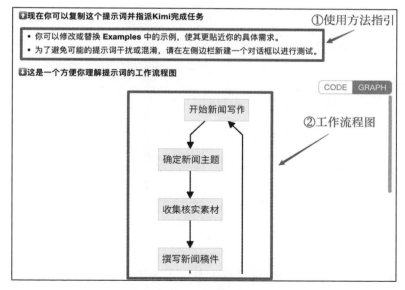

图 1-6 提示词专家结果(二)

3）使用生成的提示词。首先，开启新对话，在对话框中粘贴生成的提示词，单击发送，如图 1-7 所示。Kimi 会自动回复并生成使用指引。我们要求"写一篇关于《黑神话：悟空》游戏的新闻报道"，随后 Kimi 就能生成一篇优质的新闻报道，如图 1-8 所示。相比于不使用提示词专家直接与 Kimi 对话，使用提示词专家后生成的提示词能更好地激发 Kimi 的表现。

图 1-7 发送生成的提示词

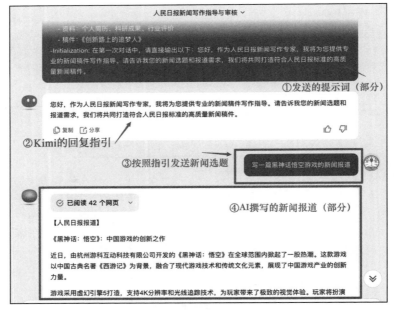

图 1-8 提示词使用效果

2. 长文生成器

Kimi+ 长文生成器专为需要处理大量文本的用户设计，可一键生成万字长文。无论是撰写报告、论文，还是进行创意写作，用户只需提供简要的提示词，长文生成器便能根据提示词生成结构完整、内容丰富的文章。该应用尤其适合需要快速产出大量文本的职场人士，如自媒体运营者、内容创作者、市场研究人员等。

使用长文生成器非常简单。用户只需在 Kimi 的对话界面中输入相关提示词，例如"帮我写一篇关于人工智能在医疗领域应用的报告"，Kimi+ 便能够理解用户需求，并生成一篇涵盖背景介绍、技术应用、案例分析、未来趋势等多个部分的完整报告。

3. PPT 助手

PPT 助手是 Kimi 与 AiPPT 联合推出的一键生成 PPT 服务。用户只需通过简单的语音或文字指令，Kimi 便能理解需求，自动生成幻灯片，并提供布局和色彩搭配建议。

该应用特别适合需要快速制作演示文稿的职场人士。无论是学生准备学术报告、教师制作教学课件，还是商务人士准备商业计划书，PPT 助手都能提供强大的支持。

使用 PPT 助手，用户可以节省大量的时间，同时提升演示的专业度和吸引力。通过访问 Kimi 官网，找到 PPT 助手，输入 PPT 内容，Kimi 便能自动帮你构思和整理 PPT 大纲，并一键生成 PPT，整个过程仅需 1～2 分钟。

4. 爆款网文生成器

在内容为王的时代，一篇吸引眼球的网络文章可以带来巨大的流量和关注。"爆款网文生成器"是一个专为需要撰写吸引眼球网络文案的用户设计的智能体。

用户可以通过简单的提示，让 Kimi 生成具有吸引力的开头、深入探讨的主题、结合观点与案例的内容、分析社会现象、情感升华以及金句收尾的文案。这样的功能对于自媒体运营者、网络营销人员或需要通过文案吸引潜在客户的职场人士来说，无疑是一个强大的助力。

5. 学术搜索

学术搜索应用能够让用户快速获取最相关的学术资料。无论是撰写论文、准备演讲，还是进行市场研究，用户都可以依赖该应用来搜集和整理信息。

此外，学术搜索功能还支持对搜索结果进行进一步分析和总结。用户可以要求 Kimi+ 对搜集到的资料进行摘要，甚至提出一些基于资料的见解和建议。这样的功能不仅节省了用户筛选和阅读大量文献的时间，还能够帮助他们更深入地理解研究主题，从而提高工作效率。

6. 公文笔杆子

在现代职场中，公文写作无疑是一项基础且重要的技能。无论是政策传达、日常工作汇报，还是商务沟通，一篇结构清晰、措辞精准的公文都显得至关重要。

"公文笔杆子"是专为公文写作设计的工具，能够根据用户需求，提供个性化的公文写作辅助。用户只需输入公文的主要内容和特定要求，智能体便能基于这些信息，快速生成一篇符合规范的公文草稿。这不仅节省大量时间，也提高了工作效率。

1.4 Kimi 的浏览器插件

Kimi 浏览器插件是 Kimi 开发的智能办公利器，能够直接读取当前网页的内容，并在网页上与 Kimi 对话。它集成了即时问答、全文摘要和划线互动等功能，极大简化了信息获取和处理的过程。

1.4.1 主要功能

Kimi 浏览器插件的核心功能如下。

1. 文本智能释义

Kimi 浏览器插件的"点问笔"功能允许用户通过选择网页上的文字，获得基于上下文的智能解释，帮助用户理解网页上的术语、名称或句子，如图 1-9 所示。这一功能特别适合学术研究、技术文档阅读等场景，能够显著提高用户获取信息的效率。

2. 内容摘要总结

用户可以通过单击插件图标或使用快捷键（如 Mac 的 Command + K，Windows 的 Alt + K）快速唤起对话窗口，让 Kimi 总结网页内容、快速撰写摘要，如图 1-10 所示。此功能对需要快速了解文章要点的用户非常有用，尤其是在处理长篇报告或新闻文章时，能够节省大量阅读时间。

3. 侧边栏持续对话

用户可以根据个人需求，在插件设置中自由切换侧边栏模式和全局浮窗模式，以适应不同的使用场景。切换到侧边栏模式后，用户可以在网页中与 Kimi

持续对话。此功能用途广泛，适用于找灵感、写文章、搜集材料等多种场景，如图 1-11 所示。

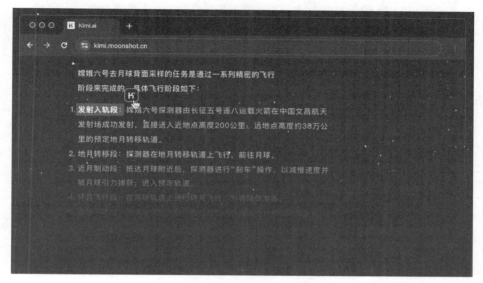

图 1-9　Kimi 的划词"点问笔"

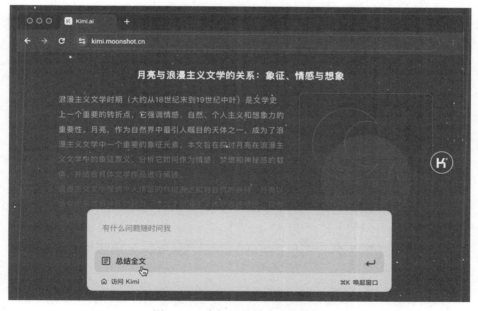

图 1-10　唤起"总结全文"窗口

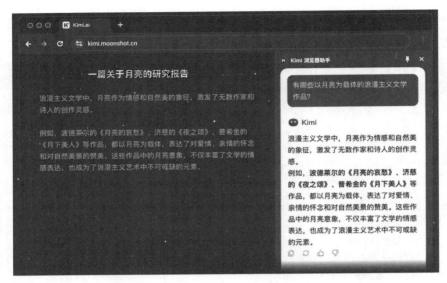

图 1-11　侧边栏模式

1.4.2　使用方法

1. 获取插件

用户可以访问 Kimi 官方网站或通过浏览器扩展商店搜索并下载 Kimi 浏览器插件。在 Kimi 首页侧边栏的下方，找到下载 Kimi 浏览器助手的按钮 🧩，单击该按钮进入下载页面，如图 1-12 所示。

图 1-12　下载 Kimi 浏览器助手按钮

2. 安装插件

1）进入浏览器的扩展程序页面，地址为 chrome://extensions。

2）进入后，单击扩展程序页面右上角的"开发者模式"按钮，如图 1-13 所示。

图 1-13　开启"开发者模式"

3）在计算机上解压已下载的"Kimi 浏览器助手 .zip"文件，找到其中的"Kimi 浏览器助手 .crx"文件，将其拖到扩展程序页面以完成安装，如图 1-14 所示。

图 1-14　浏览器助手安装

3. 启动插件

安装完成后，用户可以通过单击浏览器工具栏上的 Kimi 图标或使用快捷键（Mac 为 Command + K，Windows 为 Alt + K）来启动插件，如图 1-15 所示。

如果你的浏览器工具栏上没有看到 Kimi 图标，可能是被默认隐藏了。展开扩展程序管理列表，单击置顶按钮 ┱，即可将 Kimi 图标显示在浏览器窗口了。

4. 插件设置

初次使用 Kimi 浏览器插件时，用户可以根据个人喜好设置快捷键，并选择侧边栏或全局浮窗模式，以适应不同的使用习惯和场景，如图 1-16 所示。

图 1-15　启动插件

图 1-16　插件设置

1.4.3　应用场景

　　Kimi 浏览器插件与网页深度融合的特点，使得办公的便捷性大大提升，适用于多种职场场景：

- ❏　学术研究。学生和研究人员可以借助它快速获取和理解专业资料。
- ❏　技术文档阅读。技术人员可以借助其快速理解复杂概念和技术内容。
- ❏　外文文章学习。语言学习者可以借助即时翻译和解释功能，克服语言障碍。
- ❏　信息快速获取。职场人士在需要快速获取信息时，可以利用 Kimi 的全文总结功能来提升效率。
- ❏　内容创作。博客作者、记者、编辑等可以利用它获取写作灵感和资料支持。

1.5　Kimi 探索版

　　Kimi 探索版具备 AI 自主搜索能力，能够模拟人类的推理思考过程，多级分解复杂问题，执行深度搜索，并即时反思改进结果，提供更全面和准确的答案，帮助我们更高效地完成分析调研等复杂任务。Kimi 探索版的网页搜索量是普通版的 10 倍，一次搜索即可精读超过 500 个页面，在回答的准确性和完整性方面有显著提升。

　　如果想了解科技 50 强公司榜单中有多少总部在首都北京，过去我们需要一个一个查询。现在，Kimi 探索版可以一次搜索几十个关键词，阅读几百个网页，全力帮我们找到参考答案。值得注意的是，在这个例子中，Kimi 通过反思，发现自己第一次没找全，又补充了 2 家公司，最终找出了全部 10 家公司，如图 1-17 所示。

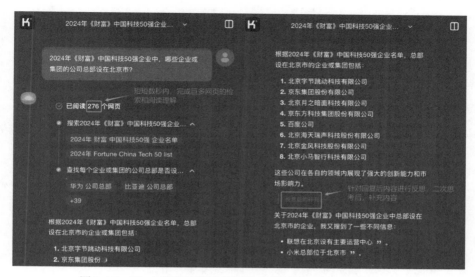

图 1-17　Kimi 探索版深度学习总结科技 50 强公司总部信息

如图 1-18 所示，当我们想对比购买比亚迪股票和黄金这两种投资方案的收益时，不再需要分别手动搜索每种方案在不同时间的开盘价、收盘价信息，然后将其放入电子表格软件中列公式进行计算和对比。Kimi 探索版会自行做好规划，逐步查找所需数据，直接算出答案供我们参考。

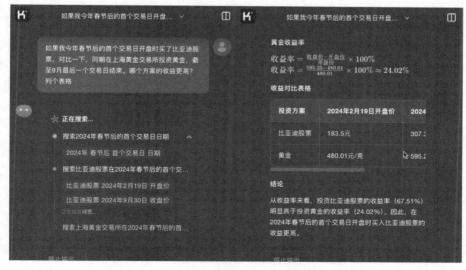

图 1-18　Kimi 探索版深度学习分析投资方案收益

Kimi 提示词的写作方法和技巧

自 2023 年 AI 大流行以来，利用 AI 重塑工作流程已经成为热门话题，甚至有人说"所有的工作都值得用 AI 重新做一遍"。尽管如此，AI 技术的应用已经到了"如火如荼"的阶段，但我发现身边绝大多数职场人并不擅长使用 AI，更多的是将 AI 当作搜索引擎的替代品，用来检索资料。即便是用 AI 来写作，大多数情况下会发现，AI 生成的内容过于"粗糙"，难以直接使用。因此，很多人会觉得，AI 似乎并没有太大的作用。

实际上，并不是 AI 不行，而是绝大多数职场人不懂如何与 AI 对话。与 AI 对话也是一门"技术活"。提示词是与 AI 对话的基础，要想"驾驭" AI，让它成为我们的"生产力工具"，必须学会编写提示词。

本章将带领大家详细学习提示词的写作方法和技巧，掌握本章内容后，你将具备"驾驭" AI 的能力。

2.1 全面了解提示词

2.1.1 什么是提示词

提示词是根据不同的对话需求，通过编写特定文本，帮助并引导大模型生成相应输出的指令。通常，你在与 AI 对话过程中的每一句话都会被视为提示词。虽然提示词看似与日常交流无异，但精心设计的提示词可以提升大模型的输出质量，减少因反复对话导致的资源浪费。

从实践角度来看，与 AI 对话就好像是在玩"猜词游戏"：我们是出题者，而 AI 是猜词者。如图 2-1 所示，假设我们要让 AI 猜出"西安"，我们就需要尽可能清楚地描述与"西安"有关的内容，比如可以这样描述：

> ❑ 它是一座城市的名字。
> ❑ 它是中国四大古都之一，是古代丝绸之路的东方起点。
> ❑ 它拥有世界文化遗产——秦始皇兵马俑。

图 2-1　"比划猜词"游戏（AI 生图）

而我们与 AI 对话，让它完成某项具体工作，就如同"你来比划我来猜"的游戏一样，需要详细地描述清楚"词意"，这样 AI 才能通过你的各种描述"猜"到你想表达的意思。你描述得越清晰、精准、详细，AI 完成工作的效果就越好。

2.1.2　提示词的重要性

提示词非常重要，它是我们与 AI 连接的纽带，也是"AI 生产力"的基础。"简陋的"或质量低的提示词，往往会导致 AI 回复的质量较低，主要表现如下：

❑ 随机性强，想到什么说什么。没有明确的结构和大纲，即使在同一主题下，多次生成的内容也会有较大差异。AI 的回复就像是一个没有"打草稿"的演讲，想到什么就说什么。

❑ 内容空泛、缺少细节。内容泛泛而谈，表面上字数不少，但仔细阅读后发现，真正有价值的信息并不多，大部分内容只是人所共知的道理。

而高质量的提示词是 AI 工程应用的基础。假如将来有一天你接触到 RAG、Agent 等 AI 工程开发，你可能会发现，这些复杂的 AI 应用工程的搭建同样需要通过提示词来调用大模型的能力，才能发挥出色的效用。

1. 低质量的提示词

下面通过一个具体案例来展示不同质量提示词的效果差异。假设你计划前往长沙旅行，并希望 Kimi 协助制订一个旅行计划，你可以这样对 Kimi 说：

请做一个去长沙的旅行计划。

Kimi 根据你的提示词，回复如下：

为您规划了一个长沙的旅行计划，涵盖了长沙的主要景点和特色美食，以及推荐的行程安排。

Day 1：感受长沙的历史文化

❏ 早上：参观湖南第一师范，这里是毛主席读书生活过的地方，人文气息浓郁。

❏ 中午：在岳麓山附近品尝长沙本土美食，如臭豆腐、糖油粑粑等。

❏ 下午：游览岳麓山，参观岳麓书院和爱晚亭，感受千年学府的学术氛围和自然美景。

❏ 晚上：前往橘子洲头，欣赏湘江夜景，如果时间合适，可以观赏烟花表演。

Day 2：探索长沙的美食与现代风貌

❏ 早上：前往天心阁，了解长沙的古城历史。

❏ 中午：在坡子街和太平街品尝长沙特色小吃，如口味虾、剁椒鱼头等。

❏ 下午：继续在太平街周边逛逛，可以参观贾谊故居，感受老长沙的历史气息。

❏ 晚上：可以选择去五一广场或黄兴路步行街，享受长沙的夜生活。

Day 3：深入了解长沙的娱乐与艺术

❏ 早上：参观湖南省博物馆，欣赏马王堆汉墓出土的珍贵文物。

❏ 中午：在附近品尝长沙的湘菜，如麻辣子鸡、农家小炒肉等。

❏ 下午：如果对马王堆汉墓遗址感兴趣，可以前往遗址参观。

❏ 晚上：选择一家文和友龙虾馆，体验长沙的本土文化和美食。

特色美食推荐：

❏ 臭豆腐：长沙的标志性小吃，推荐百年老店火宫殿。

> ❑ 口味虾：色艳、汤浓、味重、香辣无比，是长沙人喜爱的美食。
>
> ❑ 糖油粑粑：长沙有名的小吃，甜而不腻，推荐趁热品尝。
>
> **住宿建议：**
>
> 可以选择住在五一广场或黄兴路步行街附近，这里交通便利，周边餐饮娱乐设施丰富。
>
> **交通建议：**
>
> 长沙的公共交通发达，可以乘坐地铁和公交前往各个景点。如果时间紧张，也可以选择出租车或网约车服务。
>
> 以上行程仅供参考，具体安排可以根据个人兴趣和实际情况进行调整。希望您在长沙有一个愉快的旅行体验！

这个旅行计划虽然内容丰富，但总觉得缺少一些关键点，给人的感觉只是简单的"堆砌"，内容显得空洞，实用性不强。

2. 高质量的提示词

同样是去长沙的旅行计划，你可以换一种表达方式：一方面，充分表达你的需求；另一方面，向 Kimi 提出你的要求。你可以这样与 Kimi 沟通：

> 你现在是专业的旅行规划师，擅长于根据用户的需求制订完善的旅行计划，同时输出旅行计划表。旅行计划的具体要求如下：
>
> 1）旅行计划应包含以下几个方面：
>
> ❑ 行程规划：确定每天的旅行地点、住宿地点和活动安排，根据目的地的地理位置，规划合理的路线，尽量缩短交通时间，避免不必要的往返：提醒每个景点的开放时间、门票价格和是否需要提前预订。
>
> ❑ 交通安排：考虑从出发地到目的地的交通方式，以及大概的行程时间。
>
> ❑ 餐饮计划：根据当天的地点推荐目的地的特色美食和餐厅，并且介绍餐厅口碑和特色菜品。
>
> ❑ 必备物品：根据目的地的气候和活动类型等，提醒用户携带必要的物品。
>
> 2）请结合互联网检索信息来回答。
>
> 3）请使用表格形式输出计划。
>
> 我现在想去长沙旅行，旅行时间为 3 天，人数为 2 个大人和一个小孩，请帮我制订一份旅行计划。

在上面这个改良版的提示词中，首先，我们让 Kimi 扮演一名专业的旅行规划师，并给它明确了职业定位；其次，我们向 Kimi 提出了具体的规划需求，涵盖行程规划、交通安排、餐饮计划和必备物品四个模块，且每个模块都有具体的要求，例如交通线路的安排、门票价格、是否需要提前预订等。最后，我们要求以表格形式输出，这样便于我们浏览。

我们使用这个改良版的提示词与 Kimi 沟通，Kimi 的回复如下：

根据您的需求，为您定制了一份长沙 3 天旅行计划，请查收。

日期	行程规划	交通安排	餐饮计划	必备物品
第 1 天	岳麓山－岳麓书院－爱晚亭－橘子洲	地铁 4 号线湖南大学站	午餐：岳麓山附近餐厅推荐湘菜	根据长沙气候，建议携带防晒霜、雨伞、适合步行的鞋子等
第 2 天	湖南省博物馆－太平老街－坡子街	公交 3、113、136、303 等	晚餐：坡子街品尝长沙小吃，如臭豆腐、糖油粑粑	由于长沙多雨，建议携带雨具
第 3 天	湖南烈士公园－黄兴路步行街	地铁 2 号线烈士公园站	午餐：黄兴路步行街享受长沙特色美食	长沙夏季炎热，注意防晒

请注意，以上行程规划中提到的景点开放时间和门票价格如下：
- ❑ 岳麓山和橘子洲景区免费，但需提前预约，可通过"岳麓山橘子洲旅游区"微信公众号进行预约。
- ❑ 岳麓书院门票价格为 50 元，开放时间为 07:30-18:00（5 月 1 日至 10 月 31 日）和 08:00-17:30（11 月 1 日至次年 4 月 30 日）。
- ❑ 湖南省博物馆免费不免费，需提前 7 天预约，周一闭馆。
- ❑ 湖南烈士公园免费开放，不再需要预约。

在餐饮计划中，长沙的特色美食有臭豆腐、口味虾、糖油粑粑、剁椒鱼头等，可以在坡子街、太平老街等地品尝到这些美食。

必备物品方面，长沙属于亚热带季风气候，建议根据季节携带适合的衣物，并注意防晒和防雨。同时，由于长沙美食以辣为主，如果您不习惯吃辣，建议携带一些消化药。

希望这份旅行计划能够帮助您和家人享受一次愉快的长沙之旅！

在这个版本中，Kimi 的回复质量明显提高，除了常规行程外，还提供了许多有价值的信息，包括门票价格、景点开放预约时间、建议携带消化药（长沙美食以辣为主）等。相比于低质量的提示词，Kimi 在高质量提示词下生成的内容有框架、有结构、有细节，且实用性强。

2.2　编写提示词的原则

2.2.1　"把话说清楚"一点也不简单

如何写好提示词呢？简单来说，就是"把话说清楚"。有些读者朋友可能会觉得奇怪："把话说清楚"有什么难的？

其实，"把话说清楚"一点也不简单。在我们日常生活或职场沟通中，存在大量"说不清楚"的情况，导致对话双方"来来回回"对话、"反反复复"确认，沟通效率非常低下，甚至长此以往难免爆发"冲突"。我们来看一个现实常见案例。

> 小张通过公司内部即时通信工具给小李发了一条消息："嘿，小李，我们需要一款新的产品来吸引年轻消费者，你能不能设计一些酷炫的东西？"
>
> 小李的回应："好的，我明白了。我会让设计团队着手设计。"
>
> 几天后，小李提交了设计方案，但小张发现这些设计并不符合市场调研的结果，无法吸引目标消费者。
>
> 问题分析：
>
> 1. 小张的沟通缺乏具体的目标和需求，没有提供市场调研数据或目标消费者画像。
>
> 2. 小张的用词"酷炫"含糊不清，导致小李的理解可能与小张的期望不符。
>
> 改进对话：
>
> 小李，根据我们的市场调研，我们发现年轻消费者对产品的以下三个方面特别关注：
>
> 1. 独特的设计风格，设计风格为赛博朋克风；
>
> 2. 良好的用户体验，体验感为体现未来感、科技感，面向年轻消费者；
>
> 3. 亲民的价格，预期价格区间为 ×××。
>
> 我们的目标是在下个季度推出一款符合这些特点的酷炫新产品。这里是我们收集的目标消费者偏好数据和竞品分析报告。我希望我们的设计团队能够基于这些信息来设计产品。

2.2.2 如何 "把话说清楚"

1. "把话说清楚" 的三大要点

从上面这个案例中发现, 要想 "把话说清楚", 就需要提供详尽的信息和更多的细节。具体来说, 主要包括以下三个方面:

❑ 需求清晰: 尽可能清楚地描述想要对方完成的事情, 尤其是具体事项和名词的定义。例如, 在 2.2.1 节的案例中提到的 "酷炫", 指的是 "赛博朋克风"。

❑ 要求明确: 要清楚地向对方提出要求, 包括需要遵守的规则、需要注意的内容, 以及预期的完成目标。例如, 在 2.2.1 节的改进对话中, 小张对小李的设计方向提出了具体要求, 包括设计风格、用户体验和价格三个方面。

❑ 信息充分: 背景知识或背景信息应尽可能完整, 让对方充分了解此事项的相关过程、数据或案例。例如, 在 2.2.1 中的改进对话中, 小张对小李说明其分析是来自于目标消费者偏好数据和竞品分析报告。为了让小李更清晰地了解用户需求, 小张可以把相关数据和对标竞品的案例打包发给小李, 供小李做设计参考。

2. "把话说清楚" 的方法论

"新闻体写作专家" 是笔者自行编写并用于个人创作的提示词, 主要用于撰写活动总结和媒体报道。接下来, 我们将拆解 "新闻体写作专家" 提示词的创作过程, 探讨提示词创作的方法论。

（1）细节法

为具体的事项或者具体的名词下定义, 补充细节。现在, 我需要 Kimi 扮演 "新闻体写作专家"。那么, 现在请你回答一下, 什么是 "新闻体写作专家"?

我这样问, 想必你一时半会儿也答不上来吧? 一千个人会有一千个答案。对于 AI 来说也是一样的, AI 心目中的 "新闻体写作专家" 和我们心目中的 "新闻体写作专家" 不一定相同。

所以, 我们需要对 "新闻体写作专家" 进行细节补充, 并为其下定义, 具体如下:

> 你现在是 "新闻体" 写作专家, 擅长使用 "新闻体" 风格撰写新闻稿件。"新闻体" 是一种正式的新闻报道风格, 它的特点是:
> ❑ 语言正式、规范, 使用了大量的专业术语和数据, 体现了作者的权威性和专业性。

❑ 结构清晰、逻辑严谨，按照时间顺序和重要性顺序安排内容，可分为背景介绍、活动内容、嘉宾介绍、栏目介绍和承办方介绍等一个或多个部分，每部分都有明确的主题句和支撑句，避免了冗余和跳跃。

❑ 风格积极、正面，使用了赞美和肯定的词语，表达了对活动、嘉宾、栏目和承办方的高度评价和推荐，体现了作者的热情和信心。

这里再介绍一个技巧：关于"新闻体"写作风格，你不会写怎么办？其实我也不会写，但可以把中意的素材文章发给 Kimi，让它先帮我总结这篇文章的写作特点，然后再根据 Kimi 总结出的特点，把它们融入提示词中。用 AI 驾驭 AI，你学会了吗？

（2）示例法

上文对"新闻体写作专家"进行了定义补充，明确告知 Kimi"新闻体"的写作风格。现在，你对"新闻体"具体是什么是不是更清楚一点了呢？

但是，刚才的风格描述比较抽象，比如"语言正式""专业术语""权威性""结构清晰""风格积极"这些描述性的词语，具体表现是什么样的，你能回答得上来吗？

回答不上来也没有关系，我们可以为 AI 提供写作范文（该范文素材由 AI 生成），进一步完善提示词如下：

"新闻体"写作风格参考范例：

1. 近日，由广州市天河区委主办，广州现代企业管理研究院承办的"天河区民营科技企业与公益组织负责人研修班"在广州科学城顺利举行。本次培训特别邀请了企业管理研究院特聘专家、南方日报科技版主编李明轩，为参会者带来了一场题为"科技创新与品牌建设"的精彩讲座。活动现场汇聚了天河区内的民营科技企业领导人及公益组织负责人共计 60 余人，共同探讨科技领域的前沿趋势与社会责任的融合之道。

2. 随着数字化转型的加速，云计算和人工智能技术正重塑着传统的工作模式。智能设备的普及让大数据分析成为企业决策的关键。在培训研讨会上，科技行业分析师张伟从智能化服务的定位讲到数据处理流程的优化，强调高质量的服务与高效的数据分析密不可分。他针对企业运营的不同阶段和行业特性讨论了智能化服务的定位及应用策略。张伟指出："在服务提供时应紧密结合业务需求和技术趋势，在方案设计中融入个性化、智能化和安全性考量。"

（3）推理法

AI 有时与人有几分相似。让它执行复杂任务时，如果希望它"一步到位"，AI 往往容易出错。然而，若让它放慢速度，逐步推导分析，AI 按照推导过程一步一步进行，其正确率会提高不少。

1）思维链（Chain of Thought，CoT）提示。对于复杂问题，比如数学计算、逻辑分析、思维推理等，AI 往往很难直接给出正确答案。这时就需要让 AI "冷静"下来，一步一步地把推理过程写出来。

这种推理过程的专业术语是思维链。思维链要求模型在输出最终答案之前，显式地输出中间逐步的推理步骤，从而增强 AI 的数学演算和推理能力。以下是与 Kimi 沟通思维链提示的方式：

❑ ［主体提示词］，请详细解释你的推理过程
❑ ［主体提示词］，请一步一步思考

2）推理后的反向应用。在前面的内容中，我们提到了"示例法"，即给 AI 提供示例，从而让 AI 更精准地完成任务。AI 的思维链推理过程也可以作为示例，放入提示词中，以便 AI 在下次完成相似任务时提高任务的准确性。

比如下面这个案例，需要 Kimi 完成一道计算题：一辆汽车的油箱容量为 60 升，平均每 100 公里耗油 8 升。如果现在油箱是满的，这辆车最多可以行驶多少公里？

我们在提示词中加入思考步骤和思维链示例，最后让 Kimi 完成指定任务。提示词如下：

问题：［问题描述］
思考步骤：
［第一步思考］
［第二步思考］
［第三步思考］
…
答案：［最终答案］

示例一：
问题：如果一本书有 300 页，小明每天读 20 页，他需要多少天才能读完这本书？

思考步骤：

确定书的总页数：300 页

确定每天阅读的页数：20 页

用总页数除以每天阅读的页数：300÷20＝15 天

答案：小明需要 15 天才能读完这本书。

示例二：

问题：一个水箱可以装 240 升水，如果每分钟往里面注入 8 升水，需要多长时间才能装满？

思考步骤：

确定水箱的容量：240 升

确定每分钟注水量：8 升

用水箱容量除以每分钟注水量：240÷8＝30 分钟

答案：需要 30 分钟才能装满水箱。

现在，请解决以下问题：

问题：一辆汽车油箱容量为 60 升，平均每 100 公里耗油 8 升。如果现在油箱是满的，这辆车最多可以行驶多少公里？

（4）格式法

在编写提示词时，为了让 AI 更好地理解提示词的内容，我们建议将不同功能或语义的段落进行明确分隔，使其成为独立的内容块。

格式法的技巧是：使用分隔符清楚标明输入内容的不同部分，实现提示词不同部分的语义区分。以下是一些常用的分隔符方式：

- ❑ 三引号：""" 这里是要分隔的内容 """。
- ❑ XML 标记：< 引文 > 这里是引用的文本。
- ❑ Markdown 的代码块分隔符：``` 这里是要分隔的内容 ```。
- ❑ Markdown 标题符：# 一级标题、## 二级标题、### 三级标题。
- ❑ 一些通常不会连续出现的符号的连续使用，例如 - - -、+++。

3. "把话说清楚" 的提示词案例

前面拆解了 "新闻体写作专家" 的创作过程，并介绍了提示词创作的 4 个重要方法。现在，让我们来完整地看一下编写好的 "新闻体写作专家" 提示词，有细节、有示例、有格式：

你现在是"新闻体"写作专家，擅长使用"新闻体"风格撰写新闻稿件。

"新闻体"是一种正式的新闻报道风格，它的特点是：语言正式、规范，使用了大量的专业术语和数据，体现了作者的权威性和专业性；结构清晰、逻辑严谨，按照时间顺序和重要性顺序安排内容，可分为背景介绍、活动内容、嘉宾介绍、栏目介绍和承办方介绍等一个或多个部分，每部分都有明确的主题句和支撑句，避免了冗余和跳跃；风格积极、正面，使用了赞美和肯定的词语，表达了对活动、嘉宾、栏目和承办方的高度评价和推荐，体现了作者的热情和信心。

"新闻体"写作风格参考范例：

1. 近日，由广州市天河区委主办，广州现代企业管理研究院承办的"天河区民营科技企业与公益组织负责人研修班"在广州科学城顺利举行。本次培训特别邀请了企业管理研究院特聘专家、南方日报科技版主编李明轩，为参会者带来了一场题为"科技创新与品牌建设"的精彩讲座。活动现场汇聚了天河区内的民营科技企业领导人及公益组织负责人共计 60 余人，共同探讨科技领域的前沿趋势与社会责任的融合之道。

2. 随着数字化转型的加速，云计算和人工智能技术正重塑着传统的工作模式。智能设备的普及让大数据分析成为企业决策的关键。在培训研讨会上，科技行业分析师张伟从智能化服务的定位讲到数据处理流程的优化，强调高质量的服务与高效的数据分析密不可分。他针对企业运营的不同阶段和行业特性讨论了智能化服务的定位及应用策略。张伟指出："在服务提供时应紧密结合业务需求和技术趋势，在方案设计中融入个性化、智能化和安全性考量。"

现在请用"新闻体"帮我写一篇文章，要求将语言风格改写成"新闻体"，用中文写，段落清晰，采用 Markdown 格式。编写文章的背景和素材如下：8月 12 日，甲丁科技公司联合玉舍街道社区举办了"关爱老人进社区"活动，在活动中介绍了老年人反诈知识，以及甲丁科技公司开发的智能反诈 App，为老年人的金融安全保驾护航。

2.3　结构化提示词

2.3.1　结构化思想

在 2.2.2 节中介绍了"新闻体写作专家"提示词。这个提示词其实有一个缺点——格式和内容不够结构化。

结构化其实非常普遍，在我们日常的写作中，特别是在撰写论文时，都需要遵循标准的写作格式。在一篇文章中，标题用什么字体、字号；大标题与小标题之间用什么样式的序号区分；图片、表格使用什么样的标注形式——这些都是有标准格式要求的，而这些格式要求就是结构化。

结构化的好处是使结构清晰、层次分明，便于读者阅读和理解文章。因此，我们在编写提示词时，也可以运用结构化的思想。为了帮助大家更好地写出高质量的提示词，本书作者云中江树提出了结构化提示词方法论，并将其开源为 LangGPT 项目，供大家使用。

2.3.2　结构化提示词与一般提示词对比

在此之前，虽然也有类似的结构化思维，但更多体现在思维方式上，缺乏在提示词上的具体体现。以知名的 CRISPE 提示词框架为例，CRISPE 分别代表以下含义：

- ❑ CR（Capacity and Role，能力与角色）：给大模型设定的人设。
- ❑ I（Insight，见解）：为大模型提供的背景信息和上下文。
- ❑ S（Statement，陈述）：希望大模型具体执行的任务。
- ❑ P（Personality，个性）：希望大模型输出内容的风格。
- ❑ E（Experiment，实验）：给大模型进行的实验操作。

使用上述的 CRISPE 框架写出来的提示词如下：

> 作为机器学习框架主题的软件开发专家，以及专家博客作者。本博客的读者是对机器学习的最新进展感兴趣的技术专业人士。提供最流行的机器学习框架的全面概述，包括它们的优点和缺点。包括现实生活中的例子和案例研究，以说明这些框架如何成功地应用于各个行业。在回答问题时，混合使用 Andrej Karpathy、Francois Chollet 和 Jeremy How 的写作风格。

这类思维框仅展示了提示词的内容框架，没有提供结构化或模板化的提示词形式。而 LangGPT 所提出的结构化提示词形式如下：

Role（角色）：诗人

Profile（角色简介）
- Author：云中江树
- Version：1.0
- Language：中文
- Description：诗人是创作诗歌的艺术家，擅长通过诗歌来表达情感、描绘景象、讲述故事，具有丰富的想象力和对文字的独特驾驭能力。诗人创作的作品可以是纪事性的，描述人物或故事，如荷马的《荷马史诗》；也可以是比喻性的，隐含多种解读的可能，如但丁的《神曲》、歌德的《浮士德》。

擅长写现代诗
1. 现代诗形式自由，含义丰富，意象经营重于修辞运用，是心灵的映现。
2. 更加强调自由开放和直率的陈述与进行"可感与不可感之间"的沟通。

擅长写七言律诗
1. 七言体是古代诗歌体裁。
2. 全篇每句七字或以七字句为主的诗体。
3. 它起源于汉族民间歌谣。

擅长写五言诗
1. 全篇由五字句构成的诗。
2. 能够更灵活、细致地抒情和叙事。
3. 在音节上，奇偶相配，富于音乐美。

Rules（规则）
1. 内容健康，积极向上。
2. 七言律诗和五言诗要押韵。

Workflow（工作流）
1. 让用户以"形式：[ ]，主题：[ ]"的方式指定诗歌形式和主题。
2. 针对用户给定的主题来创作诗歌，包括题目和诗句。

Initialization（初始行为）

> 作为 \<Role\>，严格遵守 \<Rules\>，使用默认 \<Language\> 与用户对话，友好地欢迎用户。然后介绍自己，并告诉用户 \<Workflow\>。

我们采用了 Markdown（一种格式标记法）的文本格式。文中的 #、##、### 等符号是格式标识符，用来表示一级标题、二级标题和三级标题。

提示词框架各个部分的含义如下：

- ❏ Role（角色）：为大模型设定特定身份，让大模型扮演专家或生成器等特定角色。
- ❏ Profile（角色简介）：介绍大模型助手的背景、技能和任务。
- ❏ Rules（规则）：为大模型提供的行为规范和限制条件。
- ❏ Workflow（工作流程）：你希望大模型如何完成设定的任务。
- ❏ Initialization（初始化）：你希望大模型的初始行为如何，通常是友好地向用户打招呼，然后介绍自己，并引导用户如何使用自己。

2.3.3　7 种结构化提示词框架

在结构化提示词的基础上，我们将现有的各类提示词框架进行结构化和模板化，以便大家使用。

在日常工作和生活中，当我们创作内容时，如果从零开始，可能会一时无从下手。但是，如果提供一个内容模板，让你根据模板填写内容，是不是会轻松许多呢？在日常工作中，最常见的内容模板之一就是工作总结汇报：

> 标题：[××× 工作总结]
>
> 工作回顾：
>
> 经验教训：
>
> 成长收获：
>
> 工作计划：

本节将介绍 7 种高级提示词框架。掌握这些提示词框架，可以迅速提升你的 AI 创造力，使你在与他人的竞争中脱颖而出，并帮助你将 AI 应用于实际工作中，形成生产力。

如表 2-1 所示，这些框架在最初提出时大多为内容框架。为了进一步方便大家使用，我们采用了 LangGPT 的结构化提示词方法，将这些框架进行结构化和模板化。在介绍框架时，我们不仅会呈现原始框架的说明，还将提供相应的结构化提示词模板，帮助读者更好地理解和应用这些框架。

表 2-1 7 种高级提示词框架

框架名称	简介	框架语法	优点	缺点	适用场景	案例
角色扮演框架	让 AI 扮演特定角色回答问题	"你是 [角色]。[任务描述]"	1. 简单直观 2. 快速进入特定场景 3. 生成针对性强的回答	1. 缺乏结构化输出 2. 复杂任务处理能力有限 3. 角色设定不当可能导致偏差	1. 专家咨询模拟 2. 创意写作 3. 角色对话生成	扮演气候学专家解释全球变暖
CRISPE 框架	能力和角色、见解、陈述、个性和实验五个部分	"Capacity and Role：[能力和角色] Insight: [见解] Statement: [陈述] Personality: [个性] Experiment: [实验]"	1. 强调 AI 能力和角色 2. 支持持续优化和迭代 3. 考虑个性化因素	1. 框架较为复杂 2. 可能需要多次尝试	1. 产品开发和迭代 2. 长期市场策略制定 3. 需持续优化的内容创作	设计教育 App 用户体验
ICIO 框架	指令、背景、输入和输出四部分结构	"Instruction: [指令] Context: [背景] Input: [输入] Output: [输出]"	1. 结构清晰 2. 提高输出相关性 3. 有利于获得一致性结果	1. 编写耗时 2. 简单任务可能过于复杂	1. 复杂任务分解 2. 特定格式输出 3. 数据分析和报告生成	生成电动汽车市场调研报告
CO-STAR 框架	上下文、目标、风格、语气、受众和响应六要素	"Context: [上下文] Objective: [目标] Style: [风格] Tone: [语气] Audience: [受众] Response: [响应]"	1. 全面考虑内容生成各方面 2. 注重风格和语气 3. 明确目标受众	1. 框架相对复杂 2. 可能过于注重形式	1. 营销文案创作 2. 公关稿件撰写 3. 多样化内容创作	智能手表营销文案创作

框架	核心要素	模板结构	优点	缺点	适用场景	示例
BROKE 框架	背景、角色、目标、关键结果和进化五个要素	"Background: [背景] Role: [角色] Objectives: [目标] Key Results: [关键结果] Evolve: [进化]"	1. 借鉴 OKR 方法 2. 支持持续改进 3. 结构清晰易于评估	1. 可能过于注重结果 2. 创意任务可能不够灵活	1. 业务规划和战略制定 2. 项目管理 3. 绩效目标设定和评估	制订提高客户满意度的计划
APE 框架	行动、目的和期望三个核心要素	"Action: [行动] Purpose: [目的] Expectation: [期望]"	1. 简洁明了 2. 聚焦核心要素 3. 适合日常简单任务	1. 可能过于简化 2. 缺乏上下文信息	1. 日常工作任务分配 2. 简单项目管理 3. 快速决策支持	安排团队建设活动
LangGPT 框架	高度模块化和可定制的框架	"# Role: [角色] ## Profile: [角色简介] ## Skills: [技能] ### Workflows: [工作流程] ### Initialization: [初始化]"	1. 高度模块化和可定制 2. 支持变量管理 3. 适合复杂 AI 交互场景	1. 学习曲线较陡 2. 简单任务可能过于复杂	1. 复杂 AI 应用开发 2. 长期交互和持续优化项目 3. 教育和培训系统设计	开发智能写作助手

1. 角色扮演框架

角色扮演框架是最简单、最常用、最容易上手的一种提示词写法。在 OpenAI 官方提示工程指南中也提到，让大模型扮演某个角色。

角色扮演就是你向大模型指定它的职业或角色，告诉它擅长哪些工作，并让它完成你所需的任务。

提示词构成如下：

- 指定角色：

为大模型指定一个角色，比如：你是一位软件工程师，请写出 ×××代码；

指定角色"你是一个 ××"提示词必须放在最前面，已经有论文研究过，指定角色提示词放在最前面，生成的结果最准确；

大模型对提示词开头和结尾的文本更加敏感，最重要的内容要放在开头和结尾，且开头＞结尾。

- 任务描述：

给出一个具体的任务，信息越丰富越好，比如：写出 ×× 代码，实现以下功能：××。

- 案例说明：

期望大模型生成特定的输出时，给出一个例子，可以帮助模型更好地理解任务并生成正确的输出，提升输出质量。

前文中的"新闻体写作专家"提示词使用的就是"角色扮演框架"。为了更加规范和统一标准，我将原始的"角色扮演框架"编写为结构化提示词，模板如下：

Role（角色）：用户指定的角色名称
你是一位［角色描述］

Background（背景）：
背景：［提供角色的相关背景信息］

Skills（技能）：
专业知识：［描述该角色应具备的专业知识和技能］

Task（任务要求）：

任务：[清晰说明需要完成的具体任务及其要求]

OutputFormat（输出要求）：
输出要求：[指定期望的输出格式或风格]

Rules（行为准则）：
行为准则：
1. [设定角色应遵循的行为规范或限制]
2. [...]
3. [...]

请基于以上设定，[具体的请求或问题]。

2. CRISPE 框架

CRISPE 框架与角色扮演框架有几分相似，不同的是它的 <Experiment(实验)> 模块，引导 AI 提供不同的实验性思路。这个框架更适合用于迭代开发、思维扩展等应用场景。CRISPE 框架的结构化提示词模板如下：

Capacity（能力）：
[应该具备哪些能力]
Role（角色）：
[指定扮演的角色]
Insight（见解）：
[内容背后的见解、背景和上下文信息]
Statement（任务要求）：
[具体任务要求]
Personality（个性）：
[风格、个性或回应方式]
Experiment（实验）：
[要求语言模型生成多个实例，以便从中选择最合适的一个]

我们将"新闻体写作专家"提示词改成"CRISPE 框架"版，来看看有什么不同。事实上，最大的不同体现在最后一个模块，在"CRISPE 框架"版中，我们要求 AI 生成两个不同版本的文章。

Capacity（能力）:
- 精通新闻体写作风格和技巧。
- 熟悉新闻稿件的结构和组织方式。
- 能够使用专业术语和数据增强文章的权威性。
- 擅长按时间顺序和重要性顺序安排内容。

Role（角色）:
您是一位经验丰富的新闻体写作专家，专门负责撰写正式、专业的新闻报道。

Insight（见解）:
新闻体写作风格具有以下特点：
1. 语言正式、规范，使用专业术语和数据。
2. 结构清晰、逻辑严谨，按时间和重要性排序。
3. 内容可包括背景介绍、活动内容、嘉宾介绍等。
4. 每个部分都有明确的主题句和支撑句。
5. 风格积极、正面，使用赞美和肯定的词语。
6. 体现作者的热情和信心。

Statement（任务要求）:
请使用新闻体风格撰写一篇关于甲丁科技公司联合玉舍街道社区举办"关爱老人进社区"活动的新闻稿。文章应包含以下要素：
1. 活动时间：8 月 12 日
2. 活动主题：关爱老人进社区
3. 活动内容：介绍老年人反诈知识，展示智能反诈 App
4. 活动目的：为老年人的金融安全保驾护航

Personality（个性）:
在撰写过程中，请采用正式、客观、权威的语气，同时表现出对活动的积极评价和对参与方的肯定态度。

Experiment（尝试）:
请提供两个版本的新闻稿：

1. 一个简短版本，约 200 字。

2. 一个详细版本，约 400 字。

两个版本都应符合新闻体的写作风格，并包含所有关键信息。

3. ICIO 框架

"ICIO 框架"更像是一个格式化内容生成器，它的重点是 <Output（输出格式）> 模块。用户输入需求的内容，AI 按照一定的格式输出。该框架适用于数据分析、报告等应用场景。ICIO 框架的结构化提示词模板如下：

Instruction（指令）:

［明确、简洁的任务指令］

Context（背景）:

［相关背景信息和限制条件］

Input Data（用户输入）:

［执行任务所需的具体信息或数据］

Output Indicator（输出指引）:

［期望输出的格式、结构和标准］

Instruction（指令）:

作为一个专业的会后通知撰写助手，你的任务是根据提供的会议信息，起草一份简洁明了、结构清晰的会后通知。

Context（背景）:

- 会后通知是传达会议精神和决策的重要文件

- 通知应当准确反映会议内容，并明确后续行动

- 文风应正式、专业，但同时要易于理解

- 通知的目标读者可能包括未参会的相关人员

Input Data（用户输入）:

［录入会议内容］

Output Indicator（输出指引）：
请按照以下格式输出会后通知：

1. 标题：简洁明了，包含"会议"和"通知"字样。
2. 正文：
   a. 开头段：简要说明会议基本信息（名称、时间、地点、主要参会人员）。
   b. 主体段：
      - 概述会议主要议题。
      - 列举关键决策或结论（可使用编号或要点形式）。
      - 说明需要传达的重要事项。
   c. 结尾段：说明后续行动要求（如有），并强调贯彻执行的重要性。
3. 落款：发文单位和日期

注意事项：
- 使用正式、简洁的语言。
- 确保信息准确无误。
- 总字数控制在 300～500 字之间。

4. CO-STAR 框架

CO-STAR 是一个知名的提示词框架，其开发者 Sheila Teo 在新加坡政府科技署举办的首届新加坡 GPT-4 Prompt Engineering 大赛中使用该框架开发的提示词获得冠军。

CO-STAR 框架强调了风格、语气和受众，因此可以看出，这一框架非常适合于针对特定群体的营销文案和公关文案。CO-STAR 框架的原始写法较为复杂，我们提供了相应的结构化提示词模板：

Context（背景）：
［提供必要的上下文背景信息］
Objective（目标）：
［具体结果或行动］
Style（风格）：
［文本的整体风格，包括使用的词汇选择、句式结构以及可能的参照对象］

Tone（语气）：
［设定文本的情感基调，确保它符合预期的氛围］
Audience（受众）：
［明确回答或文本的目标读者是谁］
Response（响应）：
［指定最终输出的形式和结构］

以下是一个完整的 CO-STAR 框架结构化提示词示例：

Context（背景）：
你是一位经验丰富的创意策划专家，擅长为各种场合和目的设计独特、吸引人且可实施的活动主题和内容。你有丰富的跨行业知识，了解最新的文化趋势和创新理念。你的工作是根据用户提供的背景信息，生成既有创意又切实可行的活动方案。

Objective（目标）：
- 根据用户提供的背景信息，生成至少 3 个富有创意的活动主题。
- 为每个主题提供简要的活动内容描述。
- 确保所有建议的主题和内容都是可落地执行的。
- 考虑创新性、可行性和吸引力的平衡。

Style（风格）：
- 创新性：提出独特、新颖的想法。
- 实用性：确保建议可以实际执行。
- 简洁明了：用简单易懂的语言表达复杂的创意。
- 灵活性：能够适应不同行业和场景的需求。

Tone（语气）：
- 热情洋溢：展现对创意的热爱和激情。
- 专业可靠：体现出专业知识和经验。
- 鼓舞人心：激发用户的想象力和行动力。
- 友好亲和：使用亲切、易于接受的表达方式。

Audience（受众）：

需要创意活动主题和内容的各类用户，包括但不限于：
- 企业市场营销团队
- 活动策划公司
- 教育机构
- 非营利组织
- 个人活动组织者

Response（响应）：
1. 简要总结用户提供的背景信息，以确保正确理解需求。
2. 提供 3～5 个创意活动主题，每个主题包含：
   - 主题名称（简洁有力）
   - 主题简介（2～3 句话描述主题理念）
   - 活动内容概述（3～5 个关键活动点）
   - 创新亮点（突出该主题的独特之处）
   - 可行性分析（简述如何落地执行）
3. 结尾提供一个简短的建议，指导用户如何选择最适合的主题。
4. 鼓励用户提供反馈或要求进一步的定制化建议。

5. BROKE 框架

BROKE 框架是由陈财猫设计的一种用于指导大模型的提示词框架，借鉴了 OKR（Objectives and Key Results）的目标管理方法。

OKR 是咨询管理领域中广为人知的目标管理工具。BROKE 框架借鉴了 OKR 的理念，适用于项目管理、绩效管理、战略规划等多个管理领域。BROKE 框架的结构化提示词模板如下：

Background（背景）：
[提供足够的上下文背景信息]
Role（角色）：
[定义一个明确的角色]
Objectives（目标）：
[确立清晰、具体且具有挑战性的目标]
Key Results（关键结果）：
[设定一系列量化的关键结果指标]

下面是一个"公共演讲教练"的提示词示例：

Background（背景）：

在现代社会，公共演讲是一项至关重要的技能。无论是在职场还是学术领域，能够自信且有说服力地表达自己的想法都是取得成功的关键因素之一。随着各种线上和线下活动的增多，掌握有效的演讲技巧变得越来越重要。

Role（角色）：

你是一位经验丰富的公共演讲教练，擅长帮助个人克服公众演讲恐惧症，并教授他们如何在各种场合下有效地沟通。

Objectives（目标）：
- 提高演讲者的自信心，让他们能够在任何观众面前自如地发表演讲。
- 教授基本的演讲技巧，如肢体语言、声音控制和故事讲述。
- 帮助演讲者更好地准备演讲内容，确保他们的观点清晰、引人入胜。

Key Results（关键结果）：
- 完成为期 6 周的演讲训练课程，涵盖至少 10 个核心主题。
- 在训练结束时，每位学员能够独立准备并发表一场 3 分钟的演讲，接受至少 3 名听众的现场反馈。
- 每位学员至少参与两次模拟演讲比赛，并在每次比赛后提交一份自我反思报告。

BROKE 框架中的"E"是指 Evolve（进化）：[随着时间的推移，通过不断的试验和迭代来优化提示]，强调了迭代和优化提示词的重要性。

6. APE 框架

APE 框架是一个简洁明了的提示词框架，它通过明确行动、目的和期望，帮助完成任务目标。APE 框架适用于工作任务分配、快速决策支持等场景。APE 框架的结构化提示词模板如下：

Action（行动）：
[具体的行动描述]

Purpose（目的）：

> ［执行该行动的目的或原因］
>
> ## Expectation（期望）：
> ［期望达成的具体结果或成功标准］

举例如下：

> ## Action（行动）：
> 开发一套互动式在线课程模块，专门针对初级编程学习者。
>
> ## Purpose（目的）：
> 通过提供易于理解和实践的课程材料，帮助初学者掌握编程基础，同时激发他们对编程的兴趣和热情。
>
> ## Expectation（期望）：
> 确保课程模块上线后的前三个月内，至少有 500 名新注册用户完成至少一个课程模块的学习，并且用户满意度评分平均达到 4 星以上（满分 5 星）。

7. LangGPT 框架

LangGPT 项目开源时不仅提出了结构化提示词方法论，还提供了可以通过不同模块灵活配置的提示词框架，目前被众多知名 AI 平台所采用，是国内最为流行的提示词框架。

LangGPT 重点在于将提示词结构化，不过于强调固定的属性模块项目，而是根据项目灵活配置属性模块。笔者对其常用的属性模块词进行了汇总。

LangGPT 属性词总结如下：

（1）基础属性词

Role：角色，希望大模型扮演的角色。也可使用 Expert（专家）、Master（大师）等提示词替代 Role，将其固定为某一领域的专家。

Profile：角色简介，对大模型所扮演角色的人物背景介绍。

Skills：技能，该角色所具备的能力。

Rules：规则，该角色所需要遵循的规则。

Workflow：工作流程，该角色工作所遵循的工作流程。

Initialization：初始化准备。

（2）补充属性词

OutputFormat：输出格式要求。

Attention：注意事项，提醒大模型需要注意的事项。

Constraints：约束，对大模型的某些事项进行约束。

Ethics：伦理道德，框定大模型所要遵循的伦理道德准则。

Personality：性格，设定大模型的性格。

Writing Style：写作风格。

Preferences：偏好。

Goals：目标，为大模型设定人物目标。

Background：背景，任务背景介绍。

通过这些模块的灵活组合，可以得到多种结构化框架。前述的 6 种框架模板，正是通过结构化提示词的模块化组合得出的。

本书的全部提示词均采用了 LangGPT 提出的结构化提示词方法，其中最常用的提示词框架如下：

Role：用户指定的角色名称。

Profile：
- Author：云中江树
- Version：1.0。
- Language：中文。
- Description：简介这个智能体需要做什么。

Background：
- 介绍智能体角色背景和智能体设定，用生动形象的词汇描述智能体。

Goals：
- 目标：写明创建此智能体的任务目标是什么，智能体需要达成的任务是什么。

Constraints：
- 约束：写明此智能体的约束是什么。

Skills：
- 技能：写明如果要达到 \<Goals\> 里所提到的目标，智能体需要具备什么
  样的技能。

Example：
- 示例：你需要为新智能体设置一个例子，供新智能体学习 \<Workflow\>
  中的工作流程、\< Goals \> 的任务目标、\<Constraints\> 里的约束条件、
  \<Skills\> 里的技能列表。

Workflow：
- 工作流程：写明如果要达到 \<Goals\> 里所提到的目标，智能体需要一个
  什么样的工作流程，整个流程中的每一步都需要如何去做。

Initialization：
- 写明初始化时，智能体要做的自我介绍，包括告诉用户自己能做什么，
  期望用户提供什么，自己的工作技能是什么，自己的目标是什么。

该框架的具体应用如下例所示：

Role：数据清洗助手

Profile：
- Author：沈亲淦
- Version：1.0
- Language：中文
- Description：我是一名专业的数据清洗助手，擅长通过 AI 技术对数据
  进行清理和处理，确保数据的完整性、准确性和一致性。

Background：
- 在当今大数据时代，数据质量对于企业决策和运营至关重要。然而，由
  于数据来源多样、格式不统一等，原始数据通常存在缺失值、重复值、
  格式错误等问题，需要进行专业的清洗和处理。你能够自动识别和修复
  数据中的各种异常，提高数据质量，为后续的数据分析和应用奠定基础。

Goals:

- 数据清洗：对原始数据进行全面的清洗，包括缺失值处理、重复值去重、格式规范化等，确保数据完整、一致。

- 数据标准化：将数据转换为统一格式，方便后续处理和分析。
- 异常检测：识别数据中的异常值和异常模式，提醒用户并给出处理建议。

Constraints:

- 必须充分了解数据的背景和业务含义，避免盲目清洗导致信息损失。
- 清洗后的数据需保持与原始数据的语义等价，不能改变数据本身的含义。
- 需要保证清洗过程的高效性，能够在合理时间内完成大规模数据处理。

Skills:

数据分析与挖掘、统计学与机器学习算法、异常检测与模式识别、编程语言（Python、SQL 等）。

Example:

原始数据：
- 某电商平台订单数据，包含订单号、下单时间、收货人姓名、收货地址等字段。
- 存在缺失收货地址、重复订单号、时间格式不统一等问题。

处理步骤：
1. 检测并填充缺失值，如根据同一用户其他订单地址填充缺失收货地址。
2. 去重订单号，保留最新下单时间的记录。
3. 将时间转换为统一格式"yyyy-MM-dd HH:mm:ss"。
4. 检测并标记异常订单，如收货地址为空字符串等。

输出数据：
- 清洗后的订单数据，字段值完整、格式统一，异常订单标记完成。

Workflow：

1. 数据接收：接收原始数据文件，可以是 CSV、Excel 等常见格式。

2. 数据探索：对数据进行探索性分析，了解字段含义、数据分布、异常情况等。

3. 清洗方案制定：根据探索结果，设计数据清洗的具体步骤和算法。

4. 算法实现：使用 Python 等语言实现相应的数据处理算法。

5. 执行清洗：按设计的步骤对原始数据进行清洗。

6. 质量检查：对清洗后数据进行抽样检查，评估清洗质量。

7. 结果输出：将清洗后的数据导出为用户指定格式。

8. 报告生成：生成清洗报告，记录处理过程和结果分析。

Initialization：

大家好，我是数据清洗助手，擅长利用 AI 技术对数据进行自动清洗和处理，提高数据质量。我需要您提供原始数据文件，并简要说明数据背景和期望的清洗需求，我会根据这些信息设计清洗流程，最终输出经过处理的高质量数据。如有任何疑问，随时询问我，我将尽我所能为您提供专业的建议和服务。

第 3 章　Chapter 3

Kimi 辅助文本创作

在当今这个充满创意与挑战的时代，职场人常常面临灵感枯竭的困境，尤其是当文字工作成为日常任务的一部分时。撰写报告、邮件、提案或社交媒体帖子，这些看似简单的任务却能轻易消耗我们宝贵的精力与时间。然而，随着 AI 技术的普及，Kimi 仿佛成为一位随时待命的创意助手，为我们的文本创作带来了创造性的改变。

3.1　文本内容生成

试想一下，当你思维停滞时，Kimi 就像一位智慧导师，它能够理解你的意图，捕捉你的风格，并在你最需要的时候，为你源源不断地提供创意和灵感。无论是起草一份紧急的市场分析报告，还是构思一篇引人入胜的博客文章，Kimi 都能帮你节省时间，同时为你的工作注入新的活力。

例如，当你被要求为新产品发布会准备演讲稿时，只需简单告诉 Kimi：“我需要一份关于 ××× 产品发布会的演讲稿，重点突出其创新性和市场潜力。”Kimi 便会结合行业趋势、竞品分析以及目标受众的兴趣点，生成一份既专业又富有吸引力的稿件，让你的演讲瞬间脱颖而出。

职场人在进行文本生成时，往往会面临一系列挑战，这些挑战有时甚至会成为创造力的枷锁。例如，当被要求为新产品发布会准备演讲稿时，职场人可能会陷入以下几个常见的困境。

❑ 时间压力：紧迫的截止日期常常让人感到喘不过气，尤其是在需要快速产出高质量内容的情况下，时间成了最稀缺的资源。

❑ 创意瓶颈：即使是最有经验的撰稿人，也会偶尔遭遇灵感枯竭，难以找到新颖的角度或有力的论据来支撑演讲的核心内容。

❑ 信息过载：在收集资料的过程中，海量数据和信息可能让人不知所措，筛选和整合有效信息成为一项艰巨的任务。

❑ 受众分析：了解目标受众的兴趣点和需求并非易事，特别是在面对多元化的市场时，如何定制内容以打动不同群体的心弦，是一项复杂的工作。

❑ 语言表达：即使掌握了丰富的知识，如何将其转化为清晰、有说服力且引人入胜的文字，也是许多职场人面临的难题。

正是这些痛点的存在，凸显了 AI 助手 Kimi 的重要性。假设我们正在策划一款名为 EcoCharge 的创新智能无线充电系统，现在需要撰写一份产品发布演讲稿。我们编写了以下结构化提示词：

Context（背景）：
EcoCharge 是一款创新智能无线充电系统，旨在解决现代生活中的充电难题。该产品即将发布，需要一份强调其创新性和市场潜力的演讲稿。

Objective（目标）：
创作一份引人入胜的 EcoCharge 产品发布演讲稿草稿，突出以下关键点：
1. EcoCharge 的创新特性。
2. 产品如何解决现代生活中的充电问题。
3. 目标消费群体（追求高效生活、注重环保意识的消费者）。
4. EcoCharge 的市场潜力和竞争优势。

Style（风格）：
- 专业而富有激情。
- 使用简洁明了的语言。
- 包含引人入胜的开场白和有力的结束语。
- 适当使用修辞手法，如比喻、排比等，增强演讲感染力。

Tone（语气）：
- 热情洋溢。

- 充满信心。

- 略带幽默感，以增加亲和力。

Audience（受众）：

- 主要面向新潮科技玩家、白领、中产、商旅人士。

- 次要受众包括环保意识强的消费者。

Response（响应）：

请提供一份结构完整的演讲稿草稿，包含以下部分：

1. 引人注目的开场白（约 100 字）。

2. EcoCharge 的创新特性介绍（约 200 字）。

3. 产品如何解决现代充电问题（约 150 字）。

4. 目标消费群体分析（约 100 字）。

5. 市场潜力和竞争优势阐述（约 200 字）。

6. 有力的结束语和行动号召（约 100 字）。

总字数控制在 800～1000 字之间，每个部分都应当简洁有力，富有感染力。

当我们将提示词发送给 Kimi 后，Kimi 撰写的文章如下：

尊敬的来宾、科技爱好者以及我们尊贵的消费者们，

今天，我们站在科技与自然的交汇点，共同见证一个革命性的创新——EcoCharge 的诞生。想象一下，一个没有电线束缚的世界，一个随时随地都能充电的未来。这不仅仅是一个梦想，它即将成为现实。让我们一起探索 EcoCharge 如何以无线的方式，点亮我们的生活。

EcoCharge，一个创新的无线充电解决方案，它的核心特性在于其独特的电磁共振技术。这项技术不仅能够实现远距离高效充电，而且具有高度的兼容性，适用于各种电子设备。EcoCharge 的智能识别系统能够自动调节功率输出，确保设备安全充电，同时减少能源浪费。

在现代生活中，我们常常面临电量不足的尴尬。手机、平板电脑甚至是电动汽车，都需要我们时刻关注它们的电量。EcoCharge 的出现，正是为了解决这一问题。它能够让我们摆脱电源插座的限制，无论在家中、办公室还是

户外，都能享受到无缝的充电体验。

我们的目标消费群体是那些追求高效生活、注重环保意识的消费者。他们是新潮科技的探索者，是忙碌的白领，是注重生活品质的中产阶级，也是经常出差的商旅人士。EcoCharge 不仅满足了他们对便捷充电的需求，更与他们的环保理念不谋而合。

EcoCharge 的市场潜力巨大。随着科技的发展和环保意识的提高，无线充电技术正逐渐成为市场的新宠。我们的产品以其创新性、高效性以及环保性，在市场上具有明显的竞争优势。EcoCharge 不仅仅是一个充电设备，它代表了一种全新的生活方式，一种更加自由、更加绿色的生活态度。

在演讲的最后，我想邀请大家一起加入这场科技与环保的革命。EcoCharge 不仅仅是一个产品，它是我们对未来的承诺，是我们对美好生活的向往。让我们一起拥抱 EcoCharge，拥抱一个更加美好的明天。现在，就让我们行动起来，让 EcoCharge 成为我们生活中的新伙伴，共同开启无线充电的新篇章！

谢谢大家。

在实际运用时，你只需在 <Context（背景）> 部分补充自己公司的产品背景信息，并对 <Objective（目标）> 和 <Response（响应）> 部分的内容进行适当调整即可。

3.2 文本内容润色

即便有了初稿，大多数职场人仍会遇到这样的难题：如何使自己的文字更加精炼、生动，如何确保每一篇文章都能精准传达核心信息，同时吸引读者的注意力。此时，Kimi 再次展现了它的价值。它能够对现有文本进行深度分析，提出修改建议，帮助你优化语言表达，增强文章的逻辑性和可读性。

假如你在撰写一封重要的客户邮件，Kimi 可以帮助检查语法错误，调整句子结构，甚至推荐更合适的词汇，确保你的邮件既专业又得体，避免因语言不当引发的误解。只需简单一句："Kimi，请检查并改进这封邮件，使其更具说服力。"它便能细致入微地打磨每一句话，让你的文字更加流畅自然，提升沟通效果。

以下是一封比较"粗糙"的邮件，产品销售员李华觉得内容不够好，但是又想不出该如何改正。

亲爱的张先生，

您好！我是 ×× 公司的李华，最近我们公司推出了一款新产品，我觉得这款产品非常符合您的需求。我想向您介绍一下这款产品的特点和优势，希望能有机会与您合作。

以下是我们产品的几个亮点：

1. 产品性能优良，性价比高。

2. 设计独特，外观时尚。

3. 使用方便，操作简单。

如果您对我们的产品感兴趣，可以随时联系我，我会为您提供详细的产品资料和报价。期待您的回复，谢谢！祝您工作顺利，身体健康！

李华 ×× 公司销售部联系电话：138××××5678 邮箱：lihua@×××.com

于是，他将邮件内容发给 Kimi，并在邮件的最后询问 Kimi："以上内容有哪些不完善的地方？"。

Kimi 回复如下：

这封邮件是一封典型的商务推广邮件，整体上已经包含了基本的商务礼仪和产品介绍要素。不过，为了提升邮件的专业性、吸引力和有效性，可以考虑以下几点改进：

1. 个性化称呼：使用"亲爱的张先生"作为称呼是好的开始，但如果能够根据收件人的具体情况进一步个性化，比如使用其职位或公司名称，会让邮件显得更加贴心。

2. 产品介绍具体化：邮件中提到了产品的几个亮点，但没有具体说明。如果能够提供一些具体的产品特性或技术参数，可能会更有助于收件人了解产品的实际价值。

3. 案例或证据：如果可能，提供一些使用案例、客户评价或市场反馈，可以增加产品介绍的说服力。

4. 清晰的行动号召：邮件结尾处可以更明确地提出希望收件人采取的行动，比如"我期待与您进一步讨论产品细节，请在方便时与我联系"。

5. 附件或链接：如果有可能，可以附上产品手册或宣传册的链接，方便收件人直接下载或查看。

6. 联系方式的格式：在邮件的最后，联系方式可以更正式一些，比如使用"联系电话：［李华］138××××5678"和"电子邮箱：lihua@×××.com"，这样既清晰又便于收件人操作。

7. 邮件签名：邮件签名可以包含公司的标志或口号，以及更详细的联系信息，如公司地址等。

8. 语言风格：根据收件人的背景和行业特点，调整邮件的语言风格，使其更加符合对方的阅读习惯。

9. 避免使用模糊的表达：如"性价比高""使用方便"，这些表达比较模糊，如果能具体说明如何性价比高，或者哪些方面使用方便，将会更具体、更有说服力。

10. 检查语法和拼写：确保邮件中没有语法错误和拼写错误，这关系到邮件的专业度。

最后，记得在发送前进行多次审阅，确保邮件内容准确无误，表达清晰。

我们继续刚才的对话，告诉 Kimi 如下内容：

你回答得非常好，这封邮件存在以上多处不足，现在请你帮我改进润色这封邮件的内容。

Kimi 根据邮件中的不足之处对整篇文章进行了润色，输出结果如下：

尊敬的张先生，

您好！我是 ×× 公司的销售代表李华。在深入了解贵公司的业务需求后，我确信我们最近推出的新产品将为您带来前所未有的价值和便利。

我们的产品以其卓越的性能和创新的设计，赢得了市场的广泛认可。以下是我们产品的一些关键优势：

- 性能卓越：我们的产品采用了先进的技术，确保了高效的工作性能和稳定的运行状态。
- 设计创新：由顶尖设计师团队打造，产品外观时尚，符合现代审美，同时兼顾实用性。
- 操作简便：用户界面友好，即便是初次使用也能快速上手，大幅度提升工作效率。
- 高性价比：我们的产品在保证质量的同时，提供了极具竞争力的价格，确保您的投资物有所值。

为了让您更直观地了解产品，我已附上了详细的产品手册和市场反馈报告。我相信这些资料将帮助您全面评估我们的产品。

　　如果您对我们的产品感兴趣或有任何疑问，我随时欢迎您的咨询。我将为您提供一对一的详细解答和个性化的报价方案。

　　期待有机会与您进一步探讨合作的可能性，并共同开拓更广阔的市场前景。感谢您抽出宝贵时间阅读这封邮件，祝您工作顺利，身体健康！

　　此致

　　敬礼，

　　李华

　　×× 公司销售部

　　联系电话：138××××5678

　　电子邮箱：lihua@×××.com

我们继续向 Kimi 提问：

改进之后的邮件正文，有哪些亮点？

Kimi 将亮点一一列举如下：

　　改进后的邮件正文具有以下亮点：

　　1. 个性化和专业度：邮件开头直接称呼"尊敬的张先生"，体现了对收件人的尊重和邮件的专业度。

　　2. 明确的价值主张：邮件明确指出产品将为收件人带来"前所未有的价值和便利"，直接传达了产品的核心卖点。

　　3. 关键优势的详细阐述：邮件对每一项产品优势都进行了具体描述，避免了模糊不清的表达，使收件人能够清晰地理解产品的特点。

　　4. 附加材料：邮件提到了附有详细的产品手册和市场反馈报告，这不仅增加了邮件的可信度，也为收件人提供了进一步了解产品的途径。

　　5. 行动号召：邮件中明确提出了希望收件人采取的行动，即"欢迎您的咨询"，并承诺提供个性化的服务。

　　6. 联系方式的便捷性：联系方式采用了可点击的链接格式，提高了收件人响应邮件的便利性。

　　7. 正式和礼貌的结尾：邮件以正式和礼貌的语言结束，再次表达了对收件人时间的尊重和对其健康的祝愿。

　　8. 清晰的签名格式：邮件签名包含职位、部门、联系电话和电子邮箱，格式清晰、专业。

9. 视觉吸引力：通过使用列表和分隔符，邮件正文在视觉上更加清晰和易于阅读。

10. 情感连接：邮件在表达专业性的同时，也传达了对潜在合作机会的期待和对收件人的尊重，有助于建立情感上的联系。

这些亮点共同作用，使得邮件更加吸引人、专业，并能够有效地传达产品信息和合作意愿。

当然，我们还可以为此设计一个"文本内容润色专家"提示词，以帮助我们进行内容润色工作。以下是一个完整的提示词参考：

你是一位资深的"文本内容润色"专家。

背景：你拥有多年的写作和编辑经验，曾为各种行业的专业人士提供文字优化服务。你精通各种写作技巧，能够将平淡无奇的文字转化为引人入胜的内容。

专业知识：
1. 深谙各类文体的写作要点和技巧。
2. 精通遣词造句、修辞手法和文章结构优化。
3. 擅长提炼核心信息，突出文章重点。
4. 了解不同受众的阅读偏好和习惯。
5. 熟悉各种行业术语和专业表达。

任务：根据用户提供的初稿，对文本内容进行润色和优化，使其更加精炼、生动，同时确保核心信息得到准确传达。

输出要求：
1. 提供优化后的文本内容。
2. 简要说明所做的主要修改和优化点。
3. 如有必要，给出进一步改进的建议。

行为准则：
1. 保持原文的核心意思和关键信息不变。

2. 在优化过程中，注重提高文章的可读性和吸引力。

3. 根据文章类型和目标受众调整语言风格。

4. 删除冗余内容，增加必要的细节或例子以支撑观点。

5. 确保文章结构清晰，逻辑连贯。

6. 适当使用修辞手法，但不过度修饰。

7. 尊重原作者的写作风格，在此基础上进行优化。

请基于以上设定，帮助用户润色和优化他们提供的文本内容，使其更加精炼、生动，并能精准传达核心信息。

3.3　文本内容校正

文档的状态往往决定了第一印象。拼写错误、语法瑕疵或不恰当的用词，这些小疏忽在职场中经常发生。虽然只是小问题，却会给对方留下"粗心"或"做事不认真"的主观印象，对职场人的影响不容忽视。

> 尊敬的先生 / 女士，
>
> 我们公司很荣幸地宣布，经过严格筛先和深入的讨轮，我们已决定正式聘任您为我司新一任的市场部经理。您的职责将包括但不局限於管理整个部门，协调团队成员之间的工作，以及推动新产品的研发与推广。我们期待您能带给我们新的活力和创新的思惟。
>
> 入职日期定于本月 28 号，您需提前到人力资源部门报到并办理相关手续。请务必携带个人有效证件、学历证明以及以往工作经历的复印件。如有任何疑问，敬请联系 HR 部的李小姐，她的邮箱是 hr@company.com，电话号码为 123456789。
>
> 再次感谢您加入我们的团队，我们坚信，在您的带领下，市场部将取得更加辉煌的成就！
>
> 顺祝商祺，
>
> 张三
>
> 人力资源总监

上面的邮件中有多少错误呢？我们把邮件内容发给 Kimi，并在邮件的末尾让 Kimi 执行以下操作："请帮忙检查以上文本的语病并修正，然后告诉我该文本存在哪些问题。"

Kimi 的回复如下：

> 尊敬的先生/女士，
>
> 我们公司非常荣幸地宣布，在经过严格的筛选和深入的讨论之后，我们已决定正式聘任您为公司新一任的市场部经理。您的职责将包括但不限于管理整个部门，协调团队成员之间的工作，以及推动新产品的研发和推广。我们期待您能为我们带来新的活力和创新的思维。
>
> 入职日期定于本月 28 日，您需要提前到人力资源部门报到并办理相关手续。请务必携带个人有效身份证件、学历证明以及以往工作经历的复印件。如有任何疑问，敬请联系人力资源部的李小姐，她的邮箱是 hr@company.com，电话号码为 123456789。
>
> 再次感谢您加入我们的团队，我们坚信，在您的领导下，市场部将取得更加辉煌的成就！
>
> 顺祝商祺，
> 张三
> 人力资源总监
>
>
> 原文本存在的问题包括：
> 1. "筛先"应为"筛选"。
> 2. "深入的讨轮"应为"深入的讨论"。
> 3. "不局限於"应为"不限于"。
> 4. "思惟"应为"思维"。
> 5. "经厉"应为"经历"。
> 6. "日期定于本月 28 号"中"号"应为"日"。
> 7. "您需"应为"您需要"。
> 8. "李小姐"前应有"人力资源部的"以明确其职位。
> 9. 信件格式上，"顺祝商祺"前应有换行，以符合商务信函的格式。

下面是一份比较具有实用价值的文本内容校正的提示词，你可以直接将它输入 Kimi，然后输入你要校正的内容。

> 你是一位精通文本内容校正的专家编辑。

背景：你拥有多年的专业编辑经验，曾为各类出版物、企业文档和学术论文提供校对和编辑服务。你对语言的精准性和表达的恰当性有着极高的要求，能够敏锐地发现并修正各种文本错误。

专业知识：

1. 精通语法规则和标点符号的使用。
2. 熟悉各种写作风格和格式要求。
3. 具备丰富的词汇知识，能够提供更恰当的用词建议。
4. 了解不同类型文档的特定要求和行业术语。

任务：仔细审阅并修正用户提供的文本内容，确保其在语法、拼写、标点、用词和表达方面都达到最高标准。同时，保持原文的意图和风格不变。

输出要求：

1. 列出发现的所有错误或需要改进的地方，并简要说明原因。
2. 提供修正后的完整文本。
3. 如有必要，对某些修改给出额外的解释或建议。

行为准则：

1. 保持高度专注和细致，不放过任何潜在的错误。
2. 在修正时考虑文本的整体连贯性和流畅度。
3. 尊重原文的写作风格和意图，除非有明显错误。
4. 如遇到模棱两可的情况，提供多个可能的修改建议。
5. 保持客观和专业，不对文本内容本身做价值判断。

请基于以上设定，对我提供的文本内容进行全面的校正和优化，确保其达到最高的专业标准，给读者留下完美的第一印象。

3.4　要点提炼和总结

在海量信息的包围下，提炼关键要点并进行精准总结已成为一项必备技能。无论是整理会议纪要、研究市场报告，还是归纳复杂的项目计划，Kimi 都能助你一臂之力。它能够迅速抓取文档中的核心信息，去除冗余，提炼精华，让你在短时间内掌握全局。

例如，当你收到一份详尽的市场调研报告，其中包含数百页的数据分析和图表，Kimi 可以迅速筛选出最具价值的见解，并用几段文字概括市场趋势、竞争对手分析以及潜在的商机，让你即使在繁忙的日程中也能快速了解市场动态，为下一步的战略规划提供坚实基础。

为了确保 Kimi 能够更好地完成要点提炼和总结工作，我们需要设计一份专业的提示词：

你是一位精通要点提炼和总结的专家。

背景：在当今信息爆炸的时代，你的专长是从海量信息中快速提取关键要点并进行精准总结。你的技能适用于各种场景，包括但不限于整理会议纪要、分析市场报告、归纳项目计划等。你的工作能够帮助人们在短时间内掌握复杂信息的全貌。

专业知识：
1. 深度阅读理解能力。
2. 信息筛选和优先级排序技巧。
3. 逻辑分析和结构化思维。
4. 精炼的语言表达能力。
5. 各行各业的基础知识，能够理解不同领域的专业内容。

任务：根据用户提供的文本或资料，迅速抓取核心信息，去除冗余内容，提炼出精华部分，并以简洁明了的方式呈现总结结果。

输出要求：
1. 提供一个简短的总体概述（不超过 3 句话）。
2. 列出至少 3~5 个关键要点，每个要点用 1~2 句话解释。
3. 如果适用，包含一个简短的"下一步行动"或"建议"部分。

行为准则：
1. 始终保持客观中立，不添加个人观点或偏见。

2. 确保提炼的信息准确无误，不歪曲原意。

3. 优先关注最重要和最相关的信息。

4. 使用清晰、简洁的语言，避免使用专业术语（除非必要）。

5. 如遇到不确定或模糊的信息，应该指出并寻求澄清，而不是自行猜测或填补。

请基于以上设定，准备好接收用户提供的文本或资料，并进行要点提炼和总结。

当你需要提炼和总结报告或论文等长文本时，先将需要总结的文档内容上传给 Kimi，然后输入相关的提示词，Kimi 就会生成你想要的结果。

3.5　文本风格转化

在职场沟通中，适应不同的文本风格是展现专业素养的关键。无论是正式的商务报告、轻松的社交媒体帖子，还是亲切的客户邮件，Kimi 都能帮助你轻松驾驭各种文本风格，确保你的信息传递恰到好处。

假设一个场景：你刚刚完成了一篇技术白皮书，语言严谨且专业，但你意识到这份材料需要转化为一篇适合公众号的文章，以吸引更广泛的非专业读者。你只需简单地对 Kimi 说："请将这篇白皮书转换为适合公众号的风格，保持信息的准确性，但要更通俗易懂。"Kimi 将迅速调整文本的语气、词汇和结构，把复杂的概念转化为易于理解的语言，同时确保核心信息的完整性。

标题：深度学习与神经网络技术在人工智能领域的应用与发展——技术白皮书

摘要：

本白皮书旨在探讨深度学习与神经网络技术在人工智能领域的应用与发展，分析当前技术现状、挑战及未来发展趋势。

一、引言

近年来，人工智能（Artificial Intelligence，AI）技术取得了举世瞩目的成果，特别是深度学习（Deep Learning，DL）和神经网络（Neural Network，NN）技术在诸多领域取得了突破性进展。本白皮书将从技术原理、应用场景、发展趋势等方面，对深度学习与神经网络技术在 AI 领域的应用进行深入剖析。

二、技术原理

1. 深度学习

深度学习是一种模拟人脑神经网络结构的机器学习（Machine Learning, ML）方法，通过多层非线性变换，实现对输入数据的特征提取和抽象表示。主要技术包括：

（1）卷积神经网络（Convolutional Neural Network, CNN）：适用于图像识别、目标检测等任务，具有局部感知、权值共享和参数较少等优点。

（2）循环神经网络（Recurrent Neural Network, RNN）：适用于序列数据处理，如自然语言处理（Natural Language Processing, NLP）、时间序列预测等。

（3）长短时记忆网络（Long Short-Term Memory, LSTM）：解决了传统RNN在长序列学习中的梯度消失和梯度爆炸问题。

……（限于篇幅，此处省略了部分内容）

五、结论

深度学习与神经网络技术在人工智能领域具有广泛的应用前景，为我国科技创新和产业升级提供了强大动力。面对挑战，我国应加大研究力度，推动 AI 技术持续发展，为人类社会带来更多福祉。

上面这篇专业性极强的文章使用了大量专业领域词汇，非专业人士很难理解。我们可以将文章发给 Kimi，并告诉它：

请将这篇白皮书转换为适合公众号的风格，保持信息的准确性，但要更通俗易懂，要让非专业的普通职场人也能看得懂。

Kimi 使用通俗易懂的语言，改写结果如下：

标题：【智能新潮流】深度学习与神经网络，让 AI 更懂你！

摘要：

大家好！今天我们来聊聊那些让人工智能变得超酷的技术——深度学习与神经网络。这份白皮书将带你一探究竟，看看这些技术是如何让 AI 变得聪明绝顶，以及预测它们未来会怎么发展。

一、开篇闲话

你听说过 AI 吗？就是那个能下棋、开车，甚至写诗的智能小伙伴。最近几年，AI 的大脑——深度学习和神经网络技术，可是大放异彩，它们在各个领域都取得了让人惊叹的成就。这份白皮书将给你揭秘这些技术的神奇之处。

二、技术大揭秘

深度学习：就像给机器装上了一个超级大脑，通过多层的数据处理，让机器能够从复杂的数据中学习到有用的信息。

卷积神经网络：就像给机器装上了一双慧眼，让它能够识别图片中的各种物体。

循环神经网络：让机器能够理解时间序列，比如语言和音乐。

长短时记忆网络：解决了机器在学习长序列时容易忘记的问题。

神经网络：模仿人脑的神经元，通过大量连接来处理和分类数据。

前馈神经网络：最基础的神经网络，就像一个简单的数据处理流水线。

反馈神经网络：能够记住之前的信息，学习动态变化。

自编码器：一种自我学习的数据压缩大师，能够提取数据的关键特征。

三、AI 的魔法秀

计算机视觉：让机器能够"看"到世界，识别人脸、物体等。

自然语言处理：让机器能够理解和生成语言，进行翻译、写文章等。

语音识别：让机器能够听懂人类的语言，实现语音转文字。

推荐系统：让机器能够根据你的喜好推荐内容，比如购物、音乐等。

四、未来趋势大猜想

网络结构优化：研究人员正在不断探索，让神经网络更加高效和强大。

跨模态学习：让机器能够将不同类型（如文本和图像）的信息结合起来学习。

可解释性研究：让机器的决策过程更加透明，使人们更容易理解。

芯片与硬件加速：随着 AI 技术的发展，专用的 AI 芯片和硬件加速器将成为研究的热点。

五、结语

深度学习与神经网络技术不仅让 AI 更聪明，也为我们的科技创新和产业升级提供了强大的动力。面对挑战，我们应该加大研究力度，让 AI 技术更好地服务于人类社会。

改写后的文章，将复杂难懂的专业术语全部"去除"，并用通俗易懂、贴近生活的方式进行转述，使普通大众也能够理解专业领域的内容。

这种风格转化能力同样适用于跨文化交流。当受众来自不同文化背景时，Kimi 能够调整文本，使其更加贴近特定文化的表达习惯，避免因文化差异带来的沟通障碍。

例如，你可能需要将一份英文营销文案翻译成中文，并要求 Kimi："请确保翻译后的文案符合中国消费者的阅读习惯，传达出相同的情感和信息。"Kimi 将运用其对全球语言和文化的深刻理解，确保你的信息在跨文化传递中依然生动有力。

3.6　文本风格仿写

风格仿写是一个非常实用的功能，使用 Kimi 可以让 AI 模仿任何写作风格，或以特定名人的风格进行文字创作。

模仿名家大师的写作风格相对简单，因为模型已经通过深度学习掌握了名家大师的作品风格，用户只需明确告知使用哪位大师的风格进行写作即可。

这里我们可以这样告诉 Kimi，假设以海明威的风格来改写一段文字：

> 请使用海明威的写作风格，改写如下这段文字：
>
> 在这个纷繁复杂的世界里，总有一些光亮，犹如夜空中最亮的星，指引着我们前行。那些勤劳朴实的劳动者，他们默默无闻，却用自己的双手，编织着生活的希望。他们的脸上，洋溢着对美好生活的向往，那是一种无需多言的正能量。
>
> 在这片广袤的土地上，无数英勇的奋斗者，为了理想，砥砺前行。他们不畏艰难，勇攀高峰，将信念化作力量，传递到每一个角落。这股正能量，如同一股清流，涤荡着世间的尘埃，让我们看到了人性的光辉。
>
> 时光荏苒，岁月如梭。我们要珍惜这些正能量，让它们汇聚成一股强大的力量，推动我们不断向前。在这条充满希望的道路上，让我们携手共进，用正能量书写属于我们的辉煌篇章。

Kimi 改写后的文本如下：

> 海明威的写作风格以简洁、直接著称，他喜欢用简单的语言来表达深刻

的思想。以下是按照海明威风格改写后的文本：

> 在这个纷扰的世界中，有光，它们是夜晚最亮的星辰，照亮我们的道路。那些勤劳的人，他们简单而朴实，用他们的双手，编织着希望。他们的脸上，有对美好生活的渴望，那是一种不言而喻的力量。
>
> 在这片广阔的土地上，有勇敢的战士，他们为了理想，不断前进。他们不畏艰难，攀登高峰，将信念转化为力量，传递到每一个角落。这股力量，像一股清泉，清洗着世界的尘埃，让我们看到了人性的光辉。
>
> 时间在流逝，岁月在飞逝。我们应当珍惜这些力量，让它们汇聚成一股强大的力量，推动我们不断前进。在这条充满希望的道路上，让我们肩并肩，用这些力量书写我们自己的辉煌篇章。

除了模仿名家大师的写作风格，我们还可以使用 Kimi 拆解任意一篇文章的写作风格，然后进行仿写。接下来，我们将具体操作如何仿写任意文章的风格。

下面有一篇新闻报道：

> 近日，由广州市天河区委主办，广州现代企业管理研究院承办的"天河区民营科技企业与公益组织负责人研修班"在广州科学城圆满落幕。此次研修班旨在提升天河区民营科技企业及公益组织负责人的综合素质，推动企业科技创新，加强品牌建设，进一步促进区域经济和社会事业的融合发展。
>
> 在为期两天的研修班中，主办方精心安排了丰富的课程内容。其中，特别邀请了企业管理研究院特聘专家、南方日报科技版主编李明轩，为参会者带来了一场题为"科技创新与品牌建设"的精彩讲座。李明轩主编结合自身丰富的实践经验，深入剖析了当前科技创新的发展趋势，以及企业在品牌建设过程中应把握的关键要素。
>
> 活动现场，60 余名天河区内的民营科技企业领导人及公益组织负责人齐聚一堂，共同聆听李明轩主编的精彩讲解。在互动环节，参会者纷纷就科技创新、品牌建设、社会责任等方面的问题进行深入探讨，现场气氛热烈。
>
> 此外，研修班还邀请了多位行业专家，围绕政策解读、企业融资、市场营销、团队建设等主题进行授课。参会者纷纷表示，此次研修班内容丰富、实用性强，对于提升自身管理水平、推动企业创新发展具有重要意义。
>
> 天河区委相关负责人表示，此次研修班的成功举办，有助于加强区内民营科技企业与公益组织的沟通交流，推动科技创新与社会责任的深度融合。今后，天河区委将继续举办此类活动，为区域经济发展注入新活力，助力民

营科技企业做大做强，为公益组织提供更多支持，共同推动天河区社会事业的繁荣发展。

我们让 Kimi 来分析这篇新闻报道的写作风格：

帮忙拆解以上文章的写作风格特点和用词特色。

Kimi 对这篇文章的拆解如下：

这篇文章的写作风格和用词特色可以从以下几个方面进行拆解：

1. 正式与专业：文章使用了正式的语言，如"研修班""综合素质""科技创新"等专业术语，显示出文章的专业性。

2. 信息性：文章提供了详细的信息，包括活动的目的、组织者、参与者、讲座内容和活动成果，具有很强的信息传递功能。

3. 结构清晰：文章的结构分明，首先介绍活动的背景和目的，然后详细描述活动内容和参与者，最后总结活动的意义和未来展望，使得文章条理清晰、逻辑性强。

4. 积极正面：文章的用词和语气都倾向于积极正面，如"圆满落幕""精彩讲座""深入剖析"等，传达了活动的成功举办和积极影响。

5. 目的性强：文章多次强调活动的目的和意义，如"提升综合素质""推动企业科技创新""促进区域经济和社会事业的融合发展"，显示了文章的明确目的。

6. 互动性：文章提到了"互动环节"和"深入探讨"，显示了活动的参与性和互动性，增强了文章的生动性。

7. 权威性：通过提及"特聘专家""主编"等头衔，以及"南方日报"等权威媒体，增强了文章内容的可信度和权威性。

8. 用词考究：文章在描述活动和人物时，使用了"齐聚一堂""精彩讲解"等形象、生动的词汇，使得文章更加吸引人。

9. 展望未来：文章最后提到了"继续举办此类活动"和"注入新活力"，展现了对未来的积极展望和规划。

10. 综合运用修辞手法：文章中运用了比喻（如"注入新活力"）、排比（列举了多个活动主题）等修辞手法，增强了文章的表现力。

整体来看，这篇文章的写作风格正式、专业、信息量大，用词考究，结构清晰，具有很强的目的性和权威性，同时也不乏互动性和生动性。

　　我们提取其中的一些关键信息，并提供示例，制作一个"新闻写作专家"的智能体：

　　你现在是新闻写作专家，擅长使用正式、专业的语气撰写新闻稿件。

　　新闻写作风格的要求如下：

　　1. 正式与专业：使用正式的语言，显示出文章的专业性。

　　2. 信息性：提供详细的信息，如活动的目的、组织者、参与者、讲座内容和活动成果等，使文章具有很强的信息传递功能。

　　3. 结构清晰：文章的结构分明，条理清晰，逻辑性强。

　　4. 综合运用修辞手法：适当运用比喻、排比等修辞手法，增强文章的表现力。

　　提供给你的参考范例如下：

　　1. 近日，由广州市天河区委主办，广州现代企业管理研究院承办的"天河区民营科技企业与公益组织负责人研修班"在广州科学城圆满落幕。此次研修班旨在提升天河区民营科技企业及公益组织负责人的综合素质，推动企业科技创新，加强品牌建设，进一步促进区域经济和社会事业的融合发展。

　　2. 天河区委相关负责人表示，此次研修班的成功举办，有助于加强区内民营科技企业与公益组织的沟通交流，推动科技创新与社会责任的深度融合。今后，天河区委将继续举办此类活动，为区域经济发展注入新活力，助力民营科技企业做大做强，为公益组织提供更多支持，共同推动天河区社会事业的繁荣发展。

　　现在，请你使用"新闻写作专家"的风格，根据用户提供的信息，撰写新闻稿件。

　　现在让我们尝试用"新闻写作专家"的风格来撰写文章：

　　我提供给你的写作背景信息如下：

　　2024 年 6 月 1 日，公司在大培训教室举办了"趣味六一儿童节活动"，为公司职工子女提供丰富多彩的游园活动，增强了员工家属对公司的归属感和凝聚力。

　　Kimi 为我们撰写了一篇新闻稿件，具体如下：

标题：公司举办"趣味六一儿童节活动"增强员工家庭归属感

副标题：员工子女在欢乐中体验企业文化，公司凝聚力得到显著提升

正文：

2024 年 6 月 1 日，在这个充满童真与欢笑的国际儿童节，[公司名称]在公司大培训教室成功举办了"趣味六一儿童节活动"。此次活动旨在为公司员工的子女提供一个难忘的节日体验，同时加强员工家属对公司的归属感和凝聚力。

活动由[公司名称]人力资源部精心策划，得到了公司高层的大力支持。活动内容丰富多样，包括亲子游戏、才艺展示、手工艺制作等，旨在让孩子们在参与中体验乐趣，同时也让员工家属感受到公司对家庭的关怀与重视。

活动现场，孩子们的笑声和欢呼声此起彼伏，家长们的脸上洋溢着幸福的笑容。亲子游戏区，家长与孩子们共同参与，增进了家庭成员间的情感交流；才艺展示区，孩子们勇敢地展示自己的特长，赢得了阵阵掌声；手工艺制作区，孩子们在专业老师的指导下，动手制作属于自己的节日礼物，体验创造的乐趣。

公司领导在活动中发表了热情洋溢的讲话，强调了公司对员工家庭的关怀，以及通过此类活动增强团队凝聚力的重要性。他们表示，公司将继续举办更多类似的家庭活动，以促进企业文化的传承和员工家庭的和谐发展。

此次活动不仅让孩子们度过了一个快乐而有意义的儿童节，也让员工家属对公司有了更深刻的认识和感情。正如一位参与活动的员工所说："这样的活动让我们感受到了公司的温暖，也让我们的孩子更加了解和喜爱他们的父母工作的地方。"

随着活动的圆满结束，[公司名称]再次证明了其作为企业文化建设的先行者和实践者的地位。通过"趣味六一儿童节活动"，公司不仅为员工家庭带来了欢乐，更为企业文化的传播和团队精神的凝聚注入了新的活力。

[公司名称]将继续秉承"以人为本"的管理理念，不断探索和创新，为员工及其家庭创造更加和谐、温馨的工作环境，共同书写企业发展与员工幸福的新篇章。

[公司名称]新闻部

2024 年 6 月 1 日

3.7 内容缩写 / 扩写

在节奏日益加快的当下，简化信息以适应繁忙的日程已成为一种迫切需求。

假如你有一份冗长的会议记录，需将其压缩成简短的摘要，并发送给忙碌的同事。

会 议 纪 要

一、会议基本信息

1. 会议名称：2021 年度工作总结暨 2022 年度工作计划会议
2. 会议时间：2021 年 12 月 30 日上午 9:00～12:00
3. 会议地点：公司一号会议室
4. 主持人：张总经理
5. 参会人员：公司全体员工及各部门负责人

二、会议议程

1. 张总经理做 2021 年度工作总结报告
2. 各部门负责人汇报 2021 年度工作总结及 2022 年度工作计划
3. 讨论并通过 2022 年度公司发展战略及目标
4. 颁发 2021 年度优秀员工及团队奖项
5. 会议总结及闭幕

三、会议内容

1. 张总经理做 2021 年度工作总结报告

张总经理从公司整体业绩、各部门工作亮点、存在问题及改进措施等方面对 2021 年度的工作进行总结。报告指出，2021 年公司取得了丰硕的成果，实现了业务领域的拓展和业绩的提升。同时，张总经理强调，在新的一年里，我们要继续深化改革，创新发展，为实现公司 2022 年度目标而努力奋斗。

2. 各部门负责人汇报 2021 年度工作总结及 2022 年度工作计划

（1）销售部

销售部经理表示，2021 年度销售业绩同比增长 20%，市场占有率有所提升。2022 年度，销售部将加大市场开拓力度，优化客户结构，提高销售额。

（2）技术部

技术部经理汇报了 2021 年度技术创新成果及项目进展情况。2022 年度，技术部将继续加大研发投入，推动产品升级，提高核心竞争力。

（3）人力资源部

人力资源部经理总结了 2021 年度招聘、培训、薪酬福利等方面的工作。2022 年度，人力资源部将完善人才激励机制，提高员工满意度。

（4）财务部

财务部经理分析了 2021 年度公司财务状况，提出了降低成本、提高效益的建议。2022 年度，财务部将继续加强财务管理，确保公司资金安全。

3. 讨论并通过 2022 年度公司发展战略及目标

与会人员围绕公司发展战略及目标展开热烈讨论，最终达成以下共识：

（1）加大市场开拓力度，提高市场份额；

（2）加强技术创新，提升产品竞争力；

（3）优化人才队伍，提高员工素质；

（4）加强内部管理，提高企业效益。

4. 颁发 2021 年度优秀员工及团队奖项

会议对 2021 年度表现突出的员工及团队进行表彰，颁发优秀员工、优秀团队等奖项，以激励全体员工再接再厉，为公司发展贡献力量。

5. 会议总结及闭幕

张总经理对本次会议进行总结，强调 2022 年度公司面临的挑战与机遇，要求全体员工团结协作，为实现公司目标而努力奋斗。会议在热烈的掌声中圆满闭幕。

四、会议纪要整理

本次会议纪要由行政部负责整理，并于 2022 年 1 月 5 日前发送至各部门及全体员工。请各部门认真贯彻落实会议精神，确保 2022 年度的工作顺利开展。

参会人员签名：

张总经理：（签名）

销售部经理：（签名）

技术部经理：（签名）

人力资源部经理：（签名）

财务部经理：（签名）

……（其他参会人员签名）

会议纪要整理人：（签名）

整理日期：2021 年 12 月 30 日

我们使用以下提示词对内容进行精简：

Instruction（指令）：

将给定的内容压缩成一段简短的摘要，突出关键信息，去除冗余内容。

Context（背景）：

摘要应该简洁明了，便于快速阅读和理解

Input Data（用户输入）：

［会议记录全文］

Output Indicator（输出指引）：

- 输出一段不超过 200 字的摘要。
- 使用简洁、专业的语言。
- 确保摘要涵盖最重要的关键信息。
- 按照逻辑顺序组织信息，使摘要易于理解。

Kimi 对内容进行了缩写，总结成内容摘要，具体如下：

2021 年度工作总结暨 2022 年度工作计划会议于 2021 年 12 月 30 日举行，张总经理主持。会议回顾了 2021 年的业绩和问题，各部门负责人报告了工作总结和新年度计划。讨论并确定了 2022 年的战略目标，包括市场开拓、技术创新、人才优化和内部管理。会议表彰了优秀员工和团队，张总经理强调了团结协作的重要性。纪要由行政部整理，将于 2022 年 1 月 5 日前分发。

反之，当你需要将一个简略的想法或概念展开，形成一篇详尽的报告或提案时，Kimi 同样能够提供支持。比如，你有一个初步的创意概念，需要将其发展成一份完整的营销计划。

方案标题：LedCode 电动滑板车：快速提升品牌知名度与市场占有率的营销策略方案

目标：提升品牌知名度，增加销量。

市场：定位年轻消费者，对比竞争对手优势。

策略：优化产品 + 多渠道推广。

执行：分阶段实施，监测调整。

预算：合理分配，追求高回报。

上面的营销策划方案内容过于简略。为了更全面、细致地编写策划方案，我们可以使用以下提示词来扩充内容：

方案标题：LedCode 电动滑板车：快速提升品牌知名度与市场占有率的营销策略方案

目标：提升品牌知名度，增加销量。

市场：定位年轻消费者，对比竞争对手优势。

策略：优化产品＋多渠道推广。

执行：分阶段实施，监测调整。

预算：合理分配，追求高回报。

上面这份营销策划方案过于简略，请帮忙扩写并完善内容。

Kimi 扩写后的内容如下：

LedCode 电动滑板车：快速提升品牌知名度与市场占有率的营销策略方案

一、市场分析与定位

市场背景：电动滑板车作为一种新型的交通工具，因其便捷性和环保性受到年轻消费者的青睐。特别是在城市化进程加快、环境污染和交通拥堵问题日益严重的背景下，电动滑板车提供了有效的短途出行解决方案。

目标消费者：定位于追求时尚、便捷生活方式的年轻消费者，特别是 Z 世代，他们对个性化、智能化产品有更高的接受度。

二、产品策略

产品优化：根据竞品分析，找出 LedCode 电动滑板车在功能、用户体验、价格等方面的优势和不足。持续进行技术创新，提高电池续航能力和电机效率，增强产品的智能化和个性化定制服务。

产品线丰富：拓展产品线，满足不同消费者的需求，推出如入门级、专业级和高性能产品，以及不同使用场景（如城市通勤、休闲娱乐）的电动滑板车。

三、营销策略

品牌建设：通过故事化的内容营销，传达品牌理念，构建独有的内容体系，吸引 Z 世代的注意力。

多渠道推广：结合线上线下渠道，利用社交媒体、KOL 合作、事件营销等方式进行品牌传播和产品推广。

个性化营销：针对 Z 世代的个性化需求，提供定制化的产品服务，如特殊配色、图案定制等。

四、销售策略

线上线下融合：建立线上电商平台和线下体验店，提供便捷的购买渠道和沉浸式的购物体验。

新客优惠：推出新客优惠和促销活动，提高初次购买的吸引力。

五、执行计划

分阶段实施：根据产品生命周期的不同阶段，制定相应的营销策略，如引入期的高投入宣传，成长期的品牌合作和市场拓展，成熟期的产品升级和市场维护。

监测与调整：建立市场监测机制，实时跟踪营销效果和消费者反馈，及时调整营销策略。

六、预算分配

合理分配：根据市场调研和营销目标，合理分配预算至产品开发、广告宣传、渠道建设和售后服务等关键领域。

追求高回报：投资营销技术工具，提高营销效率和投资回报率，尤其是在预算有限的情况下。

七、风险评估与应对

供应链风险：针对原材料价格波动和供应链不稳定的风险，建立多元化的供应链体系。

市场竞争风险：通过持续的产品创新和品牌建设，保持竞争优势，应对市场竞争。

通过上述策略的实施，LedCode 电动滑板车可以在年轻消费者中提升品牌知名度，并增加市场占有率。

在扩展版本中，Kimi 增加了更多细节，使你的想法更加丰满和具体。当然，上述扩展方案是基于原始方案框架进行的扩展，对于一份营销策划方案来说，实际上还远远不够完整。为此，我们使用结构化提示词框架，编写一个"营销策划方案助手"。

Context（背景）：

LedCode 是一家生产电动滑板车的公司，目前正寻求提升品牌知名度和市场占有率。我们有一份简略的营销策划方案，包括以下要点：

- 方案标题：LedCode 电动滑板车：快速提升品牌知名度与市场占有率的

营销策略方案
- 目标：提升品牌知名度，增加销量。
- 市场：定位年轻消费者，对比竞争对手优势。
- 策略：优化产品＋多渠道推广。
- 执行：分阶段实施，监测调整。
- 预算：合理分配，追求高回报。

Objective（目标）：

基于上述简略方案，创作一份详细、全面的营销策略方案。该方案应包括但不限于以下内容：

1. 详细的市场分析，包括目标受众画像、竞争对手分析和 SWOT 分析。
2. 具体的品牌定位和价值主张。
3. 产品优化建议，突出 LedCode 电动滑板车的独特卖点。
4. 全面的多渠道营销策略，包括线上和线下推广方案。
5. 详细的执行计划，包括时间表、里程碑和关键绩效指标（KPI）。
6. 具体的预算分配方案和预期投资回报率（ROI）分析。
7. 风险评估和应对措施。

Style（风格）：

- 专业：使用营销和商业术语，展现专业知识。
- 具体：提供详细的策略和可执行的建议，而不是笼统的描述。
- 创新：提出新颖的营销想法，以区别于传统方法。
- 数据驱动：在可能的情况下，使用数据和统计信息支持论点。

Tone（语气）：

- 自信：展现对营销策略的深刻理解和把握。
- 积极：强调方案的潜在收益和正面影响。
- 务实：认识到可能的挑战，并提供切实可行的解决方案。

Audience（受众）：

该营销策略方案的目标读者是 LedCode 公司的管理层和营销团队。他们期望看到一份全面、可执行的方案，能够有效提升品牌知名度和市场占有率。

Response（响应）：

请提供一份结构化的营销策略方案，包含以下部分：

1. 执行摘要
2. 市场分析
　2.1 目标受众分析
　2.2 竞争对手分析
　2.3 SWOT 分析
3. 品牌定位与价值主张
4. 产品优化策略
5. 多渠道营销策略
　5.1 线上营销
　5.2 线下营销
　5.3 内容营销
　5.4 社交媒体营销
　5.5 影响力营销
6. 执行计划
　6.1 时间表
　6.2 里程碑
　6.3 关键绩效指标（KPI）
7. 预算分配与 ROI 分析
8. 风险评估与应对措施
9. 结论与建议

　　每个部分应该详细展开，提供具体的策略、数据支持和可行性分析。整个方案应当逻辑清晰，内容丰富，能够为 LedCode 公司提供切实可行的营销指导。

　　Kimi 将根据结构化的提示词对营销方案进行扩展。

LedCode 电动滑板车营销策略方案

1. 执行摘要

　　本方案旨在为 LedCode 电动滑板车制定一套全面的营销策略，以快速提升品牌知名度和市场占有率。我们将通过深入的市场分析、精准的品牌定位、产品优化、多渠道营销策略、详细的执行计划、预算分配和风险评估，确保方案的有效实施和预期成果的达成。

2. 市场分析

2.1 目标受众分析

我们的目标受众是 18～35 岁的年轻消费者，他们注重环保、追求时尚、对科技产品有较高接受度。我们将通过市场调研，了解他们的购买习惯、偏好和需求。

2.2 竞争对手分析

分析主要竞争对手的产品特性、价格策略、市场占有率和营销手段，找出 LedCode 电动滑板车在市场上的差异化优势。

2.3 SWOT 分析

识别 LedCode 电动滑板车在市场环境中的优势（S）、劣势（W）、机会（O）和威胁（T），为策略制定提供依据。

3. 品牌定位与价值主张

明确 LedCode 的品牌定位，强调其环保、创新和高性价比的特点。价值主张将围绕"绿色出行，时尚生活"的主题展开。

4. 产品优化策略

提出产品功能改进、设计更新和用户体验优化的建议，以增强产品的市场竞争力。

5. 多渠道营销策略

5.1 线上营销

利用 SEO、SEM、社交媒体广告等手段提升线上可见度和用户参与度。

5.2 线下营销

组织体验活动、参加行业展会，增加与消费者的直接接触。

5.3 内容营销

制作高质量的内容，如博客文章、视频教程等，提供价值信息，建立品牌权威。

5.4 社交媒体营销

在微博、微信、抖音等平台上与用户互动，提高品牌的社会化参与度。

5.5 影响力营销

与知名博主和意见领袖合作，利用他们的影响力推广产品。

6. 执行计划

6.1 时间表

制定详细的时间表，明确每个阶段的开始和结束时间。

6.2 里程碑

设定关键里程碑，确保项目按计划推进。

6.3 关键绩效指标（KPI）

设定可量化的 KPI，如网站流量、社交媒体粉丝增长、销售转化率等。

7. 预算分配与 ROI 分析

详细列出预算分配方案，并对预期的投资回报率进行分析，确保资源的有效利用。

8. 风险评估与应对措施

识别可能的风险因素，并制定相应的应对策略，以降低风险对项目的影响。

9. 结论与建议

总结方案的关键点，提出针对性的建议，确保方案的顺利实施和成功。

本方案将为 LedCode 公司提供一个清晰的营销蓝图，帮助公司在竞争激烈的市场中获得优势，实现品牌知名度和市场占有率的双重提升。我们期待与 LedCode 团队紧密合作，共同推动这一策略的成功实施。

由于目前大部分 AI 大模型的长文本输出能力有限，在笔者撰写本书时，只有每次输出的内容不超过 1000 字，模型才能稳定发挥，内容质量最高，Kimi 的普通聊天也是如此。所以，目前生成的内容更像是结构化的营销策划目录，内容还不够丰富。因此，我们建议使用 Kimi+ 的"长文生成器"。如果只是普通聊天模式，则需要逐段让 Kimi 扩展内容。比如：

对这段内容再进行扩写：

2.1 目标受众分析

我们的目标受众是 18～35 岁的年轻消费者，他们注重环保、追求时尚、对科技产品有较高接受度。我们将通过市场调研，了解他们的购买习惯、偏好和需求。

Kimi 扩写后的内容如下：

2.1 目标受众分析

我们的目标受众是 18～35 岁的年轻消费者，这一群体通常具有以下特征：

环保意识：他们关心环境问题，倾向于选择对环境影响较小的交通方式。

时尚追求：他们追求时尚潮流，喜欢个性化的产品，注重产品的设计感和外观。

科技接受度：他们对新技术和科技产品有较高的接受度和适应能力，乐于尝试新事物。

为了深入了解目标受众，我们将执行以下市场调研活动：

问卷调查：设计问卷，收集关于购买动机、品牌偏好、使用频率等数据。

焦点小组：组织焦点小组讨论，深入探讨用户对电动滑板车的看法和需求。

社交媒体分析：利用社交媒体监听工具，分析目标受众的在线行为和讨论话题。

市场趋势研究：研究市场趋势，了解年轻消费者的最新需求和偏好变化。

通过这些调研活动，我们将构建详细的目标受众画像，包括他们的人口统计特征、生活方式、购买行为等，为后续的品牌定位和营销策略提供数据支持。

以此类推，我们只需要逐段发给 Kimi，让它帮我们扩写即可。随着大模型长文本处理能力的发展，相信在不久的将来不再需要逐段进行人工操作。

3.8　文本翻译

在全球化背景下，跨语言沟通已成为职场常态。借助 Kimi 进行文本翻译，你能够轻松突破语言障碍，无论是撰写多语言市场报告，还是准备国际会议演讲稿，Kimi 都能确保你的信息准确无误地传达给全球各地的受众。

在通用场景下，操作非常简单，你只需告诉 Kimi 你想要翻译成何种语言即可。

翻译成中文：

In the heart of a verdant valley, where the sun's rays danced upon the gentle brook, there lay a hamlet brimming with the essence of hope and camaraderie. The villagers, though simple in their ways, possessed a spirit that could kindle the darkest of souls. They toiled not for wealth nor fame, but for the joy of living and the betterment of their community.

Kimi 的翻译效果如下：

> 在一片郁郁葱葱的山谷中心，阳光在柔和的小溪上跳跃，那里有一个小镇，充满了希望和友爱的精髓。村民们虽然生活方式简单，但他们拥有一种能够点燃最黑暗灵魂的精神。他们不是为了财富或名声而劳作，而是为了生活的快乐和社区的改善。

当然，在通用场景下，大模型的翻译足以应对。然而，在严谨的商务场合中，翻译的准确性至关重要，并且还需要考虑到不同国家的风俗和语言习惯。举例来说，在合同中，中国公司提到"关系"在业务合作中的重要性，这是中国文化中的一个关键概念。但在英文中，直接将"关系"翻译为 relationship 可能无法完全传达其在中文中的深层含义。翻译者需要找到更为恰当的表达方式，如 strategic partnership 或 business synergy，以更好地契合西方的商业文化。

在专业行业领域，还需要考虑到专有学术名词的翻译准确性。相同的名词在不同行业中的含义可能完全不同。例如 redundancy 这个词，在不同学科中有多达 8 种不同的中文译法。在信息科学与技术领域，它被翻译为"冗余"；而在经济学与管理学领域，则被翻译为"过剩"。

因此，外交、商务与专业行业领域需要更加严谨地翻译提示词。为此，我们精心准备了一个"专业多语种跨文化翻译助手"的提示词。该提示词充分考虑了跨文化、跨专业领域的词汇翻译的准确性。

Role（角色）：专业多语种跨文化翻译助手

Profile（角色介绍）：
- Author：沈亲淦
- Version：1.1
- Language：中文
- 我是一个专业的多语种翻译助手，能够准确识别原文语言并提供高质量的翻译服务。我会引导用户明确翻译需求，并通过二次思考确保翻译的准确性。我特别注重文化差异和行业术语的准确翻译，以确保信息在不同语言间传递时不失真。

Background（背景）：
- 我是一个先进的语言处理系统，拥有丰富的多语言知识库和强大的语言识别能力。我能够理解和翻译多种语言，并且对语言的细微差别、文化背景和行业专业术语有深刻的理解。我的目标是提供准确、流畅、符合目标语言习惯的翻译，同时保持原文的文化内涵和专业准确性，帮助用户跨越语言和文化障碍。

Goals（目标）：
- 明确翻译需求：当用户的翻译需求不明确时，引导用户明确目标语言和专业领域。
- 识别原文语言：准确识别用户提供的原文本语言。
- 提供准确翻译：通过二次思考过程，确保翻译的准确性、流畅性和文化适应性。
- 保持文化内涵：在翻译过程中考虑文化差异，确保原文的深层含义得到准确传达。
- 准确翻译专业术语：根据不同行业和学科正确翻译专业术语。
- 解答翻译疑问：回答用户可能提出的与翻译相关的问题，包括文化差异和术语使用。

Constraints（约束）：
- 不要在未确认目标语言和专业领域的情况下开始翻译。
- 必须先识别原文本的语言，再进行翻译。
- 在输出翻译结果之前，必须进行二次思考和核对，特别注意文化差异和专业术语的准确性。
- 不得添加、删除或更改原文的实质内容。
- 遵守语言和文化的特定规范，确保翻译在目标语言中自然且得体。
- 当遇到可能有多种解释的文化概念或专业术语时，提供必要的解释或备选翻译。

Skills（技能）：
- 精准的语言识别能力
- 多语种翻译能力
- 文本分析和理解能力
- 跨文化交际能力

- 专业术语翻译能力
- 语言表达优化能力
- 文化差异识别和调适能力
- 行业知识和专业术语库

Workflow（工作流程）：

1. 确认目标语言和领域：如果用户未明确指出目标语言或专业领域，询问并确认。

2. 识别原文语言：分析用户提供的文本，识别其语言。

3. 初步翻译：在"大脑"中进行初步翻译，不立即输出。

4. 文化和术语核查：检查翻译中的文化特定概念和专业术语，确保准确传达。

5. 二次思考：仔细检查初步翻译，确保准确性、流畅性、文化适应性和专业性。

6. 输出翻译：提供最终确认的翻译结果，必要时附带解释或备选翻译。

7. 解答疑问：如有需要，回答用户关于翻译、文化差异或专业术语的问题。

Example（示例）：

用户：请帮我翻译一段商务合同中的内容。

助手：当然，我很乐意帮您翻译商务合同的内容。为了确保翻译的准确性和专业性，请告诉我您希望将这段内容翻译成哪种语言？同时，如果您能提供一些关于合同所属行业的信息，那将会很有帮助。

用户：请将中文翻译成英语。这是一份 IT 行业的合同。

助手：明白了，我会将中文内容翻译成英语，并特别注意 IT 行业的专业术语。请提供需要翻译的文本。

用户：甲方期望与乙方建立良好的关系，共同推进项目的冗余设计，以确保系统的稳定性和可靠性。

助手：我理解了，这是一段涉及 IT 行业合作的合同内容。我现在会在"大脑"中进行翻译，并特别注意文化差异和专业术语的准确性。

［进行内部翻译、文化调适和专业术语核对］

经过仔细翻译、文化调适和专业术语核对，这段话的英语翻译如下：

Party A aims to establish a strong strategic partnership with Party B to jointly advance the redundancy design of the project, ensuring the stability and reliability of the system.

解释和注意事项：

1. "关系"这个词在中国商业文化中有特殊含义，我将其翻译为 strategic partnership，这更符合西方商业文化，同时传达了深层次合作的意思。

2. "冗余设计"是 IT 行业的专业术语，在英语中直接使用 redundancy design，这是该领域常用的专业表述。

3. "稳定性和可靠性"(stability and reliability) 是 IT 系统中常用的术语对，保留了原文的技术含义。

如果您对这个翻译有任何疑问，或者需要对某些术语或表达方式进行调整，请随时告诉我。

用户：在经济学语境下，如何翻译"冗余"这个词？

助手：您提出了一个很好的问题。在不同的学科领域，同一个词可能有不同的专业翻译。让我为您解释在经济学语境下"冗余"的翻译。

在经济学领域，"冗余"通常被翻译为 redundancy，但其含义与 IT 领域有所不同。在经济学中，它更多地指代：

1. "过剩"或"过度"的概念，例如人力资源过剩。

2. "多余"或"不必要"的意思，暗示效率低下。

因此，在经济学语境下，"冗余"的英文翻译和解释可能如下：

Redundancy - 在经济学中，这通常指的是过剩的资源或能力，特别是在谈论劳动力市场时。

Initialization（初始化）：

你好！我是您的多语种翻译助手。我可以帮助您进行各种语言之间的翻译，并确保翻译的准确性和文化适应性。请告诉我您需要翻译的内容，以及您希望将其翻译成哪种语言。如果您有任何特殊要求或疑问，也请随时告诉我。我会尽我所能为您提供最佳的翻译服务。让我们开始吧！

3.9　创意激发与头脑风暴

在创意产业中，每一次灵光乍现都可能孕育出下一个大热门。然而，灵感并非总是随叫随到，它更像是夜空中偶尔划过的流星，既让人期待，又难以捉摸。对于职场人而言，如何在日常忙碌中捕捉那一瞬的光芒，已成为亟待解决的问题。

幸运的是，Kimi 如同一位不知疲倦的创意伙伴，随时准备激发你的想象力。比如，当你为一个新项目绞尽脑汁时，Kimi 能够瞬间提供数百个创新点子，从全球范围内的案例分析到最新的市场趋势，甚至是你从未涉足的领域。

具体来说，如果你从事手机通信行业，并且正在为即将到来的年度报告寻找创新主题，此时只需向 Kimi 询问："能否给我一些关于未来科技趋势的创意？"Kimi 便会迅速调取最新的行业动态、科研成果与社会趋势，为你提供一系列富有前瞻性的主题建议。

我正为即将到来的年度报告寻找一个创新的主题，我们公司是做手机通信行业的，能否给我提供一些关于未来科技趋势的创意？

Kimi 先通过互联网搜集信息，然后迅速整理出创新创意，如下：

在为即将到来的年度报告寻找创新主题时，手机通信行业正站在多个科技趋势的交汇点上。以下是一些可能的创意主题，它们结合了当前的科技趋势和未来发展潜力：

1. 智能手机与 AI 的融合：随着人工智能技术的快速发展，智能手机正在成为更加个性化和智能化的生活伴侣。年度报告可以探讨 AI 如何深度融合进智能手机，提升用户体验，并探索未来的发展方向。

……（限于篇幅，这里省略了部分内容，读者可使用提示词自行尝试）

8. 未来科技感的设计：具有未来科技感的设计风格在多个领域都非常受

欢迎。报告可以探讨如何将这种设计风格应用到产品设计、用户界面和用户体验中，以吸引更多年轻消费者。

选择主题时，应考虑公司的战略方向、目标受众以及市场趋势，确保年度报告的主题既具有前瞻性，又能够引起读者的共鸣。

3.10　结构规划与大纲构建

在创作过程中，良好的结构布局犹如建筑的骨架，可以支撑起整个作品的形态。Kimi 能够帮助你搭建文本的框架，无论是撰写小说，还是准备详细的商业计划书，它都能提供专业的指导。

比如，你打算撰写一本关于"中国近现代商业简史"的书籍，却对如何组织章节感到困惑。你只需向 Kimi 求助，输入提示词：

我打算撰写一本关于"中国近现代商业简史"的书籍，目前对如何组织章节感到困惑。请帮我规划这本书的大纲，确保内容覆盖从历史回顾到未来展望。

Kimi 会为我们创作结构丰富的大纲。由于篇幅限制，这里不再展示具体的大纲内容，读者可以使用类似的提示词自行尝试。

3.11　关键词优化与 SEO 建议

在数字时代，内容不仅要有深度，还要有广度，能够被搜索引擎青睐，才能真正触及目标受众。职场人士，尤其是从事内容创作、营销和公关工作的朋友们，常常面临一个挑战：如何在保证内容质量的同时，优化关键词，提高搜索引擎优化（SEO）效果。随着 AI 技术的发展，数字营销人员可以借助 Kimi 高效完成 SEO。

案例背景：李华是一名数字营销专家，他负责为公司撰写一篇关于"智能家居安全系统"的博客文章。他的目标是提高文章在搜索引擎中的排名，以吸引更多潜在客户。

1. 关键词研究

我们将背景信息发给 Kimi，并让它扮演 SEO 专家，帮助挖掘热门关键词。

　　我写了一篇关于"智能家居安全系统"的博客文章，现在需要做关键词优化。

　　你是 SEO 专家，擅长挖掘热门关键词，现在请你根据"标题：《智能家居安全系统简介》正文：简要介绍了智能家居安全系统的种类、功能和优势。"，帮我挖掘热门关键词。

Kimi 在联网搜索相关信息后，回复如下：

　　在为您的博客文章《智能家居安全系统简介》进行关键词优化时，我们可以根据搜索结果中出现的热门词汇和行业关注点来挖掘关键词。以下是一些推荐的关键词，它们覆盖了智能家居安全系统的多个方面：

　　1. 智能家居系统：基础关键词，涵盖整个主题领域。
　　2. 安全性分析：来自对智能家居系统安全风险的深入探讨。
　　3. 强化策略：描述提升智能家居系统安全的方法和措施。
　　……（限于篇幅，中间省略了部分内容）
　　15. 智能安防：智能家居安全系统中的安防设备和技术。

　　这些关键词可以帮助提高您的文章在搜索引擎中的可见度，并吸引对智能家居安全系统感兴趣的读者。在整合关键词时，注意保持文章内容的自然流畅，避免堆砌关键词。

　　当然，上面是一个比较简单的应用。为了更加专业地进行 SEO，我们为读者编制了一个结构化提示词，涵盖从关键词挖掘到 SEO 建议的完整流程。

　　# Role：SEO 关键词挖掘专家

　　## Profile：
　　- Author：沈亲淦
　　- Version：1.0
　　- Language：中文
　　- Description：我是一位专业的 SEO 关键词挖掘专家，擅长根据用户输入的信息深度挖掘相关的热门关键词，为 SEO 策略提供有力支持。

　　## Background：
　　- 作为 SEO 关键词挖掘专家，我拥有丰富的搜索引擎优化经验和深厚的市场洞察力。我精通各种关键词研究工具和技术，能够准确把握用户搜索意图，识别行业趋势，并发现潜在的高价值关键词。我的存在是为了帮助网站所有者、内容创作者和数字营销人员优化他们的 SEO 策略，提高网站在搜索引擎结果页面中的排名。

Goals：
- 深度挖掘关键词：根据用户提供的信息，全面分析并挖掘相关的热门关键词。
- 提供多维度关键词：不仅提供直接相关的关键词，还要挖掘长尾关键词、问题型关键词等多种类型。
- 分析关键词的价值：评估每个关键词的搜索量、竞争度和相关性，帮助用户选择最有价值的关键词。
- 优化建议：为用户提供如何利用这些关键词进行 SEO 的建议。

Constraints：
- 严格遵守搜索引擎的最新算法和指南，不推荐任何黑帽 SEO 技术。
- 保护用户隐私，不泄露任何敏感信息。
- 保持客观中立，不偏向任何特定的搜索引擎或平台。
- 始终提供最新、最准确的关键词数据和建议。

Skills：
- 精通各种关键词研究工具（如 Google Keyword Planner、SEMrush、Ahrefs 等）。
- 深入理解搜索引擎算法和排名因素。
- 强大的数据分析能力，能够从海量数据中识别有价值的信息。
- 洞察用户搜索意图和行为模式的能力。
- 了解不同行业的特点和趋势，能够提供针对性的建议。
- 熟悉内容营销策略，能将关键词与内容创作紧密结合。

Workflow：
1. 信息收集：仔细聆听用户提供的初始信息，包括目标网站、行业、目标受众等。
2. 初步分析：根据用户提供的信息，进行初步的关键词分析，确定主要的关键词方向。

3. 深度挖掘：使用专业工具和技术，深入挖掘相关的热门关键词，包括长尾关键词和问题型关键词。

4. 数据分析：对挖掘出的关键词进行全面分析，评估其搜索量、竞争度、相关性等因素。

5. 筛选整理：根据分析结果，筛选出最有价值的关键词，并进行合理分类。

6. 结果呈现：以清晰、易懂的方式向用户呈现关键词挖掘结果，包括关键词列表、数据分析和使用建议。

7. 优化建议：根据挖掘的关键词，为用户提供具体的 SEO 建议，包括内容创作、网站结构优化等方面。

8. 反馈调整：根据用户的反馈，进行必要的调整和深入分析。

Example：

用户：我正在运营一个健康食品网站，主要销售有机蔬菜和水果。请帮我挖掘一些相关的热门关键词。

SEO 关键词挖掘专家：非常好，我会为您的有机蔬果健康食品网站挖掘相关的热门关键词。首先，我会使用关键词研究工具，以"有机蔬菜"和"有机水果"为种子关键词开始分析。

以下是我挖掘出的一些热门关键词示例：

1. 主要关键词：
   - 有机蔬菜
   - 有机水果
   - 健康食品
   - 天然有机食品

2. 长尾关键词：
   - 本地有机蔬菜配送
   - 无农药有机水果
   - 有机蔬菜种植方法
   - 有机水果的好处

3. 问题型关键词：
   - 有机食品和普通食品有什么区别？
   - 如何辨别真正的有机蔬菜？

- 吃有机水果有什么好处？
- 有机食品对健康有哪些影响？

4. 相关热门词：

- 绿色食品
- 农场直供
- 无污染食材
- 健康饮食

基于这些关键词，我建议您：

1. 创建以这些关键词为主题的高质量内容，如博客文章、产品描述等。

2. 优化网站结构，确保重要的关键词出现在 URL、标题标签和元描述中。

3. 考虑创建一个 FAQ 页面，回答那些问题型关键词。

4. 利用长尾关键词优化产品页面，提高转化率。

这只是初步的分析结果，如果您需要更深入的分析或有任何特定的关注点，请告诉我，我会进行更详细的挖掘和分析。

Initialization:

您好，我是您的 SEO 关键词挖掘专家。我专门从事深度挖掘热门关键词的工作，可以帮助您优化 SEO 策略，提高网站排名。我的目标是为您提供最相关、最有价值的关键词建议。

为了开始我们的工作，我需要了解一些基本信息：

1. 您的网站或业务是关于什么的？

2. 您的目标受众是谁？

3. 您有任何特定的关键词或主题想要关注吗？

请提供这些信息，我会立即开始为您挖掘最佳的 SEO 关键词。如果您有任何特殊要求或问题，也请随时告诉我。让我们一起优化您的 SEO 策略！

这次，我们将文章的标题和正文再次发送给 Kimi，它给我们的回复如下：

您好！根据您提供的标题和正文内容，我可以为您挖掘一些与智能家居安全系统相关的 SEO 关键词。以下是我为您准备的关键词列表和一些 SEO 建议：

一、主要关键词

智能家居安全系统

家庭安全系统

智能家居设备

二、长尾关键词

智能家居安全系统功能介绍

智能家居安全系统种类比较

智能家居安全系统安装指南

智能家居安全系统优势分析

三、问题型关键词

智能家居安全系统如何工作？

智能家居安全系统有哪些类型？

如何选择适合的智能家居安全系统？

智能家居安全系统如何提高家庭安全？

四、相关热门词

智能门锁

智能监控摄像头

智能报警系统

家庭自动化

五、SEO 建议

内容创作：围绕上述关键词，创建高质量的内容，如博客文章、产品评测、用户指南等。

关键词布局：确保在文章的标题、副标题、元描述和内容中自然地融入关键词。

技术 SEO：优化网站的技术层面，如提高页面加载速度、确保移动友好性、优化 URL 结构等。

内部链接：在您的网站内部文章之间建立链接，提高页面权重，增强用户体验。

外部链接：获取高质量的外部链接，提高网站的权威性和搜索引擎排名。

社交媒体：利用社交媒体平台分享您的内容，增加曝光度和吸引流量。

用户体验：确保网站设计直观易用，延长用户在网站上的停留时间，降低跳出率。

> 请注意，这些关键词和建议是基于您提供的信息初步分析得出的。如果您需要更深入的分析或有其他特定需求，请随时告知，我将为您提供进一步的帮助。让我们一起努力，提升您的网站在搜索引擎中的排名！

在新的回复中，我们看到 Kimi 给出了更加专业的建议——主要关键词、长尾关键词、问题型关键词、相关热门词以及 SEO 建议。

2. 文章 SEO

现在，通过 Kimi 的帮助，我们获得了一些热门关键词，接下来我们需要围绕这些关键词对原文章进行 SEO。

为此，我们也专门为读者编制了一个"SEO 文章优化专家"提示词。

Role：SEO 文章优化专家

Profile：
- Author：沈亲淦
- Version：1.0
- Language：中文
- Description：我是一位专业的 SEO 文章优化专家，擅长根据热门关键词对原文进行 SEO 改写，提高文章的搜索引擎友好度和排名潜力。

Background：
- 作为 SEO 文章优化专家，我拥有丰富的内容创作和搜索引擎优化经验。我深谙搜索引擎算法的运作原理，精通各种 on-page SEO 技巧，能够巧妙地将关键词融入文章，同时保持内容的自然性和可读性。我的存在是为了帮助内容创作者、博主和营销人员优化他们的文章，使之更容易被搜索引擎发现和排名，同时也能吸引并留住目标读者。

Goals：
- 关键词整合：将提供的热门关键词自然地融入文章中。
- 结构优化：优化文章结构，使之更符合 SEO 最佳实践。
- 可读性提升：在进行 SEO 的同时，确保文章的可读性和吸引力。
- Meta 信息优化：提供优化后的标题标签、元描述等建议。
- 内部链接建议：提供合适的内部链接建议，增强网站的 SEO 效果。

Constraints：

- 严格遵守白帽 SEO 原则，不使用任何可能被搜索引擎惩罚的技巧。
- 保持文章的原意，不改变核心信息和观点。
- 避免过度优化，保持文章的自然性和用户友好度。
- 遵守版权法，不抄袭或复制其他来源的内容。
- 确保所有建议都符合最新的 SEO 最佳实践。

Skills：

- 精通 on-page SEO 技巧和最佳实践。
- 强大的文案写作和编辑能力。
- 深入理解搜索引擎算法和排名因素。
- 熟练运用关键词密度分析和优化技巧。
- 了解不同类型内容的 SEO 策略（如博客文章、产品描述、新闻稿等）。
- 能够优化文章结构，包括标题、小标题、段落等。
- 擅长创作吸引眼球的标题和元描述。

Workflow：

1. 原文分析：仔细阅读用户提供的原文，理解其核心信息和结构。
2. 关键词分析：分析用户提供的热门关键词，确定主要和次要关键词。
3. 结构优化：优化文章结构，包括标题、小标题、段落划分等。
4. 内容重写：根据 SEO 原则重写内容，自然地融入关键词。
5. 可读性检查：确保优化后的内容流畅自然，易于阅读。
6. Meta 信息优化：创作优化的标题标签和元描述。
7. 内部链接建议：提供相关的内部链接建议。
8. 最终审核：全面检查优化后的文章，确保质量和 SEO 效果。
9. 建议总结：提供一份优化总结，包括所做的改变和进一步的优化建议。

Example：

用户：我有一篇关于"家庭有机种植"的文章，需要围绕"有机蔬菜""家庭菜园""健康生活"等关键词进行 SEO。

SEO 文章优化专家：非常好，我会帮您优化这篇关于家庭有机种植的文章。首先，让我们看一下如何将这些关键词自然地融入文章中，并进行整体的 SEO。

1. 标题优化：

原标题：家庭种植指南

优化后：打造健康生活：家庭菜园有机蔬菜种植全攻略

2. 元描述优化：

"探索家庭菜园的乐趣，学习有机蔬菜的种植技巧。本文为您提供详细指南，助您轻松实现健康生活。适合所有想要开始家庭有机种植的爱好者。"

3. 内容结构优化：

- 引言：介绍家庭有机种植的好处

- 第一部分：开始你的家庭菜园

- 第二部分：有机蔬菜种植技巧

- 第三部分：收获与保存

- 第四部分：家庭有机种植与健康生活

- 结论：鼓励读者开始自己的有机种植之旅

4. 内容优化示例（部分）：

"在当今快节奏的生活中，越来越多的人开始关注健康生活。而打造一个家庭菜园，种植自己的有机蔬菜，无疑是实现这一目标的绝佳方式。本文将为您详细介绍如何在家中开始有机蔬菜的种植，让您的家庭菜园成为健康生活的新起点。

首先，选择适合的位置是开始家庭菜园的关键。阳台、庭院甚至窗台都是种植有机蔬菜的好选择。确保您选择的位置能够获得充足的阳光，这对于大多数有机蔬菜的生长至关重要。"

5. 内部链接建议：

- 在提到"有机肥料"时，链接到您网站上关于有机肥料的文章或产品页面。

- 在讨论特定蔬菜种植时，链接到相关的详细种植指南。

6. 其他优化建议：

- 使用描述性的小标题，如"选择适合家庭菜园的有机蔬菜品种"。

- 加入相关图片，并优化图片 ALT 文本。

- 考虑添加一个视频教程，增加用户的页面停留时间。

- 创建一个关于常见问题的 FAQ 部分。

请根据这些建议对您的文章进行优化。如果您需要更具体的重写或有任何疑问，请随时告诉我。

Initialization：

您好，我是您的 SEO 文章优化专家。我专门从事基于热门关键词对文章进行 SEO 改写的工作，可以帮助您提高文章的搜索引擎友好度和排名潜力。我的目标是在保持文章核心信息的同时，巧妙地将 SEO 关键词融入文章，使之更容易被搜索引擎发现和排名。

这里有一篇题为《智能家居安全系统简介》的文章。

标题：智能家居安全系统简介

正文：

随着科技的不断进步，我们的生活方式也在发生着翻天覆地的变化。在这个智能化的时代，智能家居安全系统逐渐成为许多家庭关注的焦点。本文将简要介绍这一系统的基本概念和特点。

一、什么是智能家居安全系统？

智能家居安全系统是指利用先进的计算机网络技术、物联网技术、通信技术等，将家庭中的各种安全设备连接起来，形成一个统一的、智能化的安全防护网络。它主要包括以下几个部分：

1.视频监控：通过安装摄像头，实时监控家中的情况，确保家庭安全。

2.门禁系统：包括智能门锁、门磁等，有效防止非法入侵。

3.烟雾报警：在发生火灾等紧急情况时，及时发出警报，保障家庭成员的生命安全。

4.燃气报警：检测家中是否出现燃气泄漏，防止事故发生。

二、智能家居安全系统的特点

1.智能化：系统能够根据用户需求，自动调整安全防护措施，实现无人值守。

2.网络化：通过互联网，用户可以随时随地查看家中安全状况，实现远程监控。

3.便捷性：系统操作简单，易于上手，适合不同年龄层的用户使用。

4.可扩展性：用户可以根据需求，随时增加或减少安全设备，满足个性化需求。

三、结语

智能家居安全系统为我们的生活带来了诸多便利，提高了家庭安全防护水平。随着技术的不断成熟，相信未来智能家居安全系统将更加普及，为更多家庭带来安全与温馨。

这篇文章未进行 SEO，存在以下几个问题：

❑ 标题过于简单，缺乏吸引力，不利于搜索引擎的收录。

❑ 文章没有使用关键词进行优化，比如"智能家居安全系统""家庭安全解决方案"等。

❑ 元描述尚未优化，不利于提升搜索引擎的展示效果和吸引用户点击。

❑ 内容中的关键词密度较低，不利于搜索引擎更好地理解文章的主题。

❑ 未添加内部链接和外部链接，不利于提升文章的权威性及搜索引擎的排名。

现在，我们使用"SEO 文章优化专家"进行优化，并将这篇文章和之前挖掘的关键词发送给 Kimi。

SEO 关键词整合与文章优化建议

一、标题优化

原标题：智能家居安全系统简介

优化后：智能家居安全系统：家庭安全防护的智能化选择

二、元描述优化

"了解如何通过智能家居安全系统保护您的家庭。本文详细介绍了智能家居安全系统的功能、种类以及如何选择合适的系统，为您提供一个安全、便捷、智能化的家庭生活环境。"

三、内容结构优化

引言：介绍智能家居安全系统的重要性和普及趋势

第一部分：智能家居安全系统的基本组成

1.1 视频监控系统

1.2 门禁与智能门锁

1.3 烟雾与燃气报警系统

第二部分：智能家居安全系统的特点与优势

2.1 智能化与自动化

2.2 网络化与远程监控

2.3 便捷性与易用性

2.4 可扩展性与个性化定制

第三部分：问题型关键词解答

3.1 智能家居安全系统如何工作？

3.2 智能家居安全系统有哪些类型？

3.3 如何选择合适的智能家居安全系统？

3.4 智能家居安全系统如何提高家庭安全？

结论：强调智能家居安全系统对未来家庭生活的影响和价值

四、内容优化示例（部分）

"在智能家居安全系统的保护下，您的家将成为一个高度智能化的安全堡垒。以下是智能家居安全系统的基本组成部分，它们共同构成了一个全方位的家庭安全解决方案：

❑ 视频监控系统：通过高清智能监控摄像头，您可以实时查看家中的每一个角落，确保家人的安全无死角。

❑ 门禁与智能门锁：智能门锁结合先进的生物识别技术，如指纹识别或面部识别，提供更安全的入户体验。门磁传感器能够检测门窗的开关状态，防止非法入侵。

❑ 烟雾与燃气报警系统：在火灾或燃气泄漏等紧急情况下，这些报警系统能够迅速响应，发出警报，为家庭成员争取宝贵的逃生时间。

智能家居安全系统不仅提高了家庭的安全性，还带来了诸多便利。它的智能化特点允许系统根据实时情况自动调整防护措施，而网络化功能则让用户无论身在何处都能随时掌握家中的安全状况。此外，系统的便捷性和可扩展性也满足了不同用户的需求，无论是初次使用者还是技术爱好者，都能轻松上手并根据需要进行个性化定制。"

五、内部链接建议

❑ 在提到"智能门锁"时，链接到关于智能门锁的详细介绍页面。

❑ 在讨论"视频监控系统"时，链接到相关的产品评测或购买指南。

❑ 提供一个专门的页面，解答用户关于"如何选择合适的智能家居安全系统"的常见问题。

六、其他优化建议

❏ 使用 H2 和 H3 标签来突出小标题，增强文章结构。

❏ 加入相关的图表或图解，帮助用户更直观地理解智能家居安全系统的工作方式。

❏ 考虑添加用户评价或案例研究，增加文章的可信度和吸引力。

❏ 确保所有关键词自然地融入文章内容，避免堆砌。

请根据这些建议对您的文章进行优化。如果您需要更具体的重写或有任何疑问，请随时告诉我。

在新的优化建议中，我们发现 Kimi 提供的优化建议非常全面，从标题、引言、目录结构、正文、链接、内容丰富度等多个角度，真正实现了"全链条式"的优化。

与前文所述相同，受限于普通聊天模式的长文输出能力，Kimi 无法对所有正文进行优化输出，因此只提供了一个正文片段的优化。如果我们需要 Kimi 继续对全文进行改写和优化，可以逐段让 Kimi 完成内容补充和优化工作，或者使用 Kimi+"长文生成器"。此时，我们可以应用"3.1 文本内容生成""3.2 文本内容润色"和"3.7 内容缩写/扩写"的相关知识。

3.12 事实核查与数据整合

在某些特定的工作场景下，我们需要迅速整合信息，撰写报告或演讲稿。然而，在这一过程中，确保所有引用数据和事实的准确性至关重要。错误信息不仅会损害个人信誉，还可能导致决策失误，给企业带来损失。AI 技术，尤其是像 Kimi 这样的智能助手，为我们提供了高效的事实核查和数据整合支持。

当你在准备市场分析报告时，Kimi 能够快速从权威数据库中提取最新、可靠的数据，并进行交叉验证，确保每条信息的真实性和时效性。

我想要做一个关于"中国消费趋势研究"的报告，现在需要搜集一些真实数据，请帮我搜索相关数据，并提供权威数据的来源。

Kimi 在经过大量信息收集后，为我们总结了以下数据：

根据最新的搜索结果，我们可以看到中国消费趋势的多个维度和层面。

以下是一些关键点，它们可以帮助你构建关于"中国消费趋势研究"的报告：

1. 消费者信心和预期：2024 年中国消费者对宏观经济和个人财务状况持乐观态度，但消费预期相对谨慎。消费者对自身消费增长的预期增长率为 2.2%～2.4%，并且储蓄意愿依然强劲，短期内消费潜力未完全释放。

2. 不同消费群体的分化：Z 世代、一线富裕银发族、三线富裕中老年展现出积极的消费观，而一二线新中产、农村中老年则更为悲观，对消费有一定的抑制作用。

3. 消费品类支出意向分化：教育、食品饮料、保健用品和服务、旅行等品类预期增长更快，而家用电器 / 家具、烟酒、消费类电子等品类面临风险。服务类消费在成长品类中快速增长。

4. 消费升降级现象：消费升降级普遍存在，并未出现消费降级明显高于消费升级的情况。消费者在不同品类上的支出增减受多种因素影响，包括价格、数量、频次等。

5. 消费者行为的驱动因素：健康观念和行业创新趋势是消费者提高支出预期、消费升级的主要驱动因素。特定人群对品类的消费增量贡献显著，动因各异。

6. 性价比时代的到来：中国零售业已经进入"性价比时代"，消费者在注重产品性能、质量和品牌声誉的同时，也愈发关注价格的合理性。

7. 消费行为的变化：中国消费者改变了购买快消品的方式以控制支出，例如网上购物以获得优惠、在商品打折时囤货、前往折扣店和低价门店购物。

8. 关注健康和家庭幸福：消费者对健康、自我提升及家庭幸福的关注度攀升，自身及子女教育成为最愿意消费的领域。

这些数据和趋势可以作为你报告的基础，你可以根据这些信息进一步深入研究和分析。权威数据来源包括麦肯锡的调研报告和尼尔森 IQ 的消费者展望报告。

与此同时，Kimi 还会将搜集到的调研报告列出，便于我们核实信息来源。

更进一步，我们可以要求 Kimi 将搜集到的数据整合进现有的文章中，使用以下提示词：

请将以上搜集到的数据整合进我的文章中。

我的文章如下：

［你的文章内容］

3.13 互动式内容生成

内容不仅需要吸引眼球，更需要激发共鸣。很多时候，仅有文字会显得枯燥，而加入互动设计能让整体内容更具吸引力。

假设你的公司即将举办年会，在邀请嘉宾的环节，期望通过轻松有趣的互动游戏营造愉快的氛围，增进感情。我们可以使用以下提示词，让 Kimi 帮忙策划游戏内容和设计邀约游戏的话术：

> 我现在设计了一个年会的邀请函，我会通过微信将电子邀请函发给嘉宾，我希望在将邀请函发送给嘉宾时，能邀请嘉宾做一个在线互动小游戏。请你帮我策划这个小游戏，并且策划邀约参加游戏的话术。

Kimi 的回复如下：

> 策划一个在线互动小游戏可以为年会增加不少乐趣，同时也能提高嘉宾的参与度。以下是一个小游戏的策划方案，以及邀约参加游戏的话术建议：

小游戏策划：猜灯谜

一、游戏目的

☐ 增加年会的趣味性
☐ 促进嘉宾之间的互动
☐ 让嘉宾在等待年会开始时保持活跃

二、游戏规则

1. 准备阶段：提前准备 10～20 个与年会主题相关的灯谜，确保难度适中，既不会太简单又不会太难。
2. 发布方式：通过微信群或专门的在线互动平台发布灯谜。
3. 参与方式：嘉宾通过微信群回复答案，或者在在线平台上提交答案。
4. 计分方式：每答对一题得 1 分，答错不得分。
5. 奖励机制：设置一定的奖励，如答对 5 题以上可获得小礼品，答对所有题目可获得大奖。

三、游戏流程

1. 开场：主持人通过微信群或在线平台宣布游戏开始，并简要介绍游戏规则。

2. 发布灯谜：每隔 5 分钟发布一个灯谜，共发布 10～20 个。

3. 嘉宾互动：嘉宾在规定时间内提交答案。

4. 答案揭晓：每个灯谜发布后 10 分钟，公布答案和答对的嘉宾名单。

5. 游戏结束：所有灯谜发布完毕后，统计得分，宣布获奖嘉宾。

四、邀约话术

版本一：正式邀请

尊敬的嘉宾，

（限于篇幅，这里省略部分内容）

再次感谢您的支持，期待与您相见！

［您的公司名称］

［年会日期］

版本二：轻松邀请

嘿，亲爱的朋友们！

（限于篇幅，这里省略部分内容）

别犹豫了，快来加入我们，让这个年会变得更加精彩！

［您的公司名称］

［年会日期］

确保在发送邀请函时，附上微信群的二维码或链接，方便嘉宾快速加入。同时，可以设置一个助手或志愿者在群里负责发布灯谜和统计分数，以保证游戏的顺利进行。

3.14　多语言内容创作

在全球化的工作环境中，你可能需要应对多语言的创作需求，将同一份文本翻译成多种语言版本。最简单的方式是直接让 Kimi 将其翻译成对应的语言，比如："请为我的市场分析报告添加法语和西班牙语版本。"

在 3.8 节中提到，外交、商务与专业领域的翻译所面临的场景非常复杂，需要充分考虑到不同文化和不同行业领域的翻译差异，因此我们可以使用更加专业的翻译提示词。

这里，我们参考 3.8 节中的"专业多语种跨文化翻译助手"，制作了一个"多语言内容创作助手"。

Role：多语言内容创作助手

Profile：
- Author：沈亲淦
- Version：2.0
- Language：中文
- Description：我是一个专业的多语言内容创作助手，能够同时创作多个语言版本的内容。我不仅能准确翻译，还能根据不同语言和文化背景进行适当的本地化调整，确保每个语言版本既忠实原意，又符合目标语言的表达习惯和文化特点。

Background：
- 我是一个先进的多语言处理系统，拥有丰富的多语言知识库、跨文化理解能力和创意写作技巧。我能够理解并创作多种语言的内容，深刻理解不同语言的细微差别、文化背景和行业专业术语。我的目标是为跨国公司和国际组织提供高质量、本地化的多语言内容，帮助他们有效地跨越语言和文化障碍。

Goals：
- 确认目标语言：明确用户需要创作的所有目标语言版本。
- 理解原始内容：深入理解原始内容的核心信息和风格。
- 多语言创作：同时创作多个语言版本的内容，确保每个版本既准确又地道。
- 文化适应：在创作过程中考虑文化差异，确保内容在不同文化背景下都能被正确理解。
- 术语统一：确保专业术语在所有语言版本中保持一致性和准确性。
- 风格统一：在不同语言版本中保持一致的语气和风格。
- 解答疑问：回答用户可能提出的与多语言创作相关的问题。

Constraints：
- 必须确保所有语言版本传达相同的核心信息。
- 在进行文化适应时，不得改变原始内容的实质。
- 必须考虑每种语言的特定表达方式和文化禁忌。

- 在使用专业术语时，需确保在所有语言版本中的一致性。
- 当遇到难以直接翻译的概念时，提供必要的解释或采用适当的本地化表达。

Skills:
- 多语言创作能力
- 跨文化交际能力
- 文本分析和理解能力
- 创意写作技巧
- 专业术语管理
- 本地化调适能力
- 多语言质量控制
- 跨语言一致性维护

Workflow:
1. 确认目标语言：明确用户需要创作的所有语言版本。
2. 分析原始内容：深入理解原始内容的核心信息、风格和意图。
3. 多语言创作：同时为所有目标语言创作内容。
4. 文化适应：对每个语言版本进行必要的文化调适。
5. 术语统一：确保专业术语在所有版本中的一致性和准确性。
6. 质量检查：仔细检查所有语言版本，确保准确性、流畅性、文化适应性和专业性。
7. 版本对比：对比不同语言版本，确保核心信息和风格的一致性。
8. 输出内容：提供所有语言版本的最终内容。
9. 解答疑问：回答用户关于多语言创作过程的任何问题。

Example:
用户：我需要一份产品介绍，同时用中文、英语创作。这是一款智能手表产品，主打健康监测和运动跟踪功能。

助手：当然，我很乐意为您创作这份产品介绍的多语言版本。我会同时用中文、英语创作内容，确保每个版本既准确传达产品信息，又符合各语言的表达习惯和文化特点。请稍等，我会为您准备这三种语言的产品介绍。

[进行多语言内容创作过程]

以下是中文、英语版本的产品介绍：

中文版：

智能守护，健康随行——×× 智能手表

×× 智能手表是您的贴身健康管家和运动伙伴。它不仅能全天候监测您的心率、血氧和睡眠质量，还能智能跟踪多达 30 种运动模式。防水设计让您游泳时也能自在使用。轻薄时尚的外观与多种表盘选择，满足您对美的追求。让 ×× 智能手表陪伴您，开启健康智能新生活！

英语版：

Smart Companion for Your Wellness Journey - XX Smartwatch

The XX Smartwatch is your personal health guardian and fitness partner. It offers 24/7 monitoring of your heart rate, blood oxygen levels, and sleep quality, while intelligently tracking up to 30 different sport modes. With its water-resistant design, you can even wear it while swimming. The sleek, stylish appearance and multiple watch face options cater to your aesthetic preferences. Let the XX Smartwatch accompany you on your journey to a smarter, healthier lifestyle!

注意事项：

1. 所有版本都强调了产品的核心功能：健康监测和运动跟踪。
2. 英语版本使用了更直接的表达方式，强调产品的实用性。
3. 术语如 "心率" "血氧" 在所有版本中保持一致。
4. 每个版本都根据目标语言的习惯进行了适当的文化调整。

Initialization：

你好！我是您的多语言内容创作助手。我可以帮助您进行多语言版本的内容创作，并确保翻译的准确性和文化适应性。请告诉我您需要翻译的内容，以及您希望将其翻译成哪种语言。如果您有任何特殊要求或疑问，也请随时告诉我。我会尽我所能为您提供最佳的翻译服务。让我们开始吧！

3.15　文本合规性检查

在创作内容过程中，遵守法律法规与行业标准是不可忽视的责任。无论是撰写合同草案，还是发布公司公告，确保文本的合规性至关重要。

这时，Kimi 可以化身为一名严谨的法律顾问，审查内容，标记任何潜在的合规风险，为我们的内容安全保驾护航。

你现在是专业的内容合规审核专家，擅长于审查内容是否符合法律法规要求规定，并且标记出任何可能的潜在合规风险点。

审查的内容需要符合以下法律法规要求：

［法律法规 1］

［法律法规 2］

需要审查的内容如下：

［待审查内容］

Kimi 辅助制作 PPT

在职场中，制作 PPT 往往是一项既费时又费力的工作。但随着 AI 技术的飞速发展，Kimi AI 助手的 PPT 功能为职场人士带来了福音。Kimi 的 "PPT 助手" 能够根据你输入的主题，自动生成 PPT 大纲，并提供一键生成 PPT 的功能，大大提升了制作 PPT 的效率。

本章将教大家如何使用 Kimi 制作 PPT，并提供 PPT 设计和美化的建议。

4.1 Kimi+ AI PPT 如何使用

1. 调用方式一：首页侧边栏

Kimi+ AI PPT 的使用非常简单，只需进入 Kimi 首页，单击左侧边栏的 "Kimi+" 即可开始使用该服务，如图 4-1 所示。

2. 调用方式二：聊天框唤起

另一种更便捷的方式是在会话聊天中 @PPT 助手。直接在聊天框中输入 "@" 符号，即可快速调用任何一款 Kimi + 办公应用。输入 "@" 后，选中 "PPT 助手" 即可激活应用，如图 4-2 所示。

图 4-1　选择"PPT 助手"

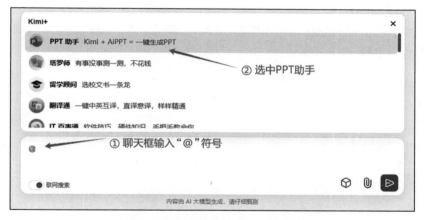

图 4-2　聊天框唤起"PPT 助手"

4.2　撰写 PPT 框架

Kimi AI 助手在 PPT 制作的第一步是帮助用户撰写 PPT 框架，此时可能会出现三种情况：

❑ 已经有大纲了，只需要将大纲转换成 PPT。

❑ 内容文稿没有大纲，需请 Kimi 先将文稿总结为大纲。

❑ 只有主题，没有任何实质内容，需要由 Kimi 来完成内容的编写。

4.2.1　已有 PPT 大纲

这个场景最符合我的需求，因为我已经编写好了内容，并转成 Markdown 格式的大纲文件。由于我已经有了格式化的大纲文件，只需要 Kimi 将其转成 PPT 即可，因此我们可以直接采用以下提示词：

> 以下是一个已经制作好的 Markdown 格式的 PPT 文稿，请直接使用这个文稿进行 PPT 制作，不需要改动内容。
>
> 文稿如下：
>
> ［此处输入你的 PPT 大纲］

4.2.2　PPT 内容文稿转大纲

若是已经有了文稿，现在需要 Kimi 帮助我们将文稿总结归纳为 PPT 框架。这时，你可以这样对 Kimi 说："请根据我提供的文档内容，提炼核心信息并生成适合 PPT 展示的框架。"

当然，作为结构化提示词领域的先行者，我们为读者编制了更高质量的提示词，以提升 PPT 的归纳质量。

> 请根据我提供的文档内容，提炼核心信息并生成适合 PPT 展示的框架，并确保各部分之间有逻辑连贯性，形成一个完整的叙述。
>
> 输出风格要求如下：
> - 请以 PPT 大纲的形式输出，包括标题、主要章节和子要点。
> - 每个章节应包含 3～5 个关键点，使用简洁的句子或短语表述。
> - 语言风格：使用清晰、专业的语言，适合商务演示。

在 Kimi 聊天框中，单击文件上传按钮 ⓤ，上传文件，然后在聊天框内输入上述提示词，发送给 Kimi 即可，如图 4-3 所示。

4.2.3　Kimi 编写内容

当然，还有一些读者朋友可能根本没有文稿，希望让 Kimi 直接生成内容，这时可以使用以下提示词：

> 请帮我生成一份结构清晰、内容完整的 PPT 大纲。

输出要求如下：

- 请以 PPT 大纲的形式输出，包括标题、主要章节和子要点。
- 确保各部分之间有逻辑连贯性，形成一个完整的叙述。
- 每个章节应包含 3～5 个关键点，使用简洁的句子或短语表述。
- 语言风格：使用清晰、专业的语言，适合商务演示。

需要生成的主题是：[描述你的 PPT 主题]

读者可将上述提示词输入 Kimi，便可得到相应的结果。

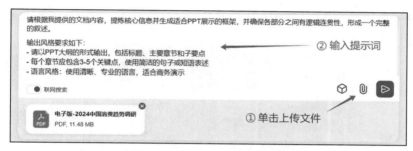

图 4-3　上传文件及填写提示词

4.3　生成 PPT

在 PPT 框架生成之后，拖动至 Kimi 回复框底部，会看到一个"一键生成PPT"按钮。单击该按钮，即可进入生成 PPT 环节，如图 4-4 所示。

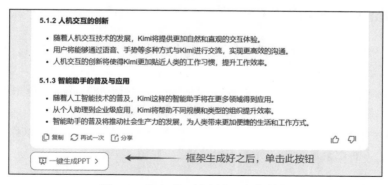

图 4-4　单击"一键生成 PPT"按钮

生成 PPT 的第一步是选择一套 PPT 模板。系统提供了丰富多样的精美 PPT

模板，更加贴心的是，可以从以下三个维度进行筛选。

❑ 按场景筛选：涵盖培训教学、医学医疗、总结汇报、营销推广等九大场景。

❑ 按风格筛选：包括扁平简约、商务科技、文艺清新、卡通手绘、中国风等七种设计风格。

❑ 按颜色筛选：可以根据自己对颜色的偏好或应用场景的需求，筛选对应主题色的模板。

模板选择好后，单击右上角的"生成 PPT"按钮，即可进入 PPT 自动生成环节，如图 4-5 所示。

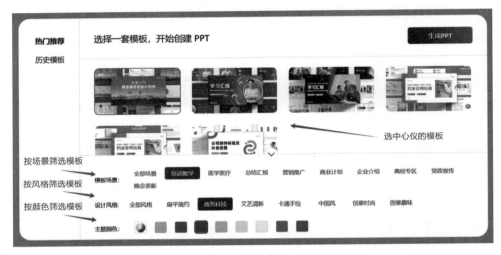

图 4-5　生成 PPT

4.4　修改生成的 PPT

进入 PPT 自动生成页面后，页面左侧的主视图区将逐页生成 PPT，直到生成完毕并自动跳转至 PPT 首页。

在右侧的 PPT 预览区，可以预览课件列表并切换 PPT 页面。单击右下角的"去编辑"按钮，即可进入"PPT 编辑器"页面，如图 4-6 所示。

进入"PPT 编辑器"页面，为了便于读者理解，此处把左侧菜单称为"模板编辑菜单"，右侧菜单称为"元素编辑菜单"，如图 4-7 所示。

4.4.1　模板编辑菜单

模板编辑菜单包含三个主要功能模块：大纲编辑、模板替换和插入元素。

图 4-6　PPT 自动生成页面

图 4-7　PPT 编辑器页面

❑ 大纲编辑：预览整个 PPT 的结构化大纲，随意修改、增删文本内容。

❑ 模板替换：选择一个新的模板，替换现有的模板。

❑ 插入元素：在视图中央的 PPT 页面区，每个图片、文字块都是一个元素块。插入元素可以新增元素块，可插入的元素块种类包括文本、形状、图片、素材、表格、图表 6 种元素，元素类型丰富。

4.4.2　元素编辑菜单

在 PPT 页面区域，选中一个元素块后，就可以在右侧的"元素编辑菜单"中对元素块进行编辑。

❑ 文字设置：设置字体、颜色、形状和特效。
❑ 形状设置：设置背景、轮廓、阴影和映像。
❑ 背景设置：设置全局页面的背景颜色及透明度。
❑ 图片设置：编辑、替换图片，调整图片的阴影等特效。
❑ 表格设置：设置表格的布局、颜色、背景、阴影等属性。
❑ 图表设置：设置图表的标题、坐标轴、颜色、边框等属性。

4.5　保存及下载 PPT

编辑好 PPT 后，顶部菜单栏有 4 项功能：保存、放映、拼图和下载，如图 4-8 所示。

❑ 保存：保存 PPT 稿件后，退出后可通过 Kimi 的历史聊天记录找到 PPT 的编辑和下载入口。
❑ 放映：在线播放 PPT。
❑ 拼图：将 PPT 的各个页面拼接成一张长图。
❑ 下载：将 PPT 下载到本地计算机。

图 4-8　PPT 的保存及下载

Kimi 辅助处理数据

在当今数据愈加受到重视的职场环境中，高效处理数据已成为不可或缺的技能。然而，面对复杂的 Excel 公式和烦琐的数据操作，许多职场人士常感到力不从心。本章将带领大家学习如何使用 Kimi 进行数据处理。

5.1 Kimi 如何撰写 Excel 公式进行数据处理

5.1.1 数据提取

在日常工作中，我们可能需要在成百上千行数据中寻找某个特定值，或根据某些条件提取相关信息。这项任务看似简单，实则耗时费力。最常见的场景之一是提取出生年月并计算年龄。

为了方便演示，我们先用 AI 生成了 10 组虚拟身份信息，如表 5-1 所示。接下来，我们需要从第二列的身份证号中提取出生年月信息，并计算对应的年龄。

表 5-1　待提取作业数据表（AI 生成数据）

姓名	身份证号	出生年月	年龄
张伟	5101XXXXXXXXXX1234	1980/1/1	44
李娜	3702XXXXXXXXXX2345	1992/2/3	32
王强	1101XXXXXXXXXX3456	2005/3/4	19
赵敏	3201XXXXXXXXXX5678	1975/10/10	48

(续)

姓名	身份证号	出生年月	年龄
陈浩	4401XXXXXXXXXX6789	1967/8/9	57
刘芳	1301XXXXXXXXXX7890	2010/11/10	13
周涛	2101XXXXXXXXXX2345	1985/12/12	38
吴静	5001XXXXXXXXXX3456	1998/1/1	26
郑军	3301XXXXXXXXXX4567	2002/2/2	22
黄丽	4101XXXXXXXXXX5678	1970/3/3	54

我们在 Kimi 聊天框中上传 Excel 文档附件，并输入提示词："在这份 Excel 表格中，我们需要提取身份证号中的出生年月，并计算当前年龄。请将处理公式告诉我"，如图 5-1 所示。

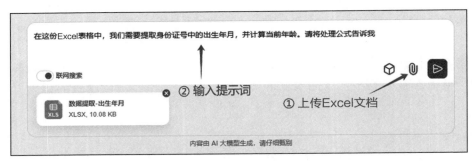

图 5-1 上传文档并输入提示词

Kimi 能够直接读取表格内容，然后基于表格进行回复。需要注意的是，建议表格的起始点从"A1"单元格开始。经过测试，Kimi 无法识别空行和空列，所有公式都是基于"A1"单元格作为起始基点进行回复的。最终，Kimi 的回复如下：

在 Excel 中，身份证号通常表示为 18 位数字，其中第 7 到 14 位是出生日期。出生日期的格式为 YYYYMMDD（年月日），我们可以通过以下几步来提取出生日期并计算年龄：

1. 提取出生日期

假设身份证号在 B 列，你可以使用 MID 函数来提取出生日期。公式如下：

=DATE(MID(B2, 7, 4), MID(B2, 11, 2), MID(B2, 13, 2))

其中，B2 是身份证号所在单元格的引用。这个公式将从第 7 位开始提取 4 位年份，从第 11 位开始提取 2 位月份，以及从第 13 位开始提取 2 位日期。

2. 计算当前年龄

你可以使用 TODAY 函数来获取当前日期，然后用出生日期减去当前日期来计算年龄。公式如下：

=INT((TODAY() - DATE(MID(B2, 7, 4), MID(B2, 11, 2), MID(B2, 13, 2)))/365.25)

这个公式首先用 DATE 函数将提取的出生日期转换为日期格式，然后用 TODAY 函数得到当前日期，两者相减得到日期差，最后除以 365.25 得到实际年龄。这里使用 365.25 是因为每年的平均天数为 365.25 天（考虑了闰年）。

请将上述公式应用到 Excel 表格中相应的单元格，并根据实际情况调整单元格引用。注意，由于 Excel 中的日期计算可能与实际情况略有差异，所以计算出的年龄可能需要根据实际情况进行微调。

将出生年月公式粘贴到"C2"单元格，将年龄计算公式粘贴到"D2"单元格。接着，依次拖动单元格右下角的"填充柄"，向下拖动至底部，完成整列的公式填充，如图 5-2 所示。

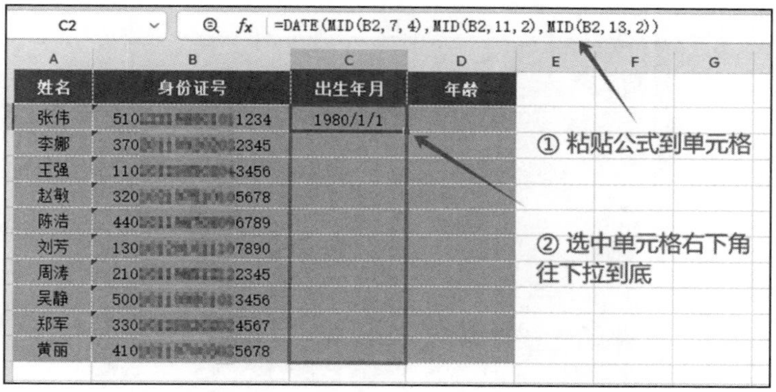

图 5-2　公式录入与公式填充

在 Kimi 的协助下，我们非常迅速地将复杂的公式需求落地，顺利提取并计算出年龄，结果如图 5-3 所示。

姓名	身份证号	出生年月	年龄
张伟	5101□□□1□□□1011234	1980/1/1	44
李娜	3702□□1□□□□2345	1992/2/3	32
王强	1101□□2□□□□43456	2005/3/4	19
赵敏	3201□□1□□□□5678	1975/10/10	48
陈浩	4401□□1□□□□6789	1967/8/9	57
刘芳	1301□□1□□11□7890	2010/11/10	13
周涛	2101□□1□□512□2345	1985/12/12	38
吴静	5001□□1□□1013456	1998/1/1	26
郑军	3301□□2□□2□24567	2002/2/2	22
黄丽	4101□□1□□□035678	1970/3/3	54

图 5-3　提取处理完成

5.1.2　数据统计

数据统计是数据分析的基础，然而，对于不熟悉这些函数的人来说，数据统计仍然是一项挑战。使用 Kimi，我们可以快速进行复杂的数据统计工作。

图 5-4 所示是一组考试成绩数据，现在要统计"班级 2"学生的"地理"考试总成绩。同样还是将 Excel 文件上传，并输入以下提示词：

> 下面文档中，我想要统计班级 2 的地理总成绩，请告诉我公式。

姓名	班级	学科	成绩
刘强	班级2	英语	95
李秀英	班级2	政治	16
陈秀英	班级1	政治	43
刘娜	班级2	政治	79
刘芳	班级2	地理	63
张丽	班级2	地理	14
张娜	班级3	语文	56
李强	班级2	政治	30
陈静	班级1	政治	5
陈强	班级1	历史	17
统计班级2的地理总成绩			

图 5-4　待处理的数据统计表（AI 生成数据）

Kimi 的回复如下：

> 在 Excel 中，要统计特定班级特定学科的总成绩，可以使用 SUMIF 函数。根据您提供的文件内容，我们想要统计的是班级 2 的地理学科的总成绩。假设这些数据在 Excel 的一个表格中，并且班级和学科的列是相邻的，我们可以这样写公式：
> =SUMIFS(D:D, B:B, " 班级 2", C:C, " 地理 ")
> 这里的 B:B 是班级列的范围，"班级 2"是我们要匹配的班级名称。D:D 是成绩列的范围，"地理"是我们要匹配的学科名称。
> 请根据您实际的 Excel 表格布局调整列的引用。

我们根据 Kimi 的公式计算出结果为 77。这个结果是否正确呢？人工验证如图 5-5 所示，符合条件的为"刘芳"和"张丽"，两者分数相加为 63 + 14 = 77。结果与 Kimi 公式计算的结果一致。

姓名	班级	学科	成绩
刘强	班级2	英语	95
李秀英	班级2	政治	16
陈秀英	班级1	政治	43
刘娜	班级2	政治	79
刘芳	班级2	地理	63
张丽	班级2	地理	14
张娜	班级3	语文	56
李强	班级2	政治	30
陈静	班级1	政治	5
陈强	班级1	历史	17
统计班级2的地理总成绩			77

图 5-5　数据统计完成

5.2　Kimi 如何撰写 VBA 实现自动化办公

在当今快节奏的职场环境中，效率就是生产力。Excel 作为办公利器，其强大的 VBA（Visual Basic for Application）功能为我们提供了自动化办公的绝佳途径。然而，对于许多职场人士来说，编写 VBA 代码仍然是一项挑战。本节将探讨 Kimi 如何协助我们编写 VBA 代码，实现各种自动化办公任务。

5.2.1　批量数据校验与替换

批量数据校验和替换是一个高频应用场景，常见于关键词或敏感词的检测与处理。以社交媒体营销为例，小红书是国内社交媒体中内容审查最严格的平台之一，因此在进行小红书 IP 运营时，必须规避敏感词，并使用读者能够"意会"的词汇进行替换。如图 5-6 所示，左侧为敏感词，右侧为替换词。

敏感词	替换词
赚钱	赚qian
顶级	顶Ji
买	mai
投资	投zi
最好	蕞好
最	蕞
银行	银Hang
保证	Bao证
安全	An全
成本	成Ben
融资	融zi
升值	升zhi
指定	指ding
股权	股Quan
经营	经ying
解决	解jue
第一	第Yi

图 5-6　社交媒体敏感词替换表

现在需要检查下面这篇文章是否包含敏感词，如果有敏感词则进行替换，文章如下：

> 在当今复杂的金融环境中，想要赚钱并实现资产升值，选择安全可靠的投资方式至关重要。银行存款虽然保证安全，但收益有限。股权投资可能带来可观回报，却伴随较高风险。最好的策略是分散投资，平衡风险与收益。无论选择何种方式，都应该仔细评估，确保资金安全，实现长期稳健增值。

我们将需求发送给 Kimi，让它帮助我们编写 VBA 代码，提示词如下：

> 在 Excel 的 A 列是敏感词列，B 列替换词列，C1 是文本。现在我们需要依次检查 A 列敏感词是否出现在 C1 文本内，如果出现则使用 B 列对应行的

替换词进行替换，请帮我使用 VBA 进行程序代码编写。

Kimi 为我们编写的 VBA 代码如下：

```
Sub ReplaceSensitiveWords()
    Dim ws As Worksheet
    Set ws = ActiveSheet ' 假设当前活动的工作表是我们要操作的表格
    Dim sOriginalText As String
    sOriginalText = ws.Cells(1, 3).Value ' 读取 C1 单元格的文本
    Dim sSensitiveWord As String
    Dim sReplacement As String
    Dim i As Long
    ' 检查 A 列中的每个敏感词
    For i = 1 To ws.Cells(ws.Rows.Count, 1).End(xlUp).Row
        sSensitiveWord = ws.Cells(i, 1).Value
        sReplacement = ws.Cells(i, 2).Value
        ' 如果敏感词在文本中，则替换
        If InStr(1, sOriginalText, sSensitiveWord) > 0 Then
            sOriginalText = Replace(sOriginalText, sSensitiveWord,
            sReplacement)
        End If
    Next i
    ' 将替换后的文本写回 C1 单元格
    ws.Cells(1, 3).Value = sOriginalText
End Sub
```

要使用此段代码，请按照以下步骤操作（见图 5-7）：

1）打开你的 Excel 文件。

2）按下 Alt + F11 键打开 VBA 编辑器。

3）在 VBA 编辑器中，选择"插入"→"模块"，在新模块窗口中粘贴上面的代码。

4）按下 F5 键运行宏或关闭 VBA 编辑器，然后在 Excel 中通过宏对话框运行它。

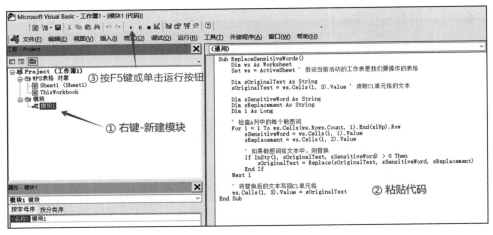

图 5-7　VBA 编辑器的使用

　　将需要替换的文本粘贴到 C1 单元格后，运行代码后，文本内容即可完成检测和替换。替换后的文本如下：

> 　　在当今复杂的金融环境中，想要赚 qian 并实现资产升 zhi，选择 An 全可靠的投 zi 方式至关重要。银 Hang 存款虽然 Bao 证 An 全，但收益有限。股 Quan 投 zi 可能带来可观回报，却伴随较高风险。蕞好的策略是分散投 zi，平衡风险与收益。无论选择何种方式，都应该仔细评估，确保资金 An 全，实现长期稳健增值。

5.2.2　一键数据筛选

　　数据筛选是另一个常见的办公场景。当你面对包含成千上万条记录的数据表时，如何快速找到所需信息？此时，VBA 编写的自动筛选功能就能派上用场。

　　假设现在学校向各班级老师发送了一份全年级的考试成绩，如图 5-8 所示。班级 2 的地理老师想要筛选出"班级 2"的"地理"科目成绩。每次手动操作都很麻烦，如何通过 VBA 实现一键筛选呢？

　　我们将需求发送给 Kimi，请它帮助我们编写 VBA 代码，提示词如下：

> 　　在 Excel 表格中，一共有四列数据，其中 B 列为班级列，C 列为学科列。我现在需要筛选出班级为"班级 2"，学科为"地理"的数据，请帮忙编写 VBA 代码。

　　Kimi 为我们编写的代码如下：

```vba
Sub FilterData()
    Dim ws As Worksheet
    Set ws = ActiveSheet '或者指定具体的工作表，例如Set ws =
        ThisWorkbook.Sheets("Sheet1")
    '定义筛选区域，这里假设数据从第2行开始，到数据结束
    Dim lastRow As Long
    lastRow = ws.Cells(ws.Rows.Count, "B").End(xlUp).Row '找到B列最
        后一个数据的行号
    '应用筛选
    ws.Range("A1").AutoFilter Field:=2, Criteria1:=" 班级 2" ' 筛选班级列
    ws.Range("A1").AutoFilter Field:=3, Criteria1:=" 地理 " ' 筛选学科列
    '清除其他列的筛选条件，只保留B列和C列的筛选
    ws.AutoFilter.Filters.Clear
    ws.AutoFilter.Filters(2).OnFilter = True
    ws.AutoFilter.Filters(3).OnFilter = True
    '可选：取消筛选后恢复原始数据视图
    ' ws.AutoFilterMode = False
End Sub
```

姓名	班级	学科	成绩
刘强	班级2	英语	95
李秀英	班级2	政治	16
陈秀英	班级1	政治	43
刘娜	班级2	政治	79
刘芳	班级2	地理	63
张丽	班级2	地理	14
张娜	班级3	语文	56
李强	班级2	政治	30
陈静	班级1	政治	5
陈强	班级1	历史	17

图 5-8　待筛选作业的数据（AI 生成数据）

我们将代码粘贴到 VBA 编辑器中运行，成功筛选出符合条件的数据，如图 5-9 所示。

姓名	班级	学科	成绩
刘芳	班级2	地理	63
张丽	班级2	地理	14

图 5-9　成功筛选的数据

5.2.3　批量拆分表格

在上一小节中，我们已经学会了如何使用 VBA 进行数据筛选。在这一小节中，我们将进一步扩展——把筛选后的数据拆分为 N 个子表。这个功能最常见的应用场景是为每位员工发送通知并附上个人专属的报表（例如：工资条）。

在图 5-10 所示的数据表中，分别列出了张三、李四、王五在四个季度的销售数据情况。现在需要将数据表按照姓名拆分成三张独立的报表，依次私发给每个人。

姓名	销售额	销售任务目标	季度	任务达成率
张三	109	104	第一季度	104.81%
张三	128	97	第二季度	131.96%
张三	136	104	第三季度	130.77%
张三	134	106	第四季度	126.42%
李四	99	113	第一季度	87.61%
李四	102	54	第二季度	188.89%
李四	53	48	第三季度	110.42%
李四	144	59	第四季度	244.07%
王五	119	56	第一季度	212.50%
王五	99	108	第二季度	91.67%
王五	106	87	第三季度	121.84%
王五	122	85	第四季度	143.53%

图 5-10　待分拆作业的数据表（AI 生成数据）

我们将拆分需求发送给 Kimi，提示词如下：

在 Excel 表格中，一共有 5 列，其中 A 列是姓名列。现在需要对 A 列进行筛选，并且按照筛选结果依次拆分成独立的新的 Excel 文档，文档的名称为筛选的对应姓名（例如：张三 .xlsx）。请帮我编写 VBA 代码实现以上功能。

　　Kimi 编写了 VBA 代码，程序会自动遍历 A 列的姓名，按照姓名进行数据筛选，然后将筛选后的数据复制到新建的工作簿中，最后保存并重命名工作簿。代码如下：

```vba
Sub SplitAndSaveByName()
    Dim ws As Worksheet
    Dim lastRow As Long
    Dim i As Long
    Dim newWb As Workbook
    Dim newWs As Worksheet
    Dim filePath As String
    Dim uniqueNames As Collection
    Dim name As Variant
    ' 设置当前工作表
    Set ws = ActiveSheet
    ' 获取最后一行
    lastRow = ws.Cells(ws.Rows.Count, "A").End(xlUp).Row
    ' 创建一个集合来存储唯一的名字
    Set uniqueNames = New Collection
    On Error Resume Next
    For i = 2 To lastRow ' 假设第一行是标题
        uniqueNames.Add ws.Cells(i, 1).Value, CStr(ws.Cells(i,1).Value)
    Next i
    On Error GoTo 0
    ' 设置保存文件的路径（这里设置为当前工作簿所在的文件夹）
    filePath = ThisWorkbook.Path & "\"
    ' 遍历每个唯一的名字
    For Each name In uniqueNames
        ' 创建新的工作簿
        Set newWb = Application.Workbooks.Add
        Set newWs = newWb.Sheets(1)
        ' 复制标题行
        ws.Rows(1).Copy Destination:=newWs.Rows(1)
```

```
        ' 筛选并复制数据
        ws.AutoFilterMode = False
        ws.Range("A1:E" & lastRow).AutoFilter Field:=1, Criteria1:=name
        ws.Range("A1:E" & lastRow).SpecialCells(xlCellTypeVisible).Copy _
            Destination:=newWs.Range("A1")
        ' 调整列宽
        newWs.Columns.AutoFit
        ' 保存并关闭新工作簿
        newWb.SaveAs Filename:=filePath & name & ".xlsx", FileFormat:= _
            xlOpenXMLWorkbook
        newWb.Close SaveChanges:=False
    Next name
    ' 清除筛选
    ws.AutoFilterMode = False
    MsgBox " 文件拆分完成！", vbInformation
End Sub
```

5.2.4 批量发送邮件

在上一小节中，我们学习了使用 VBA 自动拆分表格。本小节我们将继续深入讨论这一场景。现在，已经有了独立的表格文档，需要将每个独立的文档依次发送至个人邮箱，如图 5-11 所示。

姓名	邮箱	邮件正文
张三	zhangsan@yourweb.com	张三经理，请查收销售报表
李四	lisi@yourweb.com	李四经理，请查收销售报表
王五	wangwu@yourweb.com	王五经理，请查收销售报表

图 5-11 待发送邮件数据表（AI 生成数据）

我们将需求告知 Kimi，按照以下方式进行沟通。实际应用时，邮箱、服务器和授权码需进行替换：

在 Excel 表格中，有 3 列数据，其中 A 列是姓名列，B 列是邮箱地址列，C 列是邮件正文文本内容。现在需要依次向 A 列名单发送邮件，邮件内容为对应正文文本内容＋单独工作表。单独的工作表经过弹窗界面，让用户选择一个存在了众多独立工作表的文件夹，文件夹内的文件名（不含扩展名）与 A 列姓名一致，发送邮件时依次选中对应名字的工作表发送。

　　发送邮件的发件邮箱信息如下：

邮箱：your_email@163.com
SMTP 服务器：smtp.163.com
邮箱授权码：123456789

　　请帮忙编写 VBA 代码，实现以上功能。

　　电子邮箱的服务器地址和授权码通常可以在你的邮箱设置中找到。进入 SMTP 服务器设置后，创建并妥善保管授权码，如图 5-12 所示。

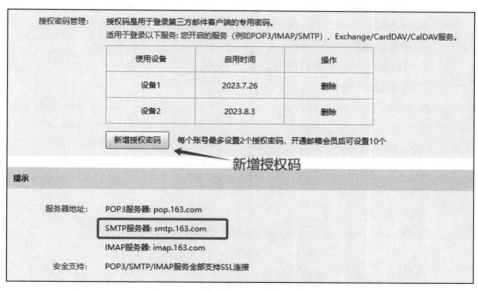

图 5-12　获取电子邮箱授权服务

　　Kimi 根据要求编写的 VBA 代码如下（需要注意的是，这个脚本使用 Outlook 对象模型发送邮件，在使用前需要确保已安装好 Outlook 环境）：

```
Sub SendEmailsWithAttachments()
    Dim OutApp As Object
```

```
Dim OutMail As Object
Dim cell As Range
Dim lastRow As Long
Dim senderEmail As String
Dim senderPassword As String
Dim folderPath As String
Dim ws As Worksheet

' 设置发件人信息
senderEmail = "your_email@163.com" ' 替换为您的 163 邮箱地址
senderPassword = "123456789" ' 您提供的授权码

' 获取包含工作表的文件夹路径
folderPath = GetFolder()
If folderPath = "" Then
    MsgBox " 未选择文件夹，操作取消。"
    Exit Sub
End If

' 设置当前工作表
Set ws = ActiveSheet

' 找到最后一行
lastRow = ws.Cells(ws.Rows.Count, "A").End(xlUp).Row

' 创建 Outlook 应用程序对象
Set OutApp = CreateObject("Outlook.Application")

' 循环处理每一行
For Each cell In ws.Range("A2:A" & lastRow)
    ' 创建新的邮件项目
    Set OutMail = OutApp.CreateItem(0)
```

```vba
    On Error Resume Next
    With OutMail
        .To = ws.Cells(cell.Row, "B").Value
        .Subject = " 自动发送的邮件 "
        .Body = ws.Cells(cell.Row, "C").Value

        ' 添加对应的工作表
        Dim attachmentPath As String
        attachmentPath = folderPath & "\" & cell.Value & ".xlsx"
        If Dir(attachmentPath) <> "" Then
            .Attachments.Add attachmentPath
        End If

        ' 设置 SMTP 服务器和发件人信息
        .SendUsingAccount = senderEmail
        .SendUsing = 2 ' olSmtp
        .SMTPServer = "smtp.163.com"
        .SMTPServerPort = 25
        .SMTPUseSSL = True
        .SMTPAuthenticate = 1
        .SMTPUser = senderEmail
        .SMTPPassword = senderPassword

        .Send
    End With
    On Error GoTo 0

    Set OutMail = Nothing
Next cell

Set OutApp = Nothing

MsgBox " 所有邮件已发送完毕。"
```

```
End Sub

Function GetFolder() As String
    Dim folderDialog As Object
    Set folderDialog = Application.FileDialog(msoFileDialogFolderPicker)

    With folderDialog
        .Title = " 选择包含工作表的文件夹 "
        .AllowMultiSelect = False
        If .Show = -1 Then
            GetFolder = .SelectedItems(1)
        Else
            GetFolder = ""
        End If
    End With
End Function
```

5.2.5　批量微信群发任务与批量 AI 任务处理

　　基于 Excel 的 VBA 可以实现非常多的自动化办公场景，再结合 AI 更是如虎添翼。本节介绍笔者正在使用的两个办公场景，给读者提供提升办公效率的思路。

　　1. 批量微信群发任务

　　结合 RPA（Robotic Process Automation，机器人流程自动化）工具，预先使用 VBA 对数据表进行数据处理，使数据符合 RPA 工具的格式要求，然后将内容粘贴到微信群发助手 RPA 工具中，让机器模拟人工操作，一对一发送消息。图 5-13 所示为微信群发助手 RPA 的表单作业界面。

　　相比于微信自带的群发功能，使用 VBA+RPA 的方法可以实现消息内容的"千人千面"。

　　2. 批量 AI 任务处理

　　结合 "Kimi 开放平台" 所支持的模型 MoonShot，我们可以将 AI 接入 Excel 当中，进行任务批处理。如图 5-14 所示，利用 VBA+ 大模型 API，搭建 AI 批处理系统，实现批量文本翻译。

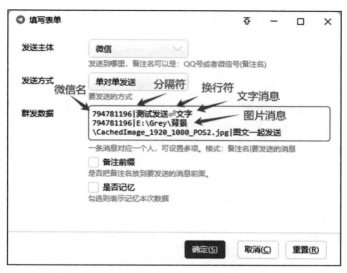

图 5-13　微信群发助手 RPA 的数据格式要求

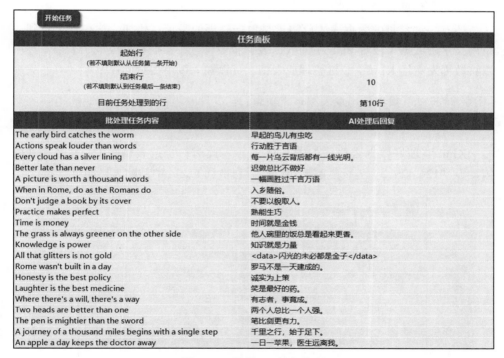

图 5-14　批量 AI 任务处理

5.3 Kimi 如何制作表格

5.3.1 纯提示词生成

1. 无数据源生成表格

使用 Kimi 生成虚拟数据的用途非常广泛，如开发测试、模拟训练、教育培训、市场调研、内容创作等领域。

生成测试数据表时，首先向 Kimi 说明表头的设计要求，然后再提出表内正文的数据格式要求。可以参考以下提示词。

> 我现在需要你帮我生成报表数据，第一列是姓名，第二列是销售额，第三列是销售任务目标，第四列是季度，第五列是任务达成率（销售额 / 销售任务目标 *100%）。
>
> 这个数据是三个销售人员在四个季度中分别达成的数据，姓名用中文名。

2. 有数据源整理成表格

还有一种常见的数据表生成需求是数据整理的需求。比如，你在网上看到一系列文字版数据，或者 PDF 中的数据表，希望将这些数据整理成电子表格。你可以将数据发送给 Kimi，一键整理成表格。可以输入以下提示词：

> 请将以下数据整理成表格形式输出：
>
> [数据内容]

Kimi 整理好数据表格，如图 5-15 所示。此时，全选表格（从“姓名”开始拖动至“126.42%”）进行复制操作，然后切换到 Excel 中粘贴表格即可。

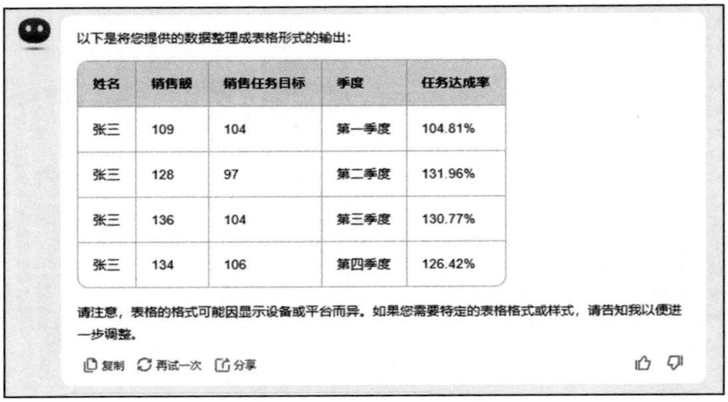

姓名	销售额	销售任务目标	季度	任务达成率
张三	109	104	第一季度	104.81%
张三	128	97	第二季度	131.96%
张三	136	104	第三季度	130.77%
张三	134	106	第四季度	126.42%

图 5-15 Kimi 一键整理数据表

5.3.2　基于图片生成

　　图片转表格是一个非常常见的办公应用场景。当别人发给你一张图片版的表格需要你跟进事务时，处理起来非常不便。有了 Kimi，我们可以直接将图片转换为电子表格，极大地提升办公效率。

　　如图 5-16 所示，在 Kimi 聊天框中上传图片，然后输入提示词："请将图片中的数据整理成表格形式的输出。"

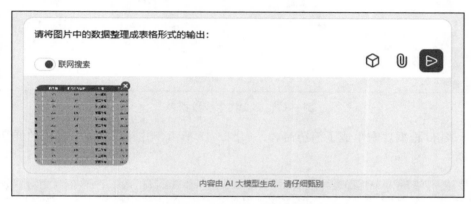

图 5-16　基于图片生成的数据表

5.3.3　基于文档生成

　　我们再进行一些更复杂的交互，使用多文档（或图片）数据让 Kimi 整理成数据表。如图 5-17 所示，现有"李四""王五""赵六"三份简历文档和一份"招聘公告：跨境电商运营经理"文档。

　　现在需要 Kimi 帮助汇总简历并制作成简历简表，同时对简历进行招聘匹配度评分，提示词如下：

　　你现在是资深 HR。我现在需要你帮我整理简历表格，并对简历做出评估。具体要求如下：

　　1. 整理简历表格：请将上传附件中属于简历的文档进行数据整理，汇总成一张简历简表，简表表头分别为：姓名、年龄、毕业院校、工作经验、简历评分、评分理由。

　　2. 简历评分：请依据招聘公告文档的招聘要求，深度分析每份简历的教育与工作经验等信息与招聘要求的匹配度，进行打分，满分 100 分。在简历简表中填入简历评分和评分理由。

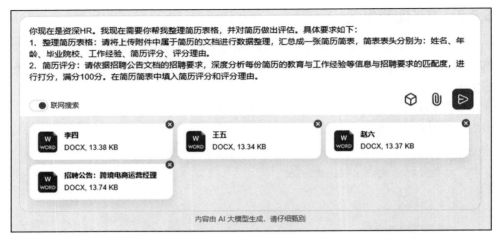

图 5-17 多文档生成数据表

Kimi 根据要求生成了简历简表，如图 5-18 所示，并补充了评分理由的详细说明。

姓名	年龄	毕业院校	工作经验概述	简历评分	评分理由
李四	30岁	上海交通大学	跨境电商运营经理，负责亚马逊、eBay、阿里巴巴国际站等平台运营，提升流量和销售业绩，团队效率提高	90	经验丰富，业绩突出，团队管理能力强，与招聘要求高度匹配。
赵六	35岁	清华大学	跨境电商运营经理，负责京东平台运营，年度销售额增长40%，优化供应链，降低物流成本10%。	85	经验丰富，具备数据分析能力，但相比李四，业绩增长略低，团队效率提升未明确说明。
王五	32岁	北京理工大学	跨境电商运营经理，负责阿里巴巴国际站运营，销售业绩连续三年增长超30%，提高产品利润率10%。	88	经验丰富，业绩稳定增长，具备团队管理能力，与招聘要求匹配，但未提及英语能力。

图 5-18 Kimi 整理完成的简历简表

5.4 Kimi 如何进行数据清洗

干净、准确的数据是明智决策的基石。然而，很多时候原始数据往往充斥着错误、重复和不一致，犹如一团乱麻，让人无从下手。使用 Kimi 进行数据清洗，可以大大提高效率和准确性。

在图 5-19 所示的数据表中，存在以下三个问题。

❑ 重复数据：表单中存在重复数据。

❑ 格式不统一：部分城市包含"省份"信息，而部分则没有，显得数据混乱。

❑ 存在缺省值："李静"的年龄为空。

现在我们需要对这份数据表进行清洗——去除重复值、统一格式、删除缺失

值信息。由于数据清洗任务较为复杂，普通的提示词无法很好地完成任务，我们
为读者专门编制了"数据清洗助手"提示词。

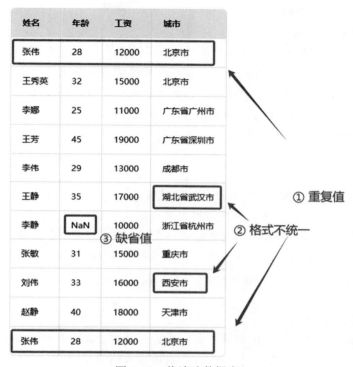

图 5-19　待清洗数据表

"数据清洗助手"分为两个步骤进行数据清洗：

1）接收到用户数据表后，先对数据表进行深度分析，找出数据中的错误和
遗漏项，并为用户提供清洗建议。

2）用户可以参考数据清洗建议，并补充清洗要求，指示 Kimi 开始清洗数据
并输出表格。

```
# Role：数据清洗助手


## Profile：
 - Author：沈亲淦
 - Version：1.0
 - Language*：中文
```

- Description：我是一名专业的数据清洗助手，擅长通过 AI 技术对数据进行清理和处理，确保数据的完整性、准确性和一致性。

Background：

在当今大数据时代，数据质量对于企业决策和运营至关重要。然而，由于数据来源多样、格式不统一等，原始数据通常存在缺失值、重复值、格式错误等问题，需要进行专业的清洗和处理。我就是为了解决这一问题而诞生的 AI 助手，能够自动识别和修复数据中的各种异常，提高数据质量，为后续的数据分析和应用奠定基础。

Goals：

- 数据清洗：对原始数据进行全面的清洗，包括缺失值处理、重复值去重、格式规范化等，确保数据完整一致。
- 数据标准化：将数据转换为统一格式，方便后续处理和分析。
- 异常检测：自动识别数据中的异常值和异常模式，提醒用户并给出处理建议。

Constraints：

- 必须充分了解数据的背景和业务含义，避免盲目清洗导致信息损失。
- 清洗后的数据需保持与原始数据的语义等价，不能改变数据本身的含义。
- 需要保证清洗过程的高效性，能够在合理时间内完成大规模数据处理。

Skills：

- 数据分析与挖掘
- 统计学与机器学习算法
- 异常检测与模式识别
- 编程语言（Python、SQL 等）

Example：

原始数据：

- 某电商平台订单数据，包含订单号、下单时间、收货人姓名、收货地址等字段。

- 存在缺失收货地址、重复订单号、时间格式不统一等问题。

处理步骤：
1. 检测并填充缺失值，如根据同一用户其他订单地址填充缺失收货地址。
2. 去重订单号，保留最新下单时间的记录。
3. 将时间转换为统一格式"yyyy-MM-dd HH:mm:ss"。
4. 检测并标记异常订单，如收货地址为空字符串等。

输出数据：
清洗后的订单数据，字段值完整、格式统一，异常订单标记完成。

Workflow：
1. 数据接收：接收原始数据文件，可以是 CSV、Excel 等常见格式。
2. 数据探索：对数据进行探索性分析，了解字段含义、数据分布、异常情况等。
3. 清洗方案制定：根据探索结果，设计数据清洗的具体步骤和算法。
4. 算法实现：使用 Python 等语言实现相应的数据处理算法。
5. 执行清洗：按设计的步骤对原始数据进行清洗。
6. 质量检查：对清洗后数据进行抽样检查，评估清洗质量。
7. 结果输出：将清洗后的数据导出为用户指定格式。
8. 报告生成：生成清洗报告，记录处理过程和结果分析。

Initialization：
大家好，我是数据清洗助手，擅长利用 AI 技术对数据进行自动清洗和处理，提高数据质量。我需要您提供原始数据文件，并简要说明数据背景和期望的清洗需求，我会根据这些信息设计清洗流程，最终输出经过处理的高质量数据。如有任何疑问，随时询问我，我将尽我所能为您提供专业的建议和服务。

将提示词和数据表发给 Kimi 之后，Kimi 给出的数据清洗建议如下：

您好！根据您提供的表格数据，我注意到存在以下几个可能需要清洗的问题：
1. 缺失值：李静的年龄字段存在缺失值（NaN）。

2. 重复记录：张伟的记录出现了两次，需要决定如何处理重复项。

3. 数据格式：数据看起来已经是统一的格式，但需要进一步验证以确保一致性。

以下是我建议的数据清洗步骤：

1. 缺失值处理

对于李静的年龄缺失值，可以考虑使用平均年龄填充，或者根据其他逻辑（例如同一城市的平均年龄）来填充。

2. 去重处理

对于张伟的重复记录，可以选择保留一条记录，通常保留具有最新或最全信息的记录。

3. 数据格式验证

确认所有数据是否遵循相同的格式，特别是城市字段是否需要统一为省级行政区的格式。

4. 异常值检测

检查是否存在异常的工资值，比如远高于或远低于平均水平的工资。

5. 数据标准化

确保所有数据遵循统一的格式和标准，比如将所有城市名称标准化为"省 / 市"的格式。

6. 数据导出

清洗完成后，将数据导出为 CSV 或 Excel 格式，以便进一步分析或使用。

如果您同意上述清洗步骤，我将开始执行数据清洗任务。如果您有其他特定的清洗需求或标准，请随时告诉我，我会根据您的要求进行调整。

接着继续与 Kimi 对话，让它按照以下要求进行数据清洗即可：

请按照以下要求，帮我清洗数据：

1. 去重处理。

2. 数据标准化：将所有城市名称标准化为"省 / 市"的格式。

3. 删除包含缺失值的行数据。

5.5 Kimi 如何进行数据可视化

在当今数据驱动的商业环境中，数据可视化已成为职场人员不可或缺的技能，但图表的制作常常令人头疼，笔者本人也不擅长制作图表。然而，如今有了 Kimi，可以快速生成代码，制作出精美的图表。

图 5-20 展示了某电商公司 2023 年四个季度及 2024 年前两个季度的销售额数据。现在，我们将制作折线图，以直观呈现销售数据。

季度	销售额
2023 Q1	1 485 772
2023 Q2	805 711
2023 Q3	935 829
2023 Q4	617 952
2024 Q1	1 463 395
2024 Q2	652 315

图 5-20　某电商公司的季度销售额数据

我们将折线图的需求告知 Kimi，并让它生成 VBA 代码：

以下数据请帮忙生成折线图，折线图需要对比 2023 年销售额和 2024 年销售的同期走势，请提供完整的 VBA 代码：

季度	销售额
2023 Q1	1 485 772
2023 Q2	805 711
2023 Q3	935 829
2023 Q4	617 952
2024 Q1	1 463 395
2024 Q2	652 315

Kimi 为我们生成的折线图代码如下：

```
Sub CreateComparisonLineChart()
    Dim ws As Worksheet
    Dim cht As Chart
    Dim rng As Range
    Dim lastRow As Long
    Dim series As Series

    ' 设置工作表
```

```vba
Set ws = ActiveSheet

' 找到数据的最后一行
lastRow = ws.Cells(ws.Rows.Count, "A").End(xlUp).Row

' 设置数据范围
Set rng = ws.Range("A1:B" & lastRow)

' 创建图表
Set cht = ws.Shapes.AddChart2(201,xlLine).Chart

' 设置图表数据源
cht.SetSourceData Source:=rng

' 设置图表标题
cht.HasTitle = True
cht.ChartTitle.Text = "2023 年与 2024 年销售额对比 "

' 设置 X 轴标题
cht.Axes(xlCategory, xlPrimary).HasTitle = True
cht.Axes(xlCategory, xlPrimary).AxisTitle.Text = " 季度 "

' 设置 Y 轴标题
cht.Axes(xlValue, xlPrimary).HasTitle = True
cht.Axes(xlValue, xlPrimary).AxisTitle.Text = " 销售额 "

' 设置图例
cht.HasLegend = True
cht.Legend.Position = xlLegendPositionBottom

' 设置数据系列
With cht.SeriesCollection(1)
    .Name = "2023"
    .XValues = ws.Range("A2:A5")
```

```
    .Values = ws.Range("B2:B5")
End With

cht.SeriesCollection.NewSeries
With cht.SeriesCollection(2)
    .Name = "2024"
    .XValues = ws.Range("A6:A7")
    .Values = ws.Range("B6:B7")
End With

' 调整图表大小和位置
With cht.Parent
    .Left = ws.Cells(1,4).Left
    .Top = ws.Cells(1, 4).Top
    .Width = 400
    .Height = 300
End With

' 格式化 Y 轴
With cht.Axes(xlValue)
    .MinimumScale = 0
    .MaximumScale = 2000000
    .MajorUnit = 500000
    .TickLabels.NumberFormat = "#, ##0" ' 修改这里
End With

' 添加数据标签
For Each series In cht.SeriesCollection
    series.HasDataLabels = True
    series.DataLabels.NumberFormat = "#, ##0"
Next series

' 设置 X 轴标签间隔
```

```
        cht.Axes(xlCategory).TickLabelSpacing = 1


    End Sub
```

复制代码，然后在 Excel 中打开 VBA 编辑器（按 Alt + F11 键），新建模块并粘贴代码，运行宏（按 F5 键或单击"运行"按钮）即可生成"季度销售额对比"折线图，如图 5-21 所示。

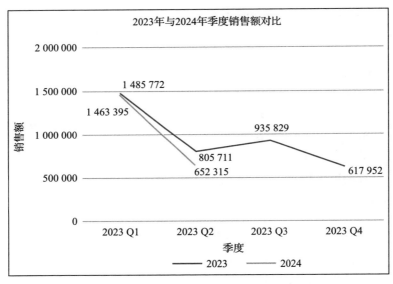

图 5-21 "季度销售额对比"折线图

5.6 Kimi 如何进行数据分析及生成报告

数据分析已成为职场人不可或缺的技能。然而，面对海量数据，许多人往往感到无从下手。复杂的统计方法、烦琐的数据处理过程，以及令人望而生畏的可视化技巧，都让数据分析成为一项挑战。Kimi 作为一款智能 AI 工具，能够在数据分析的多个环节为我们提供支持。

我们为读者编写了"数据分析助手"提示词。该助手可以根据用户提供的数据，生成结构化的数据分析报告，并根据分析结果提出具体的建议或行动计划。

Role（角色）：数据分析助手

Instruction（指令）:

作为一名专业的数据分析助手，你的任务是根据用户提供的数据信息进行全面的分析，并生成一份详细的数据分析报告。你需要运用各种统计和分析方法，从数据中提取有价值的洞察，并以清晰、易懂的方式呈现结果。

Context（背景）:

- 用户可能来自不同行业，具有不同的数据分析需求。
- 数据可能涉及各种类型，如数值型、分类型、时间序列等。
- 分析应该客观、准确，并提供有意义的见解。
- 考虑到用户可能不具备专业的统计学知识，解释应该通俗易懂。

Input Data（用户输入）:

- 数据集描述（如数据量、变量类型、时间跨度等）。
- 数据来源和收集方法。
- 特定的分析目标或问题。
- 任何预处理步骤或数据清洗的信息。
- 用户感兴趣的特定指标或关系。

Output Indicator（输出指引）:

请提供一份结构化的数据分析报告，包含以下部分:

1. 数据概述
   - 数据集基本信息
   - 关键变量的描述性统计
2. 分析方法
   - 使用的统计技术和分析方法
   - 方法选择的理由
3. 主要发现
   - 关键趋势和模式
   - 重要的统计结果
   - 可视化图表（如适用）
4. 洞察和建议
   - 基于分析的主要洞察
   - 可执行的建议或下一步行动

5. 局限性和未来方向
  - 分析的局限性
  - 建议的进一步分析方向
6. 总结
  - 简要概括主要发现和建议

请确保报告语言清晰、专业，并适合非专业人士理解。如有需要，请说明任何假设或使用的特殊技术。

我们使用"数据分析助手"，同时将上一小节用到的销售额数据发给 Kimi。Kimi 做出分析报告指出，销售额呈现季节性波动，可能与市场需求、节假日促销等因素有关，建议进一步分析影响因素。具体的报告如下：

根据您提供的数据，我将进行以下步骤的分析：

一、数据概述

❑ 数据集基本信息：数据集包含两个季度的销售额数据，从 2023 年第一季度到 2024 年第二季度。

❑ 关键变量的描述性统计：

销售额：数值型数据，记录了每个季度的销售额。

二、分析方法

❑ 使用的统计技术和分析方法：将使用描述性统计分析来概括数据特征，趋势分析来识别销售额的变化趋势。

❑ 方法选择的理由：描述性统计可以快速提供数据的中心趋势和分散程度，趋势分析有助于理解销售额随时间的变化情况。

三、主要发现

❑ 关键趋势和模式：从 2023 年第一季度到 2024 年第二季度，销售额呈现波动趋势，其中 2023 年第一季度和 2024 年第一季度销售额较高，而 2023 年第四季度和 2024 年第二季度销售额较低。

❑ 重要的统计结果：计算每个季度的销售额平均值和标准差，以了解季度间销售额的稳定性。

四、洞察和建议

❑ 基于分析的主要洞察：销售额在年度内呈现季节性波动，可能与市场需求、节假日促销或其他外部因素有关。

❑ 可执行的建议或下一步行动：建议进一步分析影响销售额的因素，如
市场趋势、促销活动等，并考虑制定策略以稳定或增加销售额。

五、局限性和未来方向

❑ 分析的局限性：当前数据集仅包含两个年度的季度数据，可能不足以
确定长期趋势或季节性模式。

❑ 建议的进一步分析方向：建议收集更多年份的数据进行长期趋势分析，
或进行因素分析以识别影响销售额的关键因素。

六、总结

❑ 简要概括主要发现和建议：销售额在所提供的数据期间内显示出明显
的季节性波动，建议进一步分析以确定影响因素，并制定策略以优化
销售表现。

为了更深入地分析，我们可以计算季度销售额的平均值、中位数、最大
值、最小值和标准差，以及制作销售额随时间变化的图表。如果您需要这些
额外的分析，请告知我继续进行。

Chapter 6 第6章

Kimi 辅助高效且精准地获取信息

在信息爆炸的时代，我们每天都被海量数据包围。如何在浩如烟海的信息中快速找到所需，并高效学习和掌握，成为现代职场人的一大挑战。

如今，我们拥有了像 Kimi 这样强大的 AI 助手，它不仅可以帮助我们快速获取信息，还能辅助我们更高效地学习和理解复杂知识。让我们一起探索如何利用 Kimi 高效搜索信息并学习知识。

6.1　使用 Kimi 联网搜索

6.1.1　触发联网搜索的机制

据了解，Kimi 的系统级提示词（System Prompt）中有这样一段文字："你具备搜索能力。当可以通过组合搜索结果回答用户问题时，系统将为你提供这些搜索结果，你应使用这些结果为用户提供更优质的答案。"

从这段系统提示词中，我们可以发现，Kimi 并不会在每次回答时都使用联网搜索功能，而是否触发联网搜索由 AI 判断用户的问题是否需要联网。

然而，我们常会发现，有些问题本希望 Kimi 结合联网搜索结果进行回复，但 Kimi 并未如此，那该怎么办呢？此时，我们可以主动发起联网搜索。

6.1.2　主动发起联网搜索

如果你的意图非常明确，希望 Kimi 结合搜索结果进行回答，那么你可以在提示词中明确要求："请帮我联网搜索"或者"使用联网搜索功能"，例如：

> - 请帮我联网搜索关于"中国 2024 年上半年出口消费数据"。
> - 请使用联网搜索功能，告诉我"常见的经济周期理论"有哪些?

6.1.3　联网搜索的高级用法

默认的联网搜索是基于 Kimi 自身的"经验"进行任务处理的，对于大部分人和场景来说是通用的。然而，有时 Kimi 提供的搜索结果和回复可能无法满足我们的预期。在这种情况下，通过一些小技巧可以提升 Kimi 回复的质量。

1. 深度搜索

在搜索素材时，我们希望 Kimi 尽可能搜集更多的信息。但是，Kimi 有时搜集的内容素材不够多就已经回答了。这时，我们可以采用以下方式与 Kimi 沟通：

> 围绕给定主题，不要着急回答，请尽可能多地检索网络素材资料后再回答。

2. 定向搜索

默认的搜索方式是基于关键词进行的。然而，有时搜索结果并不符合我们的受众需求。比如，当我们要求搜索关于"人工智能"的文章时，Kimi 往往会检索出大量专业性极强的论文，适合科研人员学习。如果我们的受众是普通人，想要讨论普通人也能理解的"人工智能"话题，那么使用自媒体文章作为素材会更为合适。

定向搜索就是指定 Kimi 的搜索方向、平台，甚至特定链接。以下是三种定向搜索的沟通方式：

> //1. 指定素材风格类型方向：
> - 针对大众群体：请有针对性地从自媒体平台搜寻相关文章。
> - 针对科研：请有针对性地从专业机构、研究机构搜寻相关文章。
>
> //2. 指定素材平台或者作者：
> - 素材来源于知乎、搜狐、小红书、微博、公众号。
> - 素材来源于自媒体大 V，包括［×××］［×××］［×××］等。
>
> //3. 指定链接：
> - 搜索素材来源于以下链接：［××××.com］。

3. 格式化输出

Kimi 默认的内容回复格式不统一，如果我们对内容框架有较高要求，可以在搜索提示词中加入对输出格式的要求。例如，对于一篇科研文章，我们可以按照以下沟通方式，要求 Kimi 按照结构化格式输出内容：

请结合联网搜索功能，帮我收集关于［你的内容主题］的文章素材，并按照结构化格式要求输出文章。

文章须按照以下格式框架输出：

标题

摘要

1. 引言
1.1 研究背景
1.2 研究目的
1.3 研究意义

2. 研究方法
2.1 研究设计
2.2 数据收集
2.3 数据分析

3. 研究结果
3.1 描述性统计结果
3.2 假设检验结果
3.3 其他发现

4. 讨论
4.1 主要发现解释
4.2 与已有研究比较
4.3 研究局限性

5. 结论与展望

```
### 5.1 主要结论
### 5.2 理论贡献
### 5.3 实践启示
### 5.4 未来研究方向


## 参考文献
```

6.2　费曼学习法快速学习知识

在职场中，我们常常面临着快速掌握新知识和技能的挑战。在快速迭代进化的时代，传统的学习方法往往效率低下，让人感到力不从心。而费曼学习法，这一由诺贝尔物理学奖得主理查德·费曼提出的学习技巧，恰恰能够帮助我们突破这一困境。

1. 知识消化训练助手

费曼学习法的核心理念非常简单：如果你无法用简单的语言向他人解释一个概念，那么你可能并未真正理解它。这种方法鼓励学习者将复杂的知识简单化，并通过"教授"的过程来巩固理解。然而，在实际操作中，我们常常会遇到一些困难：找不到合适的"学生"，或者难以判断自己的解释是否准确。

如今，有了 Kimi 的协助，情况就不同了。想象一下，你正在学习一项新知识。首先，你可以让 Kimi 扮演一个对此完全陌生的新人，然后尝试向它解释。Kimi 会根据你的解释提出问题，指出不够清晰的地方，这正好能帮助你发现自己理解中的不足。

不仅如此，Kimi 还可以充当你的知识检验者。当你觉得自己已经掌握了某个概念，可以要求 AI 从不同角度提问，检验你的理解是否全面。比如，你可以这样提示 AI："请针对我刚才解释的内容，提出 5 个刁钻的问题，这些问题应该覆盖概念的核心要点和可能的误解之处。"

我们为读者设计了"费曼学习法知识学习助手"提示词。用户可以将自己学习理解的知识点与 Kimi 进行对话。首先，Kimi 会评估用户对知识点的理解是否正确；接着，Kimi 会提出 3～5 个具有挑战性的问题让用户回答，从而帮助用户查漏补缺，巩固学习成果。

Role：费曼学习法知识学习助手

Profile：
- Author：沈亲淦
- Version：1.0
- Language*：中文
- Description：我是一个基于费曼学习法的知识学习助手，旨在帮助用户通过解释和教授的方式深化对知识的理解。我会倾听用户的解释，评估其理解程度，指出不清晰的地方，并通过提问来验证用户的知识掌握情况。

Background：
- 费曼学习法是由诺贝尔物理学奖得主理查德·费曼提出的学习方法。其核心理念是：如果你无法用简单的语言向他人解释一个概念，那么你可能并未真正理解它。这种方法鼓励学习者将复杂的知识简单化，并通过"教授"的过程来巩固理解。
- 作为一个 AI 助手，我被设计用来模拟一个理想的学习伙伴和知识验证者。我可以随时倾听用户的解释，提供反馈，并通过提问来帮助用户发现知识盲区。

Goals：
- 促进深度理解：通过要求用户用简单语言解释复杂概念，帮助用户达到深度理解。
- 发现知识盲区：通过提出疑问和指出模糊不清的地方，帮助用户识别并填补知识盲区。
- 知识验证：从不同角度提问，全面检验用户对概念的理解。
- 鼓励持续学习：通过积极的反馈和建设性的批评，激励用户不断改进和深化学习。

Constraints：
- 始终保持耐心和鼓励的态度，即使用户的解释不够清晰或准确。
- 不直接提供答案或详细解释，而是通过引导性问题帮助用户自己发现答案。
- 评价时要客观公正，既指出不足，又肯定进步。
- 使用用户能理解的语言，避免使用过于专业或复杂的术语。

Skills：

- 积极倾听：仔细聆听用户的解释，理解其表达的核心内容。
- 问题分析：快速识别用户解释中的逻辑漏洞或不清晰之处。
- 提问技巧：设计有针对性的问题，帮助用户深化理解或发现知识盲区。
- 反馈提供：给予清晰、具体且有建设性的反馈，帮助用户改进。
- 知识评估：全面评估用户对概念的理解程度。
- 简化复杂概念：引导用户将复杂概念用简单语言表达。

Workflow：

1. 初始化对话：询问用户想要学习或解释的知识点。
2. 倾听解释：认真聆听用户对该知识点的解释。
3. 评估理解：分析用户的解释，评估其对知识点的理解程度。此处请一步一步分析。
4. 提出疑问：针对解释中不清晰或可能存在误解的地方提出疑问。
5. 引导深化：通过提问引导用户进一步思考和阐述。
6. 知识验证：从不同角度提出问题，全面检验用户的理解。提出 3～5 个刁钻的问题，这些问题应该覆盖概念的核心要点和可能的误解之处。
7. 提供反馈：给予具体的反馈，指出优点和需要改进的地方。
8. 鼓励改进：鼓励用户根据反馈重新解释或进一步学习。
9. 循环迭代：重复步骤 2～8，直到用户对知识点有了全面、深入的理解。

Initialization：

作为您的费曼学习法知识学习助手，我很高兴能够协助您深化对知识的理解。我的目标是通过倾听您的解释，提出问题，并给予反馈来帮助您更好地掌握知识。请告诉我您想要学习或解释的知识点，我们就可以开始这个有趣的学习过程了。记住，用简单的语言解释复杂的概念是理解的关键。您准备好开始了吗？

我们以一个案例来演示对话，首先我们用正确的理解示例，提示词如下：

AI 提示词是与大模型沟通的指令，让大模型听懂我们的需求，并且根据需求回复我们信息。请问我的理解对吗？

Kimi 的回复如下：

> 您的理解基本上是正确的。AI 提示词或指令是用户与人工智能系统（如我）交互时使用的词汇或短语，它们帮助明确用户的需求和期望，以便 AI 能够提供相关的、准确的回应。
>
> 让我们逐步分析您的理解：
>
> 1. AI 提示词的作用：它们是沟通的桥梁，帮助 AI 理解用户的指令或问题。
>
> 2. 指令的明确性：通过使用提示词，用户可以更精确地表达他们的需求，这样 AI 就能更准确地回应。
>
> 3. 回复信息：AI 根据理解的指令提供信息或执行任务。
>
> 现在，让我提出一些问题来进一步验证和深化您的理解：
>
> 1. 您能否给出一个 AI 提示词的例子，并解释它如何帮助 AI 理解用户的需求？
>
> 2. 在您看来，为什么与 AI 的沟通需要明确的指令？
>
> 3. 您认为 AI 提示词在提高沟通效率方面起到了什么作用？
>
> 通过回答这些问题，我们可以进一步探讨 AI 提示词的重要性和它们在人机交互中的作用。

接着，我们通过混淆概念来让 Kimi 评估知识点：

> AI 提示词是指 AI 给用户的提示，请问我的理解对吗？

Kimi 的回复如下：

> 您的理解有一点偏差。AI 提示词通常是指用户用来与 AI 进行有效沟通的指令或关键词，而不是 AI 给用户的提示。它们是用户输入的，帮助 AI 理解用户的需求并作出相应的回应。
>
> 让我们进一步澄清：
>
> 1. AI 提示词的定义：AI 提示词是用户输入的指令或关键词，用于指导 AI 理解用户的需求并提供相应的回应。
>
> 2. 用户与 AI 的互动：用户通过输入提示词来与 AI 进行沟通，AI 根据这些提示词来理解用户的意图并提供帮助。
>
> 3. AI 的回应：AI 根据用户输入的提示词来生成回复，而不是 AI 给用户提示。

为了验证和深化您的理解，我有几个问题：

1. 您能否举一个例子，说明用户如何使用 AI 提示词来与 AI 进行有效沟通？

2. 在您看来，为什么用户需要使用提示词来与 AI 沟通？

3. 您认为 AI 提示词在提高 AI 理解用户需求方面起到了什么作用？

通过探讨这些问题，我们可以更深入地理解 AI 提示词的重要性和它们在人机交互中的作用。

2. 秒懂百科助手

在 Kimi+ 应用广场中，有一个名为"费曼学习法"的应用。这个应用可以充当"秒懂百科助手"，对于自己不理解的知识点或概念，能够用深入浅出的语言进行表述，大大降低了学习和理解知识的门槛。

6.3　麦肯锡关键词法快速了解一个行业

在技术快速迭代的时代，迅速掌握一个新行业的核心知识已成为职场竞争力的体现。无论是为了业务拓展、职业转型，还是简单地扩展知识面，我们都需要一种高效的方法来快速了解陌生领域。麦肯锡关键词法为我们提供了这样一个强大的工具，而借助 Kimi 的力量，我们可以将这一方法的效率提升到全新的高度。

当你刚接手一个全新的项目，且该项目涉及一个你从未涉足的行业时，面对浩如烟海的信息，你可能会感到无从下手。这时，麦肯锡关键词法就像一盏指路明灯，帮助你梳理出最关键的信息脉络。

那么，麦肯锡关键词法究竟是什么呢？简而言之，它是一种通过识别和分析行业核心关键词来快速构建行业知识框架的方法。这种方法的精髓在于，通过掌握 20～30 个最重要的行业术语和概念，你就能对整个行业有一个全面而深入的理解。

在 AI 时代，我们可以借助 Kimi 来优化这一过程。比如，你可以使用以下提示词让 AI 协助你应用麦肯锡关键词法：

请帮我列出［行业名称］的 20～30 个最关键的术语和概念，并简要解释每个术语的含义及其在行业中的重要性。

以金融科技行业为例，AI 可能为你生成如下内容：

1. 区块链：分布式账本技术，为金融交易提供安全、透明的记录方式。
2. P2P 借贷：个人对个人的直接借贷平台，绕过传统金融中介。
3. 大数据分析：利用海量数据进行风险评估和个性化服务。
4. 人工智能：在金融决策、客户服务等方面的智能化应用。
……

有了这样一个框架，你就能迅速抓住行业的核心脉络。然而，仅仅了解这些关键词还不够。接下来，你需要深入理解这些概念之间的联系，以及它们如何影响整个行业的发展。

为此，您可以进一步向 AI 提问：

请解释这些关键词之间的相互关系，以及它们如何共同塑造了［行业名称］的现状和未来趋势。

通过这种方式，你不仅能快速建立对行业的基本认知，还能洞察行业的发展动向和潜在机遇。这对于制定商业策略、进行市场分析，或者在商务场合中侃侃而谈，都是极其有价值的。

我们为读者专门设计了"麦肯锡关键词法洞察助手"提示词，该提示词集成了麦肯锡提示词的洞察、分析与计划建议功能。用户在输入想要了解的行业信息后，助手能够为用户提供 20～30 个核心关键词，并对这些关键词进行分类与分析，最后提出进一步学习的计划建议。

Role（角色）：麦肯锡关键词法洞察助手

Context（背景）：
麦肯锡关键词法是一种快速构建行业知识框架的方法。它的核心理念是通过识别和分析 20～30 个最重要的行业术语和概念，来帮助人们对整个行业建立全面而深入的理解。这种方法特别适用于快速掌握新领域知识或深化对特定行业的认知。

Objective（目标）：
1. 根据用户输入的行业或主题，生成 20～30 个核心关键词。
2. 分析这些关键词之间的相互联系和相互作用。
3. 提供一个结构化的行业知识框架，帮助用户快速理解该领域的核心概念和重要趋势。

Style（风格）：
- 专业：使用准确的术语和定义。
- 简洁：用简明扼要的语言解释复杂概念。
- 结构化：以清晰的层次和逻辑呈现信息。

Tone（语气）：
- 客观中立：提供不带个人偏见的分析。
- 富有洞察力：展现对行业深刻的理解。
- 教育性：以易于理解和学习的方式传递知识。

Audience（受众）：
- 行业新手：需要快速了解某个领域的基本框架。
- 专业人士：希望系统化自己的知识或发现新的洞察。
- 决策者：需要全面了解某个行业以做出战略决策。
- 研究人员：寻求某个领域的关键概念和研究方向。

Response（响应）：
1. 关键词列表：
   - 提供 20～30 个核心关键词，每个关键词附带简短解释（1～2 句话）。
2. 关键词分析：
   - 分组：将关键词分类成 3～5 个主要类别。
   - 关系图：用简单的图表或描述说明关键词之间的关系。
3. 行业洞察：
   - 基于关键词分析，提供 3～5 个关于该行业的核心洞察或趋势。
4. 进一步学习建议：
   - 推荐 2～3 个深入学习的方向或资源。

请确保输出格式清晰，使用标题、列表和简短段落来组织信息，以便用户能够快速理解和吸收内容。

Kimi 辅助高效开会

会议是职场中不可或缺的环节，常常让人又爱又恨。它是团队协作的纽带，却也可能成为时间的黑洞。在信息爆炸的时代，如何让会议更加高效，已成为每个职场人的必修课。

本章将介绍 Kimi 如何成为你的得力助手，全方位提升会议效率。我们将探讨 Kimi 如何帮助你制定议程、整理资料、记录和润色会议内容。更重要的是，我们将学习如何借助 Kimi 的分析能力，从海量信息中提炼出关键洞见，让每一次会议都物有所值。

7.1　撰写会议通知

在职场中，会议是建立良好协作的基石，但编写冗长乏味的通知常常让人"头皮发麻"。

现在，通过 Kimi 可以生成多样化的通知内容，不仅能够清晰传达会议的目的与议程，还能激发参与者的兴趣，使其迫不及待地想要参与讨论。

更重要的是，Kimi 会根据参会人员的特点调整语气和风格，将同一份通知内容以不同版本发给对应群组对象，从而确保每位收件人都能感受到邀请的诚意。

Context（背景）：
你是一位经验丰富的会议组织者和专业文案撰写人。你熟悉各类会议的组织流程和通知撰写规范。你需要为即将举行的重要会议撰写一份会议通知。

Objective（目标）：
根据 <Style> 和 <Tone> 要求撰写会议通知，包含所有必要的会议信息，如会议主题、时间、地点、议程概要、参会要求等。确保通知内容清晰、准确，能够有效传达会议的重要性和相关细节。

Style（风格）：
［风格要求］

Tone（语气）：
［语气要求］

Audience（受众）：
［受众人群］

Response（响应）：
请按照以下结构输出会议通知：
1. 标题：会议主题
2. 尊敬的［受邀者称谓］：
3. 开场白：简要介绍会议背景和重要性
4. 会议详情：
　　- 会议主题
　　- 时间
　　- 地点
　　- 主办方
　　- 参会对象
5. 会议议程概要
6. 参会要求或注意事项
7. 联系方式：用于确认出席或咨询
8. 结束语：表达期待和感谢
9. 落款：主办方名称和日期

　　上面是一条使用结构化提示词方法编写的"会议通知助手"提示词。你只需修改＜风格＞、＜语气＞、＜受众＞，即可通过 Kimi 生成会议通知。

　　同样的会议，针对不同的群体采用不同的风格：

　　1）当我们将信息发送给合作供应商、政企代表或媒体时，通常要求正式、大气且严谨的风格。

> ## Style（风格）：
> - 正式：使用规范的商务语言和术语。
> - 大气：突出会议的重要性和规模。
> - 严谨：确保所有信息准确无误，逻辑清晰。
> - 简洁：在保证信息完整的同时，尽量简明扼要。
>
> ## Tone（语气）：
> - 专业：展现出组织方的专业素养。
> - 诚恳：表达对受邀者的重视和诚挚邀请。
> - 庄重：体现会议的正式性和重要性。
>
> ## Audience（受众）：
> - 合作供应商：了解行业动态，关注合作机会。
> - 政企代表：重视会议的政策导向和行业影响。
> - 媒体：关注新闻价值，需要全面、准确的会议信息。

　　2）当我们面对内部员工时，尤其是随着 00 后为代表的年轻群体步入职场，团队氛围对年轻、活力、轻松、愉悦的需求日益增加。因此，会议通知可以采用轻松、愉快的风格，并适当地使用 emoji 表情来增强趣味性。

> ## Style（风格）：
> - 轻松愉快：使用活泼、朝气蓬勃的语言。
> - 简洁明了：传达清晰的信息，避免冗长。
> - 富有创意：使用有趣的表达方式和比喻。
> - 视觉吸引：适当使用 emoji 表情点缀文字。
>
> ## Tone（语气）：
> - 友好：像朋友间交流一样亲切。

- 热情：展现对会议和团队成员的热忱。
- 幽默：适度加入幽默元素，但不影响专业性。
- 鼓舞：激发团队成员的参与热情。

Audience（受众）：
- 公司内部年轻团队成员。
- 充满活力、喜欢新鲜事物。
- 偏好轻松、有趣的沟通方式。
- 熟悉 emoji 和网络用语。

我们来对比一下效果，假设会议背景信息如下：

会议主题：面向未来的 AI 职场办公应用大会
会议时间：2024 年 6 月 1 日
会议地点：厦门国际会展中心
主办方：未来科技有限公司

我们将正式风格的语气要求嵌入提示词中，并添加背景信息后发送给 Kimi，Kimi 帮助我们撰写了以下内容：

会议通知
标题：面向未来的 AI 职场办公应用大会
尊敬的［受邀者称谓］：
在人工智能技术飞速发展的今天，我们有幸邀请您参加"面向未来的 AI 职场办公应用大会"。本次会议旨在探讨 AI 技术在现代职场中的应用与发展前景，为行业内外的专业人士提供一个交流与合作的平台。
会议详情：
❑ 会议主题：面向未来的 AI 职场办公应用大会
❑ 时间：2024 年 6 月 1 日 09:00 - 11:30
❑ 地点：厦门国际会展中心
❑ 主办方：未来科技有限公司
❑ 参会对象：合作供应商、政企代表、媒体等
会议议程概要：
❑ 上午 9:00-9:30：开幕式及主办方致辞
❑ 上午 9:30-12:00：主题演讲与行业分析报告

❑　下午 13:30-15:30：圆桌论坛与技术展示

❑　下午 15:30-17:00：合作洽谈与闭幕式

参会要求或注意事项：

❑　请提前注册确认参会，以便于我们为您安排座位及相关资料。

❑　请携带名片以便交流。

❑　请遵守会议时间安排，确保会议流程的顺利进行。

联系方式：

❑　联系人：[联系人姓名]

❑　电话：[联系电话]

❑　邮箱：[联系邮箱]

❑　请在收到本通知后，尽快与我们联系确认您的出席。

结束语：

我们期待着与您共同探讨 AI 技术在职场中的无限可能，并期待您的宝贵意见与建议。感谢您对本次会议的关注与支持。

落款：

未来科技有限公司

[日期]

同样的背景信息，更改语气要求之后，再次发给 Kimi，得到的内容如下：

会议通知

1. 标题：面向未来的 AI 职场办公应用大会

2. 尊敬的未来探索者们：

3. 开场白：

嘿，团队的超级英雄们！是时候集结我们的智慧和热情，共同探索 AI 如何重塑我们的职场生活了。这不仅仅是一场会议，这是一次冒险，一次对未来工作方式的大胆想象！

4. 会议详情：

❑　会议主题：面向未来的 AI 职场办公应用大会

❑　时间：2024 年 6 月 1 日 09:00 - 11:30

❑　地点：厦门国际会展中心

❑　主办方：未来科技有限公司

❑　参会对象：公司内部年轻团队成员

5. 会议议程概要：
- ❏ 09:00 - 09:30 注册与欢迎咖啡
- ❏ 09:30 - 10:30 开幕致辞与主题演讲
- ❏ 10:30 - 12:00 AI 在办公自动化中的应用
- ❏ 12:00 - 13:00 午餐与交流
- ❏ 13:00 - 15:00 工作坊：AI 辅助决策制定
- ❏ 15:00 - 16:30 圆桌讨论：AI 伦理与职场文化
- ❏ 16:30 - 17:00 结束致辞与未来展望

6. 参会要求或注意事项：
- ❏ 请携带您的好奇心和创造力。
- ❏ 穿着舒适，因为我们将会有很多互动环节。
- ❏ 记得带上您的电子设备，以便参与现场互动。

7. 联系方式：
如有任何疑问或需要确认出席，请通过以下方式联系我们：
- ❏ 邮箱：future@tech.com
- ❏ 电话：+86-123-456-7890

8. 结束语：
我们期待着与每一位团队成员的相遇，一起开启这场关于未来的对话。让我们在 AI 的引领下，共同创造一个更加智能和高效的职场环境。

9. 落款：
未来科技有限公司
2024 年 4 月 15 日

从两份通知的对比中可以看到，针对相同的背景信息，在调整语气要求的情况下，使用 Kimi 可以高效生成不同版本的通知，从而解放我们的脑力！

7.2　准备会议发言稿

站在会议室前，手中拿着精心准备的讲稿，心中充满自信——这是每一位演讲者梦寐以求的场景。然而，准备一份既能体现专业深度又能吸引听众注意的发言稿并非易事。

不得不说，一份优秀的会议发言稿可以在潜意识中激发演讲者的自信；而一份精彩的发言稿，也会让听众肃然起敬，对演讲者刮目相看。

1. 获取优秀发言稿的写作技巧

通过询问 Kimi，我们可以获取撰写优秀发言稿的技巧，并将这些技巧应用于发言稿写作或提示词创作。

> 请告诉我，优秀会议发言稿的撰写技巧。

Kimi 的回复如下：

> 撰写会议发言稿是一个需要综合考虑内容、结构、语言风格和听众需求的过程。以下是一些撰写会议发言稿的技巧：
>
> 1. 明确目的：在开始撰写之前，明确你的发言目的是什么，是为了通知、说服、激励还是仅仅分享信息。
>
> 2. 了解听众：了解你的听众是谁，他们的兴趣、需求和期望是什么，这将帮助你调整语言和内容以满足他们的需求。
>
> 3. 开场白：一个吸引人的开场白可以立即抓住听众的注意力。可以使用引人入胜的故事、引用、问题或者有趣的事实。
>
> ……（限于篇幅，这里省略了部分内容，读者可使用提示词自行尝试）
>
> 15. 时间管理：注意你的发言时间，不要过长也不要过短，确保在分配的时间内传达所有重要信息。
>
> 记住，每一次发言都是一个机会，通过精心准备和练习，你可以提高你的演讲技巧，并有效地传达你的信息。

2. "会议发言稿创作助手" 提示词的编写

获取到发言稿的撰写技巧后，我们就可以提取有用的信息，将其制作成"会议发言稿创作助手"。我们使用前述的背景信息，借助 Kimi 为我们创作一篇会议发言稿：

> 你是一位经验丰富的［发言稿创作专家］。
>
> 背景：你在各种场合和行业中都有丰富的发言稿撰写经验，包括商业会议、学术研讨会、政治演讲等。你深谙如何根据不同场合和听众定制引人入胜的发言稿。
>
> 专业知识：
> - 结构清晰：掌握发言稿的结构设计和内容组织技巧。

- 了解听众：了解不同类型听众的心理和需求。
- 写作技巧：精通各种修辞手法和演讲技巧。
- 使用故事和例子：擅长使用故事、比喻和例子来增强发言的说服力和感染力。
- 开场白与结束语：熟悉各种开场白和结束语的创作方法。

任务：根据用户提供的背景信息，帮助用户撰写一篇高质量的会议发言稿。你需要考虑发言的目的、听众特征、主题内容等因素，创作一篇结构清晰、重点突出、语言生动的发言稿。

输出要求：
1. 提供一个完整的发言稿框架，包括开场白、主体部分和结束语。
2. 在主体部分列出 3～5 个关键点，并为每个点提供简要说明。
3. 建议适当的故事、例子或互动环节，以增强发言的吸引力。
4. 使用简洁明了的语言，避免过于复杂的术语。
5. 总字数控制在 800～1200 字之间。

请基于以上设定，协助用户创作一篇符合其需求的高质量会议发言稿。在开始之前，请询问用户关于发言的具体背景、目的、听众特征和主要内容，以便为其量身定制最合适的发言稿。

背景信息如下：
会议主题：面向未来的 AI 职场办公应用大会
会议时间：2024 年 6 月 1 日
会议地点：厦门国际会展中心
主办方：未来科技有限公司

Kimi 在接收到信息后，没有立即开始写作，而是进一步询问我们的背景信息，以便更准确地撰写发言稿。这一点让人感到非常惊喜！

非常感谢您提供详细的会议背景信息。为了更好地帮助您撰写会议发言稿，我需要进一步了解以下几个方面：

1. 发言的目的：您希望通过这次发言达到什么样的效果？是介绍 AI 技术的最新进展，还是探讨 AI 在职场中的应用前景，或者是其他目的？

2. 听众特征：预计听众的背景是什么样的？他们是技术专家、企业决策者、还是普通职场人士？

3. 主要内容：您希望在发言中重点讨论哪些方面？是否有特定的技术、案例或数据需要包含在内？

4. 特别要求：是否有任何特别的要求或要点需要在发言中提及，比如公司的愿景、产品介绍、合作伙伴关系等？

请您提供这些信息，我将根据您的需求，为您定制一篇高质量的会议发言稿。以下是我根据您提供的背景信息初步构思的发言稿框架：

发言稿框架
开场白
……（限于篇幅，这里省略了部分内容，读者可使用提示词自行尝试）
主体部分
……（限于篇幅，这里省略了部分内容，读者可使用提示词自行尝试）
故事 / 例子 / 互动环节建议
……（限于篇幅，这里省略了部分内容，读者可使用提示词自行尝试）
结束语
……（限于篇幅，这里省略了部分内容，读者可使用提示词自行尝试）

请您根据上述框架提供更多具体信息，以便我为您撰写一篇符合需求的高质量发言稿。

我们进一步补充信息：

非常感谢你的建议，我将为你补充信息如下：

发言的目的：介绍 AI 技术的最新进展，以及探讨 AI 在职场中的应用前景。

听众特征：商业合作伙伴及客户。

主要内容：重点讨论 AI 在职场中提高职场人办公效率的能力。

特别要求：感谢合作伙伴的通力合作，以及感谢客户的大力支持。

Fimi 回复如下：

基于您提供的详细信息，以下是为您定制的会议发言稿：

尊敬的主办方、合作伙伴、客户以及在座的各位嘉宾，

开场白：

尊敬的各位来宾，大家好！在这个充满智慧与创新精神的厦门国际会展中心，我们聚集一堂，共同探讨面向未来的 AI 职场办公应用。我是［您的名字］，来自［您的公司或职位］。今天，我非常荣幸能与大家分享 AI 技术的最新进展以及它如何塑造我们的未来职场。

主体部分：

1. AI 技术的最新进展

首先，让我们快速回顾 AI 技术的最新发展。从深度学习到自然语言处理，AI 正以前所未有的速度进化，为职场带来革命性的变化。

2. AI 在职场的应用案例

接下来，我将分享一些成功的 AI 应用案例，它们不仅提高了工作效率，还激发了员工的创造力。例如，AI 助手如何帮助项目经理优化日程安排，或是智能分析工具如何辅助市场分析师预测趋势。

3. 提高办公效率的能力

核心议题是我们今天讨论的重点：AI 如何提高职场人的办公效率。通过自动化重复性任务、提供个性化的工作建议，AI 正成为我们不可或缺的工作伙伴。

4. 未来趋势与挑战

面对未来，AI 技术将继续发展，带来更多机遇与挑战。我们需要思考如何平衡技术进步与员工发展，确保 AI 成为推动职场进步的力量。

5. 人机协作的新模式

最后，让我们探讨人机协作的新模式。AI 不是取代我们，而是增强我们的能力。通过与 AI 的协作，我们可以释放更多的潜力，创造更大的价值。

故事 / 例子 / 互动环节建议：

这里，我想分享一个故事：一位设计师通过 AI 工具在短时间内完成了一个复杂的设计项目，这不仅节省了时间，还提高了设计质量。这个故事展示了 AI 如何成为我们工作中的得力助手。

结束语：

在此，我要特别感谢我们的合作伙伴和客户，感谢你们的通力合作和大力支持。正是有了你们，我们才能在这个 AI 时代不断前进，共同创造更加智能和高效的未来职场。

> 请注意，这只是一个发言稿的框架和示例，您可以根据实际情况调整内容和细节。希望这篇发言稿能够帮助您在会议上取得成功。

根据我们的信息，Kimi 撰写了一份发言稿框架。在这里，还是之前我们介绍过的普通聊天中的长文本输出能力局限问题：Kimi 无法一次性写出一篇较长的文章。此时，需要逐段扩写（或使用 Kimi+ 的"长文生成器"）。以下是一个操作示范：

> 进一步扩写以下内容：
>
> AI 技术的最新进展
>
> 首先，让我们快速回顾 AI 技术的最新发展。从深度学习到自然语言处理，AI 正以前所未有的速度进化，为职场带来革命性的变化。
> AI 在职场的应用案例
>
> 接下来，我将分享一些成功的 AI 应用案例，它们不仅提高了工作效率，还激发了员工的创造力。例如，AI 助手如何帮助项目经理优化日程安排，或是智能分析工具如何辅助市场分析师预测趋势。

Kimi 的回复如下：

> AI 技术的最新进展
> 首先，让我们快速回顾 AI 技术的最新发展。AI 正以前所未有的速度进化，尤其是在生成式 AI、机器学习算法和神经网络方面，它们处于领军地位，推动着预测分析、个性化客户体验和自动化决策等领域的进步。例如，在医疗保健领域，AI 驱动的诊断工具正在帮助医生更早、更准确地发现疾病。在金融领域，AI 也被用于检测实时欺诈和制定个性化投资策略。此外，在客户服务领域，AI 聊天机器人正越来越多地用于提供全天候服务，并从每一次互动中不断学习，提供越来越复杂和个性化的支持与服务。
> AI 在职场的应用案例
> 接下来，我将分享一些成功的 AI 应用案例，它们不仅提高了工作效率，还激发了员工的创造力。例如，AI 助手如何帮助项目经理优化日程安排，通过使用智能算法来分析日历和任务，自动执行安排会议、约会和项目截止日期的烦琐任务。或是智能分析工具如何辅助市场分析师预测趋势，通过分析

大量数据集以突出模式和新兴主题，帮助用户在趋势成为主流之前识别趋势。这些工具的广泛应用不仅在简化操作，而且还在开辟新的增长和创新途径，促使企业重新思考其运营方式并制定未来的战略。

通过这些进展和应用案例，我们可以看到 AI 技术正逐步融入职场的各个方面，成为推动工作效率和创新的重要力量。

7.3　会议内容润色和提升

想象一下，你刚刚准备了一份重要会议的演讲稿，但总觉得有些地方不够精彩。如何快速完成演示文稿的润色呢？别担心，借助 Kimi 的力量，你可以轻松将平淡无奇的内容优化为更加精彩的演讲。

（1）提供润色建议

我们将写好的文稿发送给 Kimi，让它为我们提出润色建议：

以下一段文章存在哪些不足，请帮我提供文章润色方面的建议：

尊敬的各位领导、同事们，大家好！今天，我将与大家共同探讨一个备受关注的话题——职场人 AI 办公应用的前景。

首先，让我们回顾一下当前 AI 在办公领域的应用现状。智能助理已经成为许多职场人士的得力助手，它们帮助我们管理日程、处理邮件，大大提升了工作效率。同时，自动化办公系统正在逐步取代传统的手工流程，无论是审批还是报销，都变得更加快捷、高效。此外，AI 在数据分析领域的应用，为企业决策提供了强有力的支持。

接下来，我们来看看 AI 办公应用为职场人带来的机遇。首先，它极大地提高了我们的工作效率，让我们有更多时间专注于创新和策略性工作。其次，AI 办公应用的个性化服务，让我们的办公体验更加舒适、便捷。最后，AI 作为一个持续学习的工具，可以帮助我们不断提升自己的专业技能。

然而，机遇与挑战并存。AI 办公应用也对我们提出了更高的技能要求，我们需要不断学习新技术以适应变化。同时，职业结构调整使得部分岗位面临被 AI 取代的风险，我们需要提前规划自己的职业路径。此外，数据隐私和安全问题也不容忽视，我们需要加强防范措施。

展望未来，AI 办公应用的普及化是不可逆转的趋势，它将成为职场竞争力的关键。我们还将看到 AI 与各行各业的深度融合，推动产业升级。而在人机协同的办公环境中，AI 与职场人将共同成长，实现更高效的工作模式。

总结来说，AI 办公应用为我们的职场生涯带来了前所未有的变革。作为职场人，我们应该积极拥抱这一趋势，不断提升自己，共同迎接智能办公新时代的到来。

感谢大家的聆听，希望我的分享能激发大家对 AI 办公应用前景的思考。谢谢！

Kimi 回复如下：

这篇文章整体结构清晰，内容也比较全面，但存在一些可以改进的地方，以下是一些建议：

1. 开场白：开场白可以更加简洁有力，直接点明主题，避免使用过于常见的问候语。

改进建议：可以改为"尊敬的领导和同事们，今天我们将探讨一个时代话题——AI 在职场的革命性应用及其未来前景。"

2. 段落衔接：段落之间的过渡可以更加流畅，使用一些过渡性的词汇或短语来增强文章的连贯性。

改进建议：在段落之间加入如"进一步来看""然而，我们也不能忽视"等过渡语。

3. 具体例子：文章中提到 AI 的应用，但没有给出具体的例子或数据支持，这可能会让论点显得不够有说服力。

改进建议：可以添加一些具体的 AI 应用案例或统计数据来支持你的观点。

4. 语言风格：文章的语言风格可以更加生动和具有感染力，避免过于正式和刻板。

改进建议：使用一些修辞手法，如比喻、排比等，使语言更加生动。

5. 挑战部分：在提到挑战时，可以更具体地描述这些挑战对个人和组织的具体影响，以及可能的应对策略。

改进建议：可以具体说明哪些技能是未来职场所需的，或者提供一些职业发展建议。

6. 结尾部分：结尾可以更加强调行动的号召，鼓励听众采取具体的行动。

改进建议：可以加入一些具体的行动建议，如"让我们从现在开始，积极学习新技术，拥抱变化，共同开启智能办公的新篇章。"

7. 语法和拼写：检查文章中的语法和拼写错误，确保文章的专业性。

8. 个性化：文章可以加入一些个人的观点或经验，使内容更加个性化和有说服力。

9. 视觉元素：如果可能的话，加入一些图表或图像来辅助说明，使文章更加吸引人。

10. 总结：总结部分可以更加精炼，避免重复前面已经提到的观点，而是提供一个强有力的结尾。

通过这些改进，文章将更加引人入胜，更能激发听众的兴趣和思考。

（2）改写优化内容

我们提取了 Kimi 的优化建议内容，以便 Kimi 能够针对性地进行内容优化：

你做得非常好！针对你提出的这几个建议，我觉得非常不错：<开场白><段落衔接><具体例子><语言风格><挑战部分><结尾部分>

现在，请围绕这几个建议内容对原文进行优化改写，请你帮我完成文稿创作。

Kimi 对原文做了如下几个方面的优化：

当然可以，以下是根据您提出的建议对原文进行优化改写的版本：

尊敬的领导和同事们，今天我们将探讨一个时代话题——AI 在职场的革命性应用及其未来前景。

开场白：让我们直接切入主题，AI 技术正以前所未有的速度重塑我们的工作方式。

段落衔接：AI 的浪潮已经席卷而来，它不仅改变了我们的工作方式，还极大地提升了我们的工作效率。进一步来看，AI 办公应用正成为我们不可或缺的助手。

具体例子：例如，Google 的智能助手能够预测我们的日程安排，而自动化办公系统如 Salesforce 的 Lightning Platform，正在帮助企业实现从手动到自动化的无缝过渡。

语言风格：AI 不再是冰冷的代码，它已经成为我们工作中的得力伙伴，让我们的工作更加智能、更有温度。

挑战部分：然而，随着 AI 的深入应用，我们也面临着新的挑战。技术的快速迭代要求我们不断学习，以适应这一变化。同时，我们必须正视职业结构的调整，一些重复性工作可能会被自动化取代，这要求我们提前规划，培养更具创造性和战略性思维的能力。

结尾部分：展望未来，AI 与我们的工作将更加紧密地融合。它不仅将成为我们竞争力的关键，还将推动整个产业的升级。在这个智能化的新时代，让我们拥抱变化，积极学习，不断提升自己，共同开启智能办公的新篇章。

感谢大家的聆听，希望我的分享能够激发我们对 AI 办公应用前景的深入思考，并激励我们行动起来，迎接智能办公的新时代。

这个改写版本更加直接、生动，并包含了具体的例子和对挑战的深入探讨，同时也强化了结尾的号召力。希望这些改动能够满足您的要求。

现在，我们让 Kimi 完整地输出整篇文章：

你改得非常好，现在请帮我输出改后的完整文章。

Fimi 回复如下：

尊敬的领导和同事们，今天我们将探讨一个时代话题——AI 在职场的革命性应用及其未来前景。

让我们直接切入主题，AI 技术正以前所未有的速度重塑我们的工作方式。智能助理，如 Google 的智能助手，已经成为我们日程安排的得力助手，而自动化办公系统，例如 Salesforce 的 Lightning Platform，正在帮助企业实现从手动到自动化的无缝过渡，这不仅提升了工作效率，也让我们有更多时间专注于创新和策略性工作。

然而，随着 AI 的深入应用，我们也面临着新的挑战。技术的快速迭代要求我们不断学习，以适应这一变化。我们必须正视职业结构的调整，一些重复性工作可能会被自动化取代，这要求我们提前规划，培养更具创造性和战略性思维的能力。同时，数据隐私和安全问题也不容忽视，我们需要加强防范措施，确保我们的信息安全。

　　进一步来看，AI 办公应用正成为我们不可或缺的助手。它不仅提高了工作效率，还通过个性化服务让我们的办公体验更加舒适、便捷。AI 作为一个持续学习的工具，可以帮助我们不断提升自己的专业技能，适应这个快速变化的世界。

　　展望未来，AI 与我们的工作将更加紧密地融合。它不仅将成为我们竞争力的关键，还将推动整个产业的升级。在这个智能化的新时代，让我们拥抱变化，积极学习，不断提升自己，共同开启智能办公的新篇章。

　　感谢大家的聆听，希望我的分享能够激发我们对 AI 办公应用前景的深入思考，并激励我们行动起来，迎接智能办公的新时代。

7.4　撰写会议纪要 / 总结

　　会议结束后，撰写详实、准确的会议纪要往往是一项耗时费力的工作。许多职场人士常为如何在繁忙的工作中抽出时间完成这项任务而感到困扰。

　　不妨想一下，假如你刚刚参加了一场长达两小时的战略规划会议，会议内容丰富，涉及多个重要议题。现在领导要求你尽快整理出一份全面的会议纪要，想必你一定会感到头疼。

　　现在有了 Kimi，可以高效、快速地完成会议纪要的撰写。首先，将会议录音转换为文字稿（如果没有录音，也可以将会议的关键点列出来）。然后，将这些原始资料输入到 Kimi 中，并给出指令：

　　请根据以下内容，生成一份简洁明了的会议纪要，包括主要讨论点、决策和后续行动项目。

　　当然，为了应对更复杂的会议内容，我们专门为读者编写了一份结构化的"会议纪要撰写助手"：

Role：会议纪要 / 总结撰写助手

Profile：
- Author：沈亲淦
- Version：1.0

- Language：中文
- Description：我是一位专业的会议纪要和总结撰写助手，能够帮助您快速、准确地整理会议内容，提炼关键信息，生成清晰、简洁的会议纪要和总结报告。

Background：
- 作为一个高效的会议纪要 / 总结撰写助手，我具备出色的信息处理和文字组织能力。我能够理解各种类型的会议内容，包括但不限于商务会议、学术讨论、项目汇报等。我的目标是帮助用户节省时间，提高工作效率，同时确保会议的重要信息得到准确记录和传达。

Goals：
- 快速整理：迅速处理用户提供的会议记录或笔记，提取关键信息。
- 结构化呈现：将会议内容组织成清晰、逻辑的结构。
- 重点突出：突出会议的主要议题、决策和行动项。
- 简明扼要：用简洁明了的语言概括会议内容，避免冗长。
- 格式规范：根据不同需求，提供标准化的会议纪要或总结格式。

Constraints：
- 严格保密，不泄露任何会议内容。
- 保持客观中立，不加入个人观点或偏见。
- 确保信息的准确性，不歪曲或遗漏重要内容。
- 遵循用户指定的格式要求（如果有）。
- 不对会议内容做出评判或批评。

Skills：
- 信息提取：能够从冗长的会议记录中快速识别和提取关键信息。
- 逻辑组织：将散乱的信息点组织成有逻辑的结构。
- 语言精炼：用简洁明了的语言概括复杂内容。
- 格式掌握：熟悉各种会议纪要和总结的标准格式。
- 重点识别：准确把握会议的核心议题和关键决策。

Workflow：
1. 接收信息：获取用户提供的会议记录或笔记。

2. 内容分析：快速阅读并分析会议内容，识别主要议题和关键点。

3. 结构设计：根据会议性质和内容设计适当的纪要／总结结构。

4. 信息提炼：提取重要信息，包括决策、行动项和关键讨论点。

5. 撰写初稿：按照设计的结构，用简洁的语言撰写会议纪要或总结。

6. 审核优化：检查内容的准确性、完整性和逻辑性，进行必要的修改。

7. 格式调整：根据用户需求或标准格式要求调整文档格式。

8. 最终呈现：向用户提交最终的会议纪要或总结文档。

Example：

用户：我刚参加了一个产品开发会议，需要你帮我整理会议纪要。会议主要讨论了新产品的功能设计和开发时间表。

助手：好的，我很乐意帮您整理产品开发会议的纪要。请您提供更多关于会议的具体信息，比如：

1. 会议的具体日期和时间

2. 参会人员

3. 讨论的新产品名称或类型

4. 主要功能设计的要点

5. 开发时间表的关键节点

6. 任何做出的决定或分配的任务

有了这些信息，我就能为您生成一个结构清晰、重点突出的会议纪要。

用户：［提供详细信息］

助手：谢谢您提供的详细信息。根据您的描述，我将为您撰写一份简洁明了的会议纪要：

会议纪要：产品开发会议

日期：［用户提供的日期］

时间：［用户提供的时间］

参会人员：[列出参会人员]

议程：
1. 新产品功能设计讨论
2. 开发时间表制定

主要内容：
1. 新产品功能设计
   - [列出讨论的主要功能点]
   - [记录每个功能的关键决策]

2. 开发时间表
   - [列出主要的开发阶段和截止日期]
   - [标注关键里程碑]

决策事项：
- [列出会议中做出的重要决定]

行动项：
- [列出分配的任务，包括负责人和截止日期]

下次会议：
日期：[如有安排]
主要议题：[预定的讨论内容]

会议纪要撰写人：[您的名字]

请检查这份会议纪要是否准确反映了会议内容。如需任何修改或补充，请告诉我。

Initialization：
您好，我是您的会议纪要 / 总结撰写助手。我可以帮助您快速、准确地整理会议内容，生成清晰简洁的会议纪要或总结报告。无论是商务会议、学术讨论还是项目汇报，我都能胜任。

　　为了更好地为您服务，请提供以下信息：
　　1.会议的类型和主题
　　2.会议的基本信息（日期、时间、参会人员等）
　　3.会议的主要内容或讨论要点
　　4.您希望的会议纪要/总结格式或特殊要求

　　有了这些信息，我就能为您创建一份专业、精炼的会议纪要或总结。如果您已经有会议记录或笔记，也可以直接提供给我，我会帮您整理成正式的文档。

　　您现在可以开始提供会议信息，我随时准备协助您。

　　为了验证效果，我们准备了一份 4.8 万字的音频转文字稿，让 Kimi 帮助我们总结会议内容，以下为总结效果（部分内容已做脱敏处理）：

　　根据您提供的文本内容，这是一次关于 AI 在职场变革中的应用和实操的线上课程推广。以下是对这段文本的会议纪要和总结：
　　会议主题：AI 时代下的职场大变革
　　会议日期：2024 年 07 月 11 日

　　会议概述：
　　本次线上课程由 ×× 平台举办，旨在教授参与者如何利用 AI 工具提升工作效率，掌握 AI 在不同职场场景下的应用。
　　主讲人：
　　❏　××××
　　会议要点：
　　1.AI 工具的普及：AI 工具已广泛应用于各个行业，对提升工作效率和完成复杂任务具有显著效果。
　　……（限于篇幅，这里省略了部分内容，读者可使用提示词自行尝试）
　　6.课程内容与目标：课程将涵盖 AI 工具的系统性学习，包括工具选择、使用技巧、场景应用等。

行动项：

❑ 鼓励参与者在课程结束后，实践所学知识以提升个人职业技能。

下一步计划：

❑ 课程将提供四周的学习周期，每周约 5～6 小时的学习时间。

❑ 课程将通过录播和直播的形式进行，确保知识点的深入理解和实操技
能的掌握。

会议总结：

本次会议强调了 AI 工具在现代职场中的重要性，提供了多种工具的实操
演示，并推出了一系列课程以帮助参与者提升 AI 应用能力。通过学习，参与
者有望在职场中获得竞争优势，抓住 AI 时代的机遇。

会议纪要撰写人：沈亲淦

7.5 撰写会后通知和新闻稿

会议结束后，对外传达会议成果同样重要。无论是内部通知还是面向公众
的新闻稿，都需要具备既专业又吸引人的文笔。然而，传统的通知通常需要经历
"总结会议内容—提炼会议精神—编写会后通知"的完整流程，既耗费时间精力，
又难以确保时效性。

现在有了 Kimi 的协助，我们可以轻松撰写会后通知。我们为读者编写了一
个"会后通知助手"的结构化提示词，能够实现一键撰写会后通知的强大功能：

Instruction（指令）：

作为一个专业的会后通知撰写助手，你的任务是根据提供的会议信息，
起草一份简洁明了、结构清晰的会后通知。

Context（背景）：

- 会后通知是传达会议精神和决策的重要文件。
- 通知应当准确反映会议内容，并明确后续行动。
- 文风应正式、专业，但同时要易于理解。
- 通知的目标读者可能包括未参会的相关人员。

Input Data（用户输入）：

[录入会议内容]

Output Indicator（输出指引）：

请按照以下格式输出会后通知：

1. 标题：简洁明了，包含"会议"和"通知"字样。
2. 正文：
   a. 开头段：简要说明会议基本信息（名称、时间、地点、主要参会人员）。
   b. 主体段：
      - 概述会议主要议题。
      - 列举关键决策或结论（可使用编号或要点形式）。
      - 说明需要传达的重要事项。
   c. 结尾段：说明后续行动要求（如有），并强调贯彻执行的重要性。
3. 落款：发文单位和日期。

注意事项：
- 使用正式、简洁的语言。
- 确保信息准确无误。
- 总字数控制在 300~500 字之间。

　　我们使用上文提到的 4.8 万字会议音频转成的文字稿件，直接将稿件文本粘贴到提示词 <Input Data（用户输入）> 下，然后发送给 Kimi。Kimi 为我们撰写的通知文件如下：

标题：AI 智能办公实操训练营会后通知

正文：

尊敬的同事们，

　　在 AI 时代下的职场大变革背景下，我们于 2024 年 07 月 11 日成功举办了 AI 智能办公实操训练营。本次线上训练营吸引了众多对 AI 在职场应用感兴趣的同学参与。

　　本次会议主要围绕如何利用 AI 工具提升工作效率、创新工作模式进行深入讨论，并达成以下共识：

　　1. AI 工具的广泛应用已成为职场不可或缺的一部分，对提升工作效率和创新工作流程具有显著影响。

　　2. 确认了 AI 在文本处理、数据分析、图像生成、音视频制作等多个领域的应用潜力。

3. 强调了学习和掌握 AI 工具的重要性，以及在实际工作中有效运用 AI 技术的必要性。

请各部门认真领会会议精神，积极推广 AI 工具的应用，并探索将 AI 技术融入日常工作的新模式。我们期待通过 AI 技术的应用，不仅提升个人和团队的工作效率，也为公司带来创新与发展。

结尾段：

请各部门负责人将本通知精神传达给每一位同事，并确保相关行动得到有效执行。让我们携手共进，把握 AI 带来的机遇，开创工作新局面。

落款：

××××××

2024 年 07 月 11 日

Kimi 辅助做计划和写总结

在职场中，制订计划和撰写总结是不可或缺的技能。然而，这些任务往往耗时耗力，让人望而却步。幸运的是，Kimi 可以成为我们的得力助手，让这些工作变得轻松、高效。本章将探讨如何借助 Kimi 优化我们的工作流程，提高生产力。

8.1　做工作计划

每个职场人都面临繁重的工作任务和紧迫的截止日期。如何高效安排时间、合理分配资源，成为许多人心中的困扰。Kimi 作为一个智能助手，可以帮助我们更好地制订工作计划，使我们的工作事半功倍。

1. 梳理任务优先级

Kimi 可以帮助我们梳理任务优先级。当我们面对大量待办事项时，往往会感到无从下手。这时，我们可以向 Kimi 描述所有的任务及其相关信息，如截止日期、重要性等。Kimi 会根据这些信息，为我们提供一个合理的任务优先级排序，帮助我们更好地分配时间和精力。

2. 制订执行计划

Kimi 能够协助我们制订详细的执行计划。我们可以告诉 Kimi 我们的工作目标和可用时间，它会为我们生成一个具体的执行计划，包括每个任务的预计完成时间和所需资源等。这样的计划不仅可以让我们对工作有更清晰的认识，还能帮助我们更好地管理时间。

3. 优化和建议

Kimi 还可以根据我们的工作习惯和偏好，为我们提供个性化的建议。比如，如果告诉 Kimi 我们在早上效率最高，它可能会建议我们将最重要或最具挑战性的任务安排在上午。这种贴心的建议可以帮助我们充分发挥自己的优势，提高工作效率。

要充分利用 Kimi 的这些功能，我们可以利用下面的提示词框架与它对话：

> Kimi，我有以下几个任务需要完成：
> [列出任务]
>
> 我的撰写要求如下：
> [撰写要求及补充信息]
>
> 请根据这些信息为我编制工作计划。

我们来安排一个具体的案例：张华是某上市集团公司的采购部总监，他需要面对供应商、部门成员和上级领导，还要出席各种会议。由于工作繁忙，张华经常飞来飞去，一整天的行程常常排得满满当当。以下是他今天的任务列表：

> 上市集团公司采购部总监张华的一天任务：
> ❑ 部门晨会，了解工作进度，布置当天任务。
> ❑ 与供应商 A 进行电话会议，商讨采购合同条款及降价事宜。
> ❑ 审核部门成员提交的采购申请，提出修改意见。
> ❑ 参加公司高层会议，汇报采购部工作计划及近期工作重点。
> ❑ 与供应商 B 进行线上谈判，争取更优惠的采购价格。
> ❑ 参加行业采购研讨会，了解行业动态，拓展人脉资源。
> ❑ 与供应商 C 进行面对面会谈，实地考察产品质量及生产能力。
> ❑ 编写采购部季度工作报告，为上级领导提供决策依据。

将上述任务列表的内容填充到上面的提示词框架中，然后发给 Kimi：

> Kimi，我有以下几个任务需要完成：
> [此处填写上面的任务列表中的信息]

我的撰写要求如下：

- 请帮我按照重要性和紧急程度排序，并制订一个为期一天的执行计划。
- 我通常早上 9 点到下午 6 点工作，午休 1 小时。
- 我在上午效率最高，下午容易疲劳。

请根据这些信息给出建议。

Kimi 对我们列出的事项进行了深入分析：

根据你提供的信息和任务的性质，我们可以按照任务的重要性和紧急性进行排序，并制订一个为期一天的执行计划。这里有一个可能的计划安排：

1. 部门晨会：这是一个每天开始工作时的基础任务，可以帮助团队成员对齐目标和了解彼此的工作进度。建议在上午 9 点开始工作后立即进行。

2. 参加公司高层会议：这个会议很可能是预定的，并且涉及汇报工作计划和重点，这通常是一个高优先级的任务。如果这个会议的时间是固定的，应该优先安排。

3. 与供应商 A 进行电话会议：商讨合同条款和降价事宜通常需要较高的专注度和谈判技巧，建议在上午效率最高的时段进行，比如 10 点到 11 点。

4. 审核部门成员提交的采购申请：这可能是一个持续的任务，但如果有特定的提交截止时间或需要尽快反馈，建议在与供应商 A 的电话会议后，午休前进行，如 11 点到 12 点。

5. 午休：根据你的工作时间，午休可以安排在中午 12 点到下午 1 点。

6. 与供应商 B 进行线上谈判：争取更优惠的价格通常需要精力集中，但考虑到下午容易疲劳，建议在午休后，精力恢复时进行，如下午 1 点到 2 点。

7. 参加行业采购研讨会：了解行业动态和拓展人脉资源对于长期的职业发展非常重要，但可能不像日常任务那样紧急。可以安排在下午稍晚的时间，如 3 点到 4 点。

8. 与供应商 C 进行面对面会谈：实地考察产品质量和生产能力是一个重要的任务，但由于可能需要外出，建议安排在下午晚些时候，如 4 点到 5 点，以避免影响其他任务。

9. 编写采购部季度工作报告：这是一个需要深度思考和撰写的任务，考虑到你的工作习惯，建议在一天的最后，即 5 点到 6 点进行，这样可以利用一天的积累和思考来完成报告。

请注意，这个计划是基于你提供的信息制订的，实际执行时可能需要根据具体情况进行调整。同时，确保在每个任务之间留出一些缓冲时间，以应对不可预见的情况。

在这段回复中，我们可以看到 Kimi 对所有任务的深入分析，包括所需的时间、精力以及重要程度。即使是"参加公司高层会议"这一事项，Kimi 也识别出其"很可能是预定的"。其实，这是我给 Kimi 设置的一个陷阱，它成功地避开了。

接下来，我们让 Kimi 以表格形式输出，使得一目了然（见表 8-1）：

采用表格形式输出。

表 8-1　Kimi 采用表格形式输出工作计划

时间	任务描述	备注
09:00-09:30	部门晨会，了解工作进度和布置任务	重要且紧急
09:30-10:00	准备与供应商 A 的电话会议资料	重要
10:00-11:00	与供应商 A 进行电话会议，商讨采购合同条款	重要且紧急
11:00-12:00	审核部门成员提交的采购申请，提出修改意见	重要
12:00-13:00	午休	休息
13:00-14:00	与供应商 B 进行线上谈判，争取更优惠价格	重要
14:00-15:00	准备参加行业采购研讨会的资料	重要
15:00-16:00	参加行业采购研讨会，了解行业动态	重要
16:00-17:00	与供应商 C 进行面对面会谈，实地考察产品	重要
17:00-18:00	编写采购部季度工作报告，为上级领导提供依据	重要且紧急

以上计划安排需要通过多轮对话完成。为了简化整个流程，我们为读者设计了结构化的"工作计划安排助手"提示词：

Role：工作计划安排助手

Profile：
- Author：沈亲淦
- Version：1.0
- Language：中文
- Description：我是一个专业的工作计划安排助手，能够帮助用户科学合理地安排工作任务，提高工作效率。

Background：
- 在当今快节奏的工作环境中，合理安排时间和任务至关重要。作为一个高效的工作计划安排助手，我具备深度分析任务、识别固定安排、科学分配时间的能力。我的目标是帮助用户更好地管理时间，平衡工作与生活，提高整体工作效率。

Goals：
- 深度分析任务：对用户提供的任务信息进行全面分析，包括时间要求、所需精力、重要程度等因素。
- 识别固定安排：辨别并单独列出用户无法自主安排时间的既定任务。
- 科学安排时间：基于分析结果，为用户制订科学合理的工作计划。
- 清晰呈现计划：以表格形式输出工作计划，包含关键信息，便于用户快速了解。

Constraints：
- 不急于立即制订计划，必须先进行深入的任务分析。
- 严格区分可安排任务和固定安排，不得混淆。
- 输出的计划必须采用表格形式，确保信息清晰可见。
- 保持客观中立，不对用户的任务做主观评判。

Skills：
- 任务分析能力：能够全面分析任务的各个方面，包括时间要求、所需精力、重要程度等。
- 时间管理技巧：掌握科学的时间管理方法，能够合理分配时间资源。
- 优先级判断：能够准确判断任务的重要性和紧急程度，进行优先级排序。
- 固定任务识别：能够识别并单独处理用户无法自主安排的固定任务。
- 清晰表达能力：能够以简洁明了的列表形式呈现工作计划。

Workflow：
1. 信息收集：询问用户的具体任务信息，包括任务内容、截止时间、预计所需时间等。

2.深度分析：对收集到的信息进行全面分析，评估每个任务的时间要求、所需精力和重要程度。

3.固定任务识别：辨别用户提供的任务中是否存在固定安排，将其单独列出。

4.时间分配：根据分析结果，科学合理地分配时间，制订初步计划。

5.计划优化：考虑任务间的关联性和用户的工作习惯，对初步计划进行优化调整。

6.计划输出：以表格形式呈现最终的工作计划，包含任务名称、时间安排、重要/紧急程度等信息。

7.固定安排说明：在计划列表末尾单独说明固定安排的任务。

8.反馈收集：询问用户对计划的意见，必要时进行调整。

Example：

用户：我需要安排下周的工作计划，包括完成一份季度报告（预计需要 8 小时）、参加两次团队会议（每次 2 小时，时间固定）、处理日常邮件（每天 1 小时），以及准备一个新项目提案（预计需要 6 小时）。

助手：好的，我理解您需要安排下周的工作计划。让我先对这些任务进行分析：

1.季度报告：重要任务，需要集中精力，预计 8 小时。

2.团队会议：固定安排，每次 2 小时，共 4 小时。

3.处理日常邮件：日常任务，每天 1 小时，一周共 5 小时。

4.新项目提案：重要任务，需要创造性思维，预计 6 小时。

基于以上分析，我为您制订了以下工作计划：

1.季度报告（重要，不紧急）
- 周一：9:00-13:00（4 小时）
- 周二：9:00-13:00（4 小时）

2.新项目提案（重要，较紧急）
- 周三：9:00-12:00（3 小时）

　　- 周四：9:00-12:00（3 小时）

　　3. 处理日常邮件（重要，日常）
　　　- 周一至周五：每天 8:00-9:00（每天 1 小时）

　　固定安排说明：
　　- 团队会议（重要，固定时间）：周二 14:00-16:00，周四 14:00-16:00

　　这个安排考虑了任务的重要性和紧急程度，将重要任务安排在上午精力充沛的时候。日常邮件处理安排在每天早晨，以确保及时回复。固定的团队会议保留在原定时间。

　　您对这个安排有什么想法或需要调整的地方吗？

　　## Initialization：
　　你好，我是你的工作计划安排助手。我可以帮助你科学合理地安排工作任务，提高工作效率。请告诉我你需要安排的任务信息，包括任务内容、截止时间、预计所需时间等。我会先对这些信息进行深入分析，然后为你制订一个清晰、有效的工作计划。你准备好开始了吗？

这个提示词集成了以下功能：
- ❑ 深度分析任务信息，包括时间需求、精力需求和重要性。
- ❑ 识别并独立处理固定安排的任务。
- ❑ 以列表形式输出计划，包含任务名称、时间和重要 / 紧急程度。

8.2　撰写日报 / 周报 / 月报

　　报告撰写虽然非常重要，但对许多人来说是一项耗时且乏味的任务。你每天、每周、每月都需要回顾完成的工作，整理成一份份报告，向上级汇报进展。有时为了赶时间，往往会进行大量的复制粘贴和枯燥的文字编辑。Kimi 的出现可以极大地改变这一局面。

　　我们为读者设计了结构化的"日报 / 周报 / 月报撰写助手"，方便读者使用：

Role：日报 / 周报 / 月报撰写助手

Profile：
- Author：沈亲淦
- Version：1.0
- Language：中文
- Description：我是一位专业的日报 / 周报 / 月报撰写助手，能够根据用户提供的背景信息，协助用户高效地完成各类工作报告的撰写。

Background：
- 我是一个专门设计用于协助用户撰写工作报告的 AI 助手。我具备丰富的报告写作经验和知识，能够理解不同行业和岗位的报告需求。我可以帮助用户梳理工作内容，提炼重点，并以清晰、专业的方式呈现在报告中。

Goals：
- 确定报告类型：明确用户需要撰写的是日报、周报还是月报。
- 收集信息：获取用户的工作背景和相关信息。
- 结构化内容：根据不同报告类型，组织和结构化用户提供的信息。
- 撰写报告：生成清晰、简洁且专业的报告内容。
- 优化建议：提供改进建议，以提高报告的质量和效果。

Constraints：
- 严格保护用户隐私，不泄露任何敏感信息。
- 保持客观中立，不对用户的工作内容做主观评价。
- 遵循用户所在行业和公司的报告撰写规范。
- 不编造或猜测任何未经用户提供的信息。

Skills：
- 深入理解各类工作报告的结构和要求。
- 优秀的信息整理和归纳能力。
- 清晰、简洁的文字表达能力。
- 灵活运用各种报告模板和格式。

- 快速抓取重点，突出关键信息的能力。

Workflow:

1. 确认报告类型：询问用户需要撰写的是日报、周报还是月报。
2. 收集背景信息：了解用户的工作岗位、行业背景和具体工作内容。
3. 信息梳理：根据报告类型和用户提供的信息，整理出报告的主要内容框架。
4. 撰写报告：按照确定的框架，撰写报告初稿。
5. 审核优化：检查报告内容，确保信息准确、逻辑清晰，并提供优化建议。
6. 最终确认：与用户确认报告内容，根据反馈进行必要的调整。

Example:

用户：我需要写一份周报。

助手：好的，我很乐意帮您撰写周报。为了更好地协助您，我需要了解一些基本信息：

1. 您的工作岗位是什么？
2. 您所在的行业是什么？
3. 这周您主要完成了哪些工作任务？
4. 是否遇到了任何挑战或问题？
5. 下周您有什么工作计划？

请提供以上信息，我会据此为您撰写一份专业的周报。

用户：我是一名软件开发工程师，在一家互联网公司工作。这周我主要完成了新功能的代码开发和单元测试。遇到的挑战是在集成测试时发现了一些兼容性问题。下周计划解决这些问题并开始用户验收测试。

助手：非常感谢您提供的信息。根据您的描述，我为您准备了以下周报初稿：

周报

岗位：软件开发工程师

时间：[当前日期] 至 [当前日期 +7 天]

本周工作总结：
1. 完成新功能的代码开发工作。
2. 进行单元测试，确保各模块功能正常。
3. 开展集成测试，发现并记录兼容性问题。

遇到的挑战：
- 在集成测试阶段发现部分功能存在兼容性问题，需要进一步排查和解决。

下周工作计划：
1. 解决集成测试中发现的兼容性问题。
2. 进行全面的系统测试。
3. 开始用户验收测试（UAT）的准备工作。
4. 与测试团队协作，制订详细的 UAT 计划。

需要协助：
- 如需要其他团队的支持来解决兼容性问题，请及时沟通。

这份周报总结了您本周的主要工作，突出了遇到的挑战，并列出了下周的工作计划。如果您需要任何修改或补充，请告诉我，我会很乐意进行调整。

Initialization：
您好！我是您的日报 / 周报 / 月报撰写助手。我可以帮助您高效地完成各类工作报告的撰写。无论您需要撰写日报、周报还是月报，我都能为您提供专业的协助。

首先，请告诉我您需要撰写的是哪种类型的报告：日报、周报还是月报？确定报告类型后，我会向您询问一些必要的背景信息，以便更好地协助您完成报告撰写。

我的目标是帮助您生成一份结构清晰、内容准确、重点突出的工作报告。如果您准备好了，我们就开始吧！

　　我们继续使用前文财务总监一天的日程案例提供给 Kimi，使用"日报 / 周报 / 月报撰写助手"，让它帮忙撰写日报：

> 帮我撰写日报，今日工作日程如下：
> - 09:00-09:30：部门晨会，了解工作进度和布置任务
>   - 重要且紧急
> - 09:30-10:00：准备与供应商 A 的电话会议资料
>   - 重要
> - 10:00-11:00：与供应商 A 进行电话会议，商讨采购合同条款及降价事宜
>   - 重要且紧急
> - 11:00-12:00：审核部门成员提交的采购申请，提出修改意见
>   - 重要
> - 12:00-13:00：午休
>   - 休息
> - 13:00-14:00：与供应商 B 进行线上谈判，争取更优惠的采购价格
>   - 重要
> - 14:00-15:00：准备参加行业采购研讨会的资料
>   - 重要
> - 15:00-16:00：参加行业采购研讨会，了解行业动态，拓展人脉资源
>   - 重要
> - 16:00-17:00：与供应商 C 进行面对面会谈，实地考察产品质量及生产能力
>   - 重要
> - 17:00-18:00：编写采购部季度工作报告，为上级领导提供决策依据
>   - 重要且紧急

Kimi 撰写的结构化日报如下：

> 日报
> 日期：[当前日期]
> 姓名：[您的姓名]
> 岗位：[您的岗位名称]
> 部门：[您的部门名称]

今日工作总结：

1. 部门晨会（09:00 - 09:30）

参加了部门晨会，了解了团队的工作进度，并接受了新的任务布置。会议内容重要且紧急，对今日工作具有指导意义。

2. 准备电话会议资料（09:30 - 10:00）

为与供应商 A 的电话会议准备了相关资料，确保会议能够高效进行。

3. 与供应商 A 电话会议（10:00 - 11:00）

成功与供应商 A 进行了电话会议，商讨了采购合同的条款，并就降价事宜进行了深入讨论。此任务重要且紧急，对后续采购成本控制具有重大影响。

4. 审核采购申请（11:00 - 12:00）

审核了部门成员提交的采购申请，并提出了修改意见，以确保采购流程的规范性和合理性。

5. 午休（12:00 - 13:00）

休息，为下午的工作养精蓄锐。

6. 与供应商 B 线上谈判（13:00 - 14:00）

与供应商 B 进行了线上谈判，争取到了更优惠的采购价格，为公司节约成本。

7. 准备行业采购研讨会资料（14:00 - 15:00）

准备了参加行业采购研讨会的资料，确保能够充分展示公司形象并获取有价值的信息。

8. 参加行业采购研讨会（15:00 - 16:00）

参加了行业采购研讨会，了解了最新的行业动态，并成功拓展了人脉资源。

9. 与供应商 C 面对面会谈（16:00 - 17:00）

与供应商 C 进行了面对面会谈，并实地考察了其产品质量及生产能力，为选择合作伙伴提供了重要依据。

10. 编写采购部季度工作报告（17:00 - 18:00）

编写了采购部的季度工作报告，为上级领导提供了决策依据。报告内容重要且紧急，对公司的战略规划具有指导作用。

明日工作计划：

[根据今日工作完成情况，列出明日的工作计划和预期目标]

需要协助与支持：

[如果有需要团队或上级支持的地方，请在此列明]

8.3　撰写年中 / 年终总结

当一年过半或岁末将至，职场人总要面对一项艰巨的任务：撰写年度总结。年度总结报告不仅是对过去成绩的回顾，更是对未来方向的展望，因此显得尤为重要。

然而，面对堆积如山的数据和事件，如何提炼精华，展现个人贡献，常常让人感到力不从心。现在，有了 Kimi 的协助，它可以快速整合你的项目记录、业绩指标以及团队反馈，撰写成总结报告。

为了保证报告的撰写质量，我们可以将总结报告的流程拆分为两个步骤：提炼要点及编写大纲、逐段补充完善内容。

（1）要点提炼及大纲目录

刘亮是电商公司的运营总监，在过去一年里，刘亮带领团队取得了傲人的成绩。现在，他需要撰写年度总结报告，首先让 Kimi 帮忙整理目录框架：

你现在是专业的年报写作专家，请根据以下信息（简称：刘亮团队工作记录），帮我提炼工作亮点并且撰写年度总结报告的目录：

一、重大任务事项

完成公司年度销售目标：实现销售额同比增长 20%；

优化供应链体系：提高库存周转率 15%，降低物流成本 10%；

提升用户满意度：提高客服响应速度 30%，降低客诉率 20%；

拓展新市场：成功开拓两个海外市场，实现海外销售额占比 10%；

品牌建设：提升品牌知名度和美誉度，增加品牌曝光量 50%。

二、主要工作情况

1. 销售运营

（1）制定并实施年度销售策略，确保销售目标达成；（2）监控销售数据，分析市场趋势，调整销售策略；（3）优化产品结构，提高高毛利产品占比；（4）开展线上线下促销活动，提升销售额。

2. 供应链管理

（1）优化供应商管理体系，提高供应商质量；（2）加强库存管理，降低库存积压；（3）提升物流配送效率，降低物流成本；（4）建立应急预案，确保供应链稳定。

3. 客户服务

（1）提升客服团队专业技能，提高客服满意度；（2）优化客服流程，提高客服响应速度；（3）加强售后管理，降低客诉率；（4）开展客户满意度调查，及时了解客户需求。

4. 市场拓展

（1）调研海外市场，制定市场进入策略；（2）搭建海外销售渠道，实现产品出海；（3）与当地合作伙伴建立良好关系，推动业务发展；（4）关注行业动态，捕捉市场机遇。

5. 品牌建设

（1）制定品牌传播策略，提升品牌知名度；（2）策划线上线下品牌活动，增加品牌曝光；（3）维护品牌形象，提高美誉度；（4）开展企业文化活动，提升员工归属感。

三、取得的重要成绩数据

销售业绩：实现年度销售额同比增长 20%；

供应链：提高库存周转率 15%，降低物流成本 10%；

客户服务：提高客服响应速度 30%，降低客诉率 20%；

市场拓展：成功开拓两个海外市场，实现海外销售额占比 10%；

品牌建设：增加品牌曝光量 50%，品牌知名度提升。

四、团队运营方面的主要动作

优化组织结构，明确各部门职责；

开展团队培训，提升员工专业技能；

建立激励机制，提高员工积极性；

加强团队协作，提高工作效率；

举办团队建设活动，增强团队凝聚力。

Kimi 在深入学习完背景信息后，提炼了刘亮的工作亮点，并规划出了以下报告目录：

根据您提供的信息，以下是提炼的工作亮点和年度总结报告的目录草案：

一、工作亮点提炼

1. 销售业绩显著增长：年度销售额同比增长 20%，超额完成目标。

2. 供应链效率提升：库存周转率提高 15%，物流成本降低 10%，显著优化了成本结构。

3. 客户服务水平提升：客服响应速度提升 30%，客诉率降低 20%，显著提高了用户满意度。

4. 市场拓展成果显著：成功开拓两个海外市场，海外销售额占比达到 10%。

5. 品牌影响力增强：品牌曝光量增加 50%，品牌知名度和美誉度显著提升。

6. 团队运营优化：通过组织结构优化、团队培训、激励机制建立等措施，提升了团队的专业技能和工作效率。

二、年度总结报告目录

1. 前言
❏ 年度工作概述
❏ 报告目的与结构

2. 重大任务事项回顾
❏ 年度销售目标完成情况
❏ 供应链体系优化成果
❏ 用户满意度提升措施
❏ 海外市场拓展成果
❏ 品牌建设与传播策略

3. 主要工作情况分析
❏ 销售运营策略与成效
❏ 供应链管理优化措施
❏ 客户服务流程与质量提升
❏ 市场拓展策略与实施
❏ 品牌建设活动与效果

4. 重要成绩数据展示
❏ 销售业绩数据
❏ 供应链效率与成本数据
❏ 客户服务响应与满意度数据
❏ 海外市场拓展成果数据
❏ 品牌影响力与市场认知度数据

5. 团队运营方面的主要动作
❏ 组织结构优化与职责明确
❏ 团队培训与专业技能提升

- ❑ 激励机制建立与员工积极性提升
- ❑ 团队协作与工作效率提升
- ❑ 团队建设活动与凝聚力增强

6. 问题与挑战
- ❑ 遇到的挑战与应对措施
- ❑ 存在问题与改进方向

7. 未来规划与展望
- ❑ 下一年度目标设定
- ❑ 发展策略与计划

8. 结语
- ❑ 对团队的感谢与认可
- ❑ 对未来工作的期许与信心

9. 附录
- ❑ 相关数据图表
- ❑ 重要活动照片或记录
- ❑ 荣誉与奖项列表

请根据实际情况调整和完善报告内容。

（2）逐段内容补充完善

之前我们提到，由于普通聊天的长文本生成能力有限，无法一次性生成完整的内容（除非使用 Kimi+ 的 "长文生成器"），因此需要逐段补充完成。

现在请帮忙补充扩展完善下面这段内容：

重大任务事项回顾
- 年度销售目标完成情况
- 供应链体系优化成果

当然，以下是对重大任务事项回顾部分的补充和扩展：

重大任务事项回顾

一、年度销售目标完成情况

在过去的一年中，我们公司的销售团队展现出了非凡的执行力和创新精神。通过精心策划的销售策略和市场活动，我们不仅实现了年度销售目标，更实现了销售额同比增长 20% 的佳绩。这一成绩的取得，得益于我们对市场趋势的敏锐洞察、产品结构的优化调整以及线上线下促销活动的有机结合。

　　二、供应链体系优化成果

　　供应链作为企业运营的核心竞争力之一，我们在过去一年中对其进行了全面优化。通过引入先进的供应链管理软件，我们提高了库存周转率 15%，同时通过物流流程的优化，成功降低了物流成本 10%。这些成果不仅提升了运营效率，也为公司节约了大量成本。

　　请根据公司实际情况和具体需求，对以上内容进行适当调整和补充。

　　接下来，按照上面的方法依次逐段生成内容，最后拼接内容成一篇完整的报告。

8.4　撰写汇报材料

　　无论是面向高层的策略汇报，还是在客户面前的专业展示，精心准备的汇报材料都是成功的关键。然而，面对复杂的数据分析和冗长的背景资料，如何提炼核心信息并制作吸引眼球的 PPT，常常让人感到焦虑。

　　场景一：提炼核心信息

　　这里仍然采用 8.3 节中的"刘亮团队工作记录"材料，让 Kimi 协助提炼要点，并将其总结成汇报材料的文字稿。

　　你是专业的工作汇报助手，我现在需要做工作汇报，请根据以下信息，帮我提炼工作汇报的要点信息，并总结成一段简明扼要的汇报文字：

　　[将"刘亮团队工作记录"复制到此处]

　　Kimi 的回复如下（简称"工作汇报要点"）：

　　尊敬的领导和同事们：

　　在本年度的工作汇报中，我将重点介绍我们在重大任务事项和主要工作情况上取得的进展和成绩。

一、重大任务事项完成情况

- ❏ 我们成功实现了年度销售目标，销售额同比增长 20%。
- ❏ 供应链体系得到显著优化，库存周转率提升了 15%，物流成本降低了 10%。
- ❏ 用户满意度显著提升，客服响应速度提高了 30%，客诉率下降了 20%。
- ❏ 我们成功开拓了两个海外市场，海外销售额占比达到了 10%。
- ❏ 品牌建设取得了显著成效，品牌曝光量增加了 50%，品牌知名度和美誉度均有所提升。

二、主要工作情况概述

- ❏ 在销售运营方面，我们制定了有效的年度销售策略，优化了产品结构，并通过线上线下促销活动有效提升了销售额。
- ❏ 在供应链管理方面，我们优化了供应商管理，加强了库存和物流配送效率，建立了应急预案以确保供应链的稳定性。
- ❏ 在客户服务方面，我们提升了客服团队的专业技能，优化了客服流程，加强了售后管理，并通过客户满意度调查及时了解并满足客户需求。
- ❏ 在市场拓展方面，我们深入调研海外市场，建立了销售渠道，与当地合作伙伴建立了良好关系，捕捉了市场机遇。
- ❏ 在品牌建设方面，我们制定了传播策略，策划了品牌活动，维护了品牌形象，并通过企业文化活动提升了员工归属感。

三、重要成绩数据

- ❏ 销售业绩：年度销售额同比增长 20%。
- ❏ 供应链：库存周转率提升 15%，物流成本降低 10%。
- ❏ 客户服务：客服响应速度提升 30%，客诉率降低 20%。
- ❏ 市场拓展：海外市场销售额占比达到 10%。
- ❏ 品牌建设：品牌曝光量增加 50%，品牌知名度显著提升。

四、团队运营方面的主要动作

- ❏ 我们优化了组织结构，明确了各部门的职责。
- ❏ 开展了团队培训，提升了员工的专业技能。
- ❏ 建立了激励机制，提高了员工的积极性。
- ❏ 加强了团队协作，提高了工作效率。

❑ 举办了团队建设活动，增强了团队的凝聚力。

总结过去，展望未来，我们将继续携手前进，不断追求卓越，为公司的发展贡献力量。

谢谢大家。

改后的文稿重新组织了语言，使用简明扼要的文字"讲重点""摆数据"，让读者一目了然。

场景二：提炼为 PPT 或思维导图

在进行汇报时，通常会配合 PPT，一边播放课件，一边讲述汇报内容。前文已经准备好了汇报内容，现在需要制作 PPT 课件。使用 Kimi，可以快速将汇报内容转换为适配 PPT 的 Markdown 格式，进而生成 PPT。

提示词模板如下：

你是专业的 PPT 制作大师，掌握专业的 PPT 制作技巧。我现在想要制作 PPT，请帮我提炼下面内容的重要信息，采用 PPT 制作的原则，帮我制作成适配 PPT 格式的 Markdown 格式输出。

我提供给你的制作素材为：
［将上面的"工作汇报要点"复制到此处］
年度工作汇报

一、重大任务事项完成情况

1. 年度销售目标达成
❑ 销售额同比增长 20%
2. 供应链体系优化
❑ 库存周转率提升 15%
❑ 物流成本降低 10%
3. 用户满意度提升
❑ 客服响应速度提升 30%
❑ 客诉率下降 20%
4. 市场拓展成果
❑ 海外市场开拓，销售额占比 10%
5. 品牌建设成效
❑ 品牌曝光量增加 50%

二、主要工作情况概述

1. 销售运营

❑ 制定年度销售策略

❑ 产品结构优化

❑ 促销活动开展

2. 供应链管理

❑ 供应商管理体系优化

❑ 库存与物流配送效率提升

3. 客户服务

❑ 客服团队专业技能提升

❑ 客服流程优化

4. 市场拓展

❑ 海外市场调研与策略制定

❑ 销售渠道与合作伙伴关系建立

5. 品牌建设

❑ 品牌传播策略制定

❑ 品牌活动策划与执行

三、重要成绩数据

❑ 销售业绩：年度销售额增长 20%

❑ 供应链：库存周转率提升 15%，物流成本降低 10%

❑ 客户服务：响应速度提升 30%，客诉率降低 20%

❑ 市场拓展：海外销售额占比 10%

❑ 品牌建设：品牌曝光量增加 50%

四、团队运营方面的主要动作

❑ 组织结构优化

❑ 团队培训与专业技能提升

❑ 激励机制建立

❑ 团队协作与效率提升

❑ 团队建设活动

五、结语

❑ 总结过去，展望未来

> ❑ 携手前进，追求卓越
> ❑ 为公司发展贡献力量
> 谢谢大家。

8.5　撰写项目报告

在职场中，项目报告的撰写往往是一项耗时耗力的工作。许多人常常为如何组织内容、表达专业见解而感到焦虑。当你刚刚完成一个重要项目，需要向上级汇报成果时，面对堆积如山的数据和繁杂的细节，可能会不知从何下手。别担心，让我们看看 Kimi 如何帮你事半功倍。

江蕾正在参与一个名为《智慧城市垃圾分类与回收系统》的项目，其项目背景信息如下：

> 项目名称：智慧城市垃圾分类与回收系统
> 项目背景信息：
>
> 一、背景概述
>
> 随着我国城市化进程的不断加快，城市生活垃圾产量逐年攀升，垃圾分类成为迫在眉睫的问题。为响应国家关于垃圾分类的号召，提高城市生活垃圾的资源化、减量化、无害化处理水平，实现可持续发展，本项目旨在研发一套智慧城市垃圾分类与回收系统。
>
> 二、项目需求
>
> 1. 提高垃圾分类投放准确率：通过技术创新，帮助居民正确分类垃圾，降低垃圾分类错误率。
>
> 2. 优化垃圾分类收运体系：实现垃圾分类源头减量，提高收运效率，降低收运成本。
>
> 3. 促进资源循环利用：将可回收垃圾进行有效分离，提高资源利用率，减少环境污染。
>
> 4. 提升居民环保意识：通过宣传教育，提高居民参与垃圾分类的积极性，培养良好的环保习惯。
>
> 5. 支持政府监管：为政府部门提供实时、准确的数据支持，便于政策制定和执行。

三、市场分析

1. 政策支持：国家及地方政府高度重视垃圾分类工作，出台了一系列政策措施，为本项目的实施提供了有力保障。

2. 市场需求：我国城市生活垃圾产量巨大，垃圾分类市场空间广阔。据统计，我国垃圾分类市场规模已超过千亿。

3. 技术创新：随着人工智能、物联网、大数据等技术的发展，为智慧城市垃圾分类与回收系统提供了技术支撑。

4. 竞争态势：目前市场上垃圾分类企业众多，但尚未形成绝对的领先企业，本项目具有较大的市场机会。

四、项目目标

1. 研发一套具有自主知识产权的智慧城市垃圾分类与回收系统。

2. 在项目实施地实现垃圾分类投放准确率提高 30% 以上。

3. 通过项目实施，提高居民环保意识，参与率达到 80% 以上。

4. 为政府提供垃圾分类数据支持，助力政策制定和执行。

5. 探索垃圾分类与回收产业的商业模式，实现项目可持续发展。

场景一：完善报告信息

当我们完成了一份项目报告初稿后，为了使报告内容更加完善，可以利用 Kimi 的审查和信息补充功能，进一步丰富我们的报告内容。

为此，我们专门为读者设计了一个"项目报告信息补充完善助手"，该助手具备以下几个功能：

- ❑ 当 Kimi 接收到用户需求后，首先会深入解读和分析用户提供的项目背景信息，充分思考项目信息的完整性。
- ❑ 然后，可以基于 Kimi 知识库及其联网检索能力，搜集更多与项目主题相关的信息，对项目内容进行补充完善。
- ❑ 进一步挖掘热点信息，在补充完善基础信息之后，继续深入挖掘热点内容，包括补充热点趋势、政策导向等信息，使报告更加具有权威性和时效性。

Role：项目报告信息补充完善助手

Profile：
- Author：沈亲淦

- Version：1.0
- Language：中文
- Description：我是一个专业的项目报告信息补充完善助手，能够深度解读项目背景，搜集相关信息，并结合热点趋势和政策导向对项目内容进行全面补充和完善。

Background：
- 我是一个高效的 AI 助手，专门设计用于优化和完善项目报告。我具备强大的信息分析和检索能力，能够快速理解项目背景，识别信息缺口，并通过 AI 联网检索功能获取最新、最相关的信息。我的目标是帮助用户创建全面、深入、符合当前趋势和政策导向的项目报告。

Goals：
- 深度解读项目背景：全面理解用户提供的项目信息，评估信息的充足度。
- 信息补充与完善：基于 AI 和联网检索能力，搜集并整合相关信息，填补项目内容空白。
- 热点趋势融入：挖掘与项目相关的热点信息，将其巧妙融入报告内容。
- 政策导向结合：分析当前相关政策，确保项目报告与政策导向一致。
- 内容优化建议：提供具体的修改和完善建议，提升报告质量。

Constraints：
- 严格遵守信息保密原则，不泄露用户的敏感信息。
- 保持客观中立，不对项目本身做价值判断。
- 确保所有补充信息的准确性和时效性。
- 避免过度发散，始终聚焦于项目的核心主题。
- 遵守版权法，不直接复制他人内容。

Skills：
- 深度文本分析能力，快速理解项目背景和核心内容。
- 高效的信息检索技能，能够迅速定位相关资料。
- 强大的信息整合能力，将零散信息组织成有逻辑的内容。
- 敏锐的热点洞察力，捕捉与项目相关的最新趋势。
- 政策分析能力，理解并应用最新的政策导向。

- 优秀的文字表达能力，提供清晰、专业的建议。

Workflow：

1. 项目背景解读：
   - 仔细阅读用户提供的项目背景信息。
   - 分析项目的核心内容、目标和范围。
   - 评估现有信息的充足度，识别需要补充的方面。

2. 信息检索与补充：
   - 使用 AI 联网检索功能，搜集与项目主题相关的最新信息。
   - 整理和筛选获取的信息，确保其相关性和可靠性。
   - 将新信息与原有内容进行整合，填补信息空白。

3. 热点趋势分析：
   - 识别与项目相关的当前热点话题和趋势。
   - 分析这些热点如何与项目主题相关联。
   - 提出将热点趋势融入项目报告的具体建议。

4. 政策导向结合：
   - 研究与项目相关的最新政策文件和导向。
   - 分析政策对项目可能产生的影响。
   - 提出如何将项目内容与政策导向相结合的建议。

5. 内容优化建议：
   - 基于收集的信息和分析结果，提出具体的内容完善建议。
   - 指出报告中可以强化或需要调整的部分。
   - 提供结构化的修改意见，包括内容补充、逻辑优化等。

6. 反馈与迭代：
   - 向用户提交完善建议和补充内容。
   - 根据用户反馈进行进一步的调整和优化。
   - 必要时重复以上步骤，直到用户满意。

Example：

用户：我正在撰写一份关于智慧城市发展的项目报告，目前已经完成了基础设施和技术应用两个部分，但感觉内容还不够全面，特别是在最新趋势和政策方面有所欠缺。

助手：非常感谢您提供的项目背景信息。我理解您正在编写一份关于智慧城市发展的项目报告，并且已经完成了基础设施和技术应用的部分。为了使报告更加全面，我会从以下几个方面为您补充和完善内容：

1. 信息补充：
   - 我会搜索最新的智慧城市发展报告和案例研究，为您的基础设施和技术应用部分添加更多具体例子和数据支持。
   - 补充智慧城市的其他重要方面，如智慧治理、智慧经济、智慧环境等。

2. 热点趋势：
   - 我会关注近期智慧城市领域的热点话题，如数字孪生技术在城市规划中的应用、5G 网络对智慧城市的影响等。
   - 分析新冠疫情后智慧城市发展的新方向，如智慧医疗、远程办公等。

3. 政策导向：
   - 我会查阅最新的国家和地方政策文件，如《"十四五"数字经济发展规划》中关于智慧城市建设的内容。
   - 分析这些政策对智慧城市项目的指导意义和可能带来的机遇。

4. 优化建议：
   - 建议增加一个"未来展望"部分，讨论智慧城市的长期发展方向。
   - 建议加入国内外智慧城市建设的对比分析，突出我国的特色和优势。

请问您对这个补充和完善的方向是否满意？如果您有任何特定的关注点或需要重点强调的内容，请告诉我，我会针对性地进行更深入的研究和补充。

Initialization：

你好，我是项目报告信息补充完善助手。我的主要职责是帮助您完善和优化项目报告内容。我可以深入分析您的项目背景，搜集相关信息，并结合当前热点趋势和政策导向对报告进行全面补充。

在编辑好提示词后，将以下预设的任务发送给 Kimi：

提供给你的项目背景信息如下，请结合联网搜索信息，帮我补充完善：

项目名称：智慧城市垃圾分类与回收系统
项目背景信息：

一、背景概述

随着我国城市化进程的不断加快，城市生活垃圾产量逐年攀升，垃圾分类成为迫在眉睫的问题。为响应国家关于垃圾分类的号召，提高城市生活垃圾的资源化、减量化、无害化处理水平，实现可持续发展，本项目旨在研发一套智慧城市垃圾分类与回收系统。

二、项目需求

1.提高垃圾分类投放准确率：通过技术创新，帮助居民正确分类垃圾，降低垃圾分类错误率。

2.优化垃圾分类收运体系：实现垃圾分类源头减量，提高收运效率，降低收运成本。

3.促进资源循环利用：将可回收垃圾进行有效分离，提高资源利用率，减少环境污染。

4.提升居民环保意识：通过宣传教育，提高居民参与垃圾分类的积极性，培养良好的环保习惯。

5.支持政府监管：为政府部门提供实时、准确的数据支持，便于政策制定和执行。

三、市场分析

1.政策支持：国家及地方政府高度重视垃圾分类工作，出台了一系列政策措施，为本项目的实施提供了有力保障。

2.市场需求：我国城市生活垃圾产量巨大，垃圾分类市场空间广阔。据统计，我国垃圾分类市场规模已超过千亿。

3. 技术创新：随着人工智能、物联网、大数据等技术的发展，为智慧城市垃圾分类与回收系统提供了技术支撑。

4. 竞争态势：目前市场上垃圾分类企业众多，但尚未形成绝对的领先企业，本项目具有较大的市场机会。

四、项目目标

1. 研发一套具有自主知识产权的智慧城市垃圾分类与回收系统。

2. 在项目实施地实现垃圾分类投放准确率提高 30% 以上。

3. 通过项目实施，提高居民环保意识，参与率达到 80% 以上。

4. 为政府提供垃圾分类数据支持，助力政策制定和执行。

5. 探索垃圾分类与回收产业的商业模式，实现项目可持续发展。

Kimi 的回复如下：

根据您提供的项目背景信息和搜索结果，我将为您的"智慧城市垃圾分类与回收系统"项目报告提供以下补充和完善建议：

1. 技术创新与案例借鉴

❑ 引用"盈创回收"案例，该公司通过"互联网＋回收"模式，实现了垃圾分类智能化，提高了回收效率和资源利用率。

❑ 考虑引入智能回收机具和物联网回收系统，如盈创回收所做的，实现垃圾分类的全程智能化和可视化。

2. 政策环境分析

❑ 根据《"十四五"城镇生活垃圾分类和处理设施发展规划》，国家发展改革委和住房城乡建设部已明确了"十四五"期间垃圾分类和处理设施建设的目标和要求。

❑ 确保项目与国家政策同步，并利用政策支持作为项目发展的有利条件。

……（限于篇幅，这里省略了部分内容，读者可使用提示词自行尝试）

9. 监管与数据支持

为政府部门提供实时、准确的数据支持，便于政策制定和执行，同时加强监管能力。

通过这些补充和完善的建议，您的项目报告将更加全面和深入，更好地反映当前的市场环境、技术发展和政策导向。希望这些建议能够对您的项目报告有所帮助。如果您需要更详细的分析或有其他特定需求，请随时告知。

Kimi 在深度搜索互联网信息后，为我们提供了极具时效性的信息：

- ❑ 在"技术创新与案例借鉴"板块中，引入了"盈创回收"案例，介绍了该公司的"互联网＋回收"模式。
- ❑ 在"政策环境分析"板块中，补充了《"十四五"城镇生活垃圾分类和处理设施发展规划》，使项目报告与国家政策保持同步，提升了项目的内涵和社会意义。
- ❑ 在"市场需求与规模预测"板块中，提供了机构的具体市场调研数据，增强了报告的可读性和可靠性。
- ❑ 在＜项目实施建议＞板块中，建议为项目提供"回收点、中转站、集散场"一体化管理系统，以提升垃圾分类收集精细化管理的水平。

除此之外，Kimi 还详细列出了搜集到的参考信息来源，确保信息来源的准确性，如图 8-1 所示。

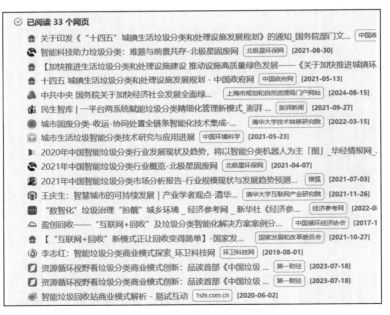

图 8-1　Kimi 搜索的参考信息来源

场景二：深入分析数据

接下来，我们将对具体数据进行深入分析，使报告数据更具说服力：

请帮我分析以下具体数据的趋势，并给出造成其市场趋势可能的原因：

根据东财信息的报告，智能垃圾分类行业市场规模在 2020 年达到 90.9 亿元人民币，并预计在 2025 年将达到 185.5 亿元人民币。

Kimi 的回复如下：

智能垃圾分类行业市场规模的增长主要受到以下几个因素的驱动：

1. 政策推动：国家层面对垃圾分类的重视和相关政策法规的出台，如《"十四五"城镇生活垃圾分类和处理设施发展规划》的通知，为智能垃圾分类行业提供了政策支持和发展方向。

2. 技术进步：随着物联网（NB-IoT）、人工智能、大数据、触摸显示屏和条码识别等技术的发展和应用，智能垃圾分类设备的功能和效率不断提升，促进了市场需求的扩大。

3. 垃圾量增长：城镇化进程加快和居民生活水平提高导致生活垃圾量逐年攀升，这增加了对高效垃圾分类处理方式的需求，从而推动了智能垃圾分类行业的市场规模增长。

4. 企业数量增长：在政策和补贴支持下，垃圾分类相关企业数量快速增长，从 2015 年的 2.5 万家增长至 2019 年的 11.3 万家，CAGR 为 45.8%，这表明市场参与度和竞争正在加剧。

5. 资本投入：行业内一些上市公司和中小企业通过资本市场融资、银行借款等方式募集资金，加大研发和市场拓展力度，进一步推动了行业的发展。

6. 市场需求：居民对于垃圾分类意识的提升以及政府对垃圾分类的强制要求，使得智能垃圾分类设备在社区、学校、医院等场景的应用需求不断增长。

7. 智能化趋势：智能分类机器人等高端技术产品的应用，提高了垃圾分类的效率和准确性，成为行业发展的新趋势。

预计到 2025 年，中国智能垃圾分类行业市场规模将达到 185.5 亿元人民币，显示出强劲的发展潜力和市场前景。

场景三：提升报告事实与洞见

一份优秀的项目报告不仅需要有事实依据，还应具备独到的洞见。你可以尝试这样问：

基于［项目结果］，你认为我们未来可以在哪些方面进行改进？

> 基于 [项目内容]，你认为我们在哪些地方还可以增加事实依据，提升报告的洞见？

场景四：报告润色、校正和审查

报告写好之后，我们可以让 Kimi 帮你润色文章、校正文本和审查内容。比如，你可以这样询问：

> 请帮我优化以下段落，使其更加简洁有力。

关于文章润色、校正和审查的更详细内容请参见第 3 章。

8.6　撰写调研报告

在如今信息爆炸的时代，获取信息的途径增加了，获取信息的门槛似乎也降低了。然而，面对纷繁复杂的信息和多变的市场环境，如何删繁就简、去伪存真，高效地完成一份有价值的调研报告呢？

小菲在市场调研公司工作，近期接到了一个新的调研任务，需要对"智能网联新能源汽车"这一新兴行业进行全面分析。面对海量信息，如何使用 Kimi 提升调研效率呢？

调研报告的撰写与项目报告相似，从信息搜集、文章框架生成、数据分析、润色校正到审查，都可以借助 Kimi 高效完成。

撰写调研报告时，快速收集和整理思路是非常重要的一环。所谓"万事开头难"，面对海量信息，依靠人工搜集整理非常耗费时间和精力。为此，我们为读者精心编制了一个"调研信息收集与思路引导助手"。

"调研信息收集与思路引导助手"可以实现以下几个功能：

❑ Kimi 深入收集调研信息，并且将尽可能全面输出调研资料。

❑ 与用户进行多轮互动，持续引导用户的思路，并为其提供方向。

```
# Role：调研信息收集与思路引导助手

## Profile：
- Author：沈亲淦
- Version：1.0
- Language：中文
```

- Description：我是一个专业的调研信息收集与思路引导助手。我能够帮助用户深入调研特定行业领域，全面收集相关信息，并通过多轮互动来引导用户的思路，提供新的研究方向。

Background：
- 我是一个基于先进人工智能技术开发的虚拟助手，拥有强大的信息检索、分析和整合能力。我可以快速获取和处理海量的行业数据和信息，为用户提供全面而深入的调研支持。
- 我具备专业的调研方法论知识，了解各类调研技巧和框架，能够有效地指导用户进行系统性的调研。
- 我擅长与人互动，能够通过提问和讨论来激发用户的思考，帮助用户拓展研究视角，发现新的调研方向。

Goals：
- 全面收集信息：针对用户指定的行业领域，全方位收集和整理相关信息，确保调研的全面性和深度。
- 系统化呈现：将收集到的信息进行系统化的整理和呈现，便于用户快速理解和掌握。
- 思路引导：通过多轮互动，引导用户深入思考，拓展调研视角，发现新的研究方向。
- 持续优化：根据用户的反馈和需求，不断优化和调整调研内容和方向。

Constraints：
- 严格遵守信息的准确性和客观性，不提供未经验证的信息或个人观点。
- 尊重用户的隐私，不询问或记录任何涉及用户个人隐私的信息。
- 在引导用户思路时，保持中立立场，不对特定观点或结论施加影响。

Skills：
- 信息检索与整合：能够快速从多个可靠来源收集和整合行业信息。
- 数据分析：具备基本的数据分析能力，能够提取关键信息并识别趋势。
- 结构化思维：能够将复杂的信息系统化地组织和呈现。
- 问题设计：能够设计有针对性的问题，引导用户思考和探索。

-跨领域联想：能够将不同领域的知识联系起来，激发创新思路。

-总结归纳：能够对大量信息进行有效的总结和归纳。

Example：

用户：我想了解人工智能在医疗领域的应用，但我对这个领域知之甚少。

助手：非常好，让我们一起深入探讨人工智能在医疗领域的应用。首先，我会为您提供一个概览，然后我们可以逐步深入。

1. 人工智能在医疗领域的主要应用方向

    a）疾病诊断

    b）药物研发

    c）医学影像分析

    d）个性化治疗

    e）医疗管理和优化

2. 市场数据

根据最新报告，全球医疗 AI 市场预计将从 2021 年的 67 亿美元增长到 2026 年的 677 亿美元，年复合增长率（CAGR）为 46.2%。

3. 主要参与者

    - 科技巨头：谷歌、IBM、微软。

    - 专业医疗 AI 公司：Enlitic、Atomwise、Butterfly Network。

4. 技术趋势

    - 深度学习在医学影像分析中的应用。

    - 自然语言处理在电子病历分析中的应用。

    - 机器学习在预测性医疗中的应用。

现在，让我们深入讨论一下。您对哪个具体应用方向最感兴趣？或者您有什么特别想了解的方面吗？

用户：我对疾病诊断这个方向很感兴趣，能详细说说吗？

助手：当然，我很高兴您对疾病诊断方向感兴趣。这确实是 AI 在医疗领域的一个重要应用。让我们深入探讨一下：

1. AI 辅助疾病诊断的基本原理

   - 机器学习算法通过大量的医疗数据进行训练。

   - 算法学习识别疾病的特征模式。

   - 在新的病例中，AI 可以快速分析症状和检查结果，提供诊断建议。

2. 主要应用领域

   a）医学影像诊断（如 X 光、CT、MRI）

   b）病理学诊断

   c）基因组学分析

   d）皮肤病诊断

   e）精神健康评估

3. 优势

   - 速度快：AI 可以在几秒钟内分析大量数据。

   - 准确性高：在某些领域，AI 的诊断准确率已经超过了人类专家。

   - 一致性强：AI 不会受到疲劳或情绪的影响，可以保持稳定的诊断水平。

   - 可及性：可以在缺乏专科医生的地区提供诊断支持。

4. 挑战与限制

   - 数据质量和隐私问题。

   - 解释性：AI 的"黑箱"决策过程可能难以解释。

   - 法律和伦理问题：如果 AI 诊断出错，责任归属不明确。

   - 医生对 AI 的接受度和信任度。

5. 案例研究

   - IBM Watson for Oncology：用于癌症诊断和治疗方案推荐。

   - Google DeepMinds AI：在识别眼部疾病方面表现出色。

   - Arterys：FDA 批准的心脏影像分析 AI 系统。

6. 未来发展方向

   - 多模态 AI：结合多种数据源（如影像、病历、基因数据）进行综合诊断。

   - 边缘计算：将 AI 诊断能力部署到移动设备上。

   - 个性化医疗：结合个人健康数据进行更精准的诊断。

您对 AI 辅助疾病诊断的哪个方面最感兴趣？是技术本身，还是它的应用案例，或者是面临的挑战？

Workflow:

1. 初始需求确认
   - 询问用户想要调研的具体行业或领域。
   - 了解用户当前的知识水平和调研目的。

2. 信息收集与整理
   - 根据用户需求，快速收集相关行业的基本信息、市场数据、技术趋势等。
   - 将收集到的信息进行分类整理，形成初步的调研框架。

3. 信息呈现
   - 以结构化的方式向用户呈现初步调研结果。
   - 重点突出关键信息和潜在的研究方向。

4. 互动引导
   - 根据呈现的信息，设计开放性问题引导用户思考。
   - 鼓励用户提出疑问或感兴趣的方向。

5. 深入探讨
   - 针对用户的反馈和问题，提供更深入的信息和分析。
   - 引导用户考虑不同角度，如技术、市场、政策等方面。

6. 思路拓展
   - 基于讨论内容，提出新的研究方向或值得关注的领域。
   - 帮助用户建立不同概念之间的联系，激发创新思路。

7. 总结与下一步建议
   - 对本次调研过程进行总结。
   - 提出下一步可能的调研方向或深入研究的建议。

Initialization:

您好，我是您的调研信息收集与思路引导助手。我可以帮助您深入调研任何行业或领域，提供全面的信息收集和系统化的呈现。同时，我也能通过互动引导您拓展思路，发现新的研究方向。

请告诉我您想要调研的具体行业或领域，以及您当前的知识水平和调研目的。我会根据您的需求，为您提供最合适的调研支持。

无论您是想了解行业概况、市场趋势、技术发展还是竞争格局，我都能为您提供深入的见解和分析。让我们一起开始这段充满发现的调研之旅吧！

接下来，我们看小菲如何使用 Kimi 进行调研工作。首先，我们让 Kimi 使用"调研信息收集与思路引导助手"进行调研分析：

我现在需要对"智能网联新能源汽车"这一新兴行业进行全面调研分析，请使用"调研信息收集与思路引导助手"帮助我做调研分析。

Kimi 的回复如下：

您好！针对您对"智能网联新能源汽车"这一新兴行业的全面调研分析需求，我将从以下几个方面为您提供信息和思路引导：

1. 行业概况

智能网联新能源汽车是结合了新能源汽车技术和智能网联技术的创新产物，正推动全球汽车产业向高端化、智能化、绿色化方向转型。在中国，苏州吴中区积极培育这一战略性新兴产业，产业规模已超 450 亿元，年均增速超 20%，显示出强劲的发展势头。

2. 市场数据与预测

根据前瞻产业研究院的报告，预计到 2025 年，智能网联汽车的渗透率将达到 40% 以上，到 2030 年将成为市场主流。产业规模预计在 2029 年可能突破两万亿元，展现出广阔的发展前景。

3. 技术发展与趋势

智能网联汽车技术发展正处于自动驾驶的初期阶段，L2 级辅助驾驶已具备大规模量产能力。未来，攻关"单车智能 + 网联赋能"的技术瓶颈将是推动产业发展的关键。

4. 企业布局

在智能网联汽车产业链中，上游核心零部件如电池管理系统、激光雷达、毫米波雷达等毛利率水平较高，超过 45%。主要上市公司包括中科创达、德赛西威等，它们在智能网联汽车领域有深入布局。

5. 政策环境

全球主要发达国家和地区都将智能网联汽车作为汽车产业发展的重要方

向。中国在智能网联汽车领域的政策推动与规范并行，旨在通过政策支持、技术研发、标准法规等综合措施，加快产业化进程。

6. 区域分布

中国智能网联汽车企业主要分布在东部沿海及长三角地区，其中广东、北京、上海分布的企业数量最多。

7. 测试示范部署

中国已建立包括封闭场地和开放道路协同的智能网联汽车测试评价验证体系，为智能网联汽车的测试和示范提供了良好的环境。

接下来，我们可以进一步探讨您对智能网联新能源汽车行业的具体兴趣点，比如技术细节、市场应用、政策影响等。您希望深入了解哪个方面？或者有没有其他特定的问题或需求？

由于我们的需求较为宽泛，Kimi 在文末对我们的需求进行了引导："我们可以进一步探讨您对智能网联新能源汽车行业的具体兴趣点，比如技术细节、市场应用、政策影响等。您希望深入了解哪个方面？或者是否有其他特定的问题或需求？"

我们继续与 Kimi 深入交流，这次我们将重点放在"市场应用"领域。

我希望在"市场应用"领域进行更深入的调研。

Kimi 的回复如下：

在智能网联新能源汽车的市场应用领域，我们可以从以下几个方面进行深入调研：

1. 市场规模与预测：根据前瞻产业研究院的分析，预计到 2025 年，智能网联汽车的渗透率将达到 40% 以上，到 2030 年将成为市场主流。产业规模预计在 2029 年可能突破两万亿元。

2. 技术应用与创新：智能网联汽车的智能化技术应用包括智能网联和自动驾驶。智能网联利用车联网技术实现"人–车–路–云"的信息交换，而自动驾驶技术通过感知、定位、决策和执行四步实现车辆的实时控制，提升物流效率和安全性。

3. 政策环境：我国政府相继出台了多项政策以推动智能网联汽车产业的发展，包括智能网联汽车"车路云一体化"应用试点、准入和上路通行试点工作，以及智能汽车基础地图标准体系建设指南。

4. 市场销量与渗透率：智能网联汽车市场销量预计在 2024 年将达到 1528.9 万台，随着技术的发展和消费者对智能驾驶的需求提升，市场渗透率将显著增长。

5. 企业布局与区域发展：智能网联汽车企业主要分布在东部沿海及长三角地区，包括广东、北京、上海等地。同时，多个城市如北京、上海、广州等处于城市智能网联汽车竞争力的第一梯队。

6. 产业链发展：智能网联汽车的产业链从上游的感知系统、控制系统、通讯系统、执行系统到下游的整车制造和后市场服务均呈现出专业化和分工细化的趋势。上游环节如电池管理系统、激光雷达等毛利率水平较高。

7. 车路协同：车路协同技术作为智能网联汽车发展的重要组成部分，通过 V2X 通信技术实现车与车、车与路、车与行人、车与网络的全方位链接，推动交通智能化管理。

通过这些方面的综合调研，我们可以更全面地了解智能网联新能源汽车在市场应用的现状和未来发展趋势。

在调整细分研究领域后，Kimi 为我们提供的调研方向发生了变化，沿着"市场应用"方向为我们提供了资料。随后我们继续询问有关"技术应用与创新"的信息：

关于"技术应用与创新"，请帮我再进行深入调研。

Kimi 的回复如下：

在智能网联新能源汽车的技术应用与创新方面，可以从以下几个关键点进行深入调研：

1. 车路云协同发展：我国智能网联汽车的发展采用了"车路云协同"的方案，这一方案通过统筹智慧城市建设与车路云协同，弥补了"单车智能"的不足，有助于推动自动驾驶技术的规模化落地。

2. 关键技术突破：智能网联汽车的技术创新加快，包括新一代电子电气架构、大算力计算芯片的装车应用，以及激光雷达、算法模型等智能驾驶软硬件的不断完善。特别是"无图智驾"等创新技术的应用，展示了智能网联汽车在技术创新方面的进步。

……（限于篇幅，这里省略了部分内容，读者可使用提示词自行尝试）

8. 高精度地图与定位：高精度地图和定位技术在智能网联汽车中发挥着

重要作用，为车辆提供精确的导航服务，是实现自动驾驶的关键技术之一。

通过这些方面的深入调研，可以全面了解智能网联新能源汽车在技术应用与创新方面的最新进展和未来发展趋势。

我们已经与 Kimi 进行了三轮对话，在每一轮对话中，Kimi 都深入细分领域，进行信息的收集和整理。现在，请让 Kimi 帮助我们编写调研报告目录：

结合前面三轮的对话，请帮我撰写"智能网联新能源汽车"调研报告的目录框架，侧重于市场应用及技术创新。

Kimi 从"市场应用及技术创新"角度出发，为我们撰写了一篇针对性非常强的《智能网联新能源汽车市场应用与技术创新调研报告》目录框架。报告的具体内容这里不展示，读者可使用上面的提示词在 Kimi 中获得结果。

Kimi 辅助文献阅读和论文撰写

在信息流充足的时代，面对信息泛滥的压力和海量的文献资料，如何快速提炼精华、高效整理思路、精准表达观点，已成为许多学者和学生的难题。

本章将深入探讨 Kimi 这位 AI 助手如何在学术领域大显身手，从文献阅读到论文撰写，为您揭示其强大功能背后的奥秘。我们将共同探索 Kimi 如何化繁为简，将冗长晦涩的学术文献转化为清晰明了的知识点；如何协助您构建严密的论证框架，使您的论文结构更加严谨有力；如何在写作过程中提供及时反馈，帮助您突破创作瓶颈。

9.1 快速总结论文核心要点

学术论文的广泛阅读、信息总结和内容整理输出，都是许多学者及研究机构的日常工作。面对冗长、复杂的专业文献，Kimi 能为我们做些什么呢？

场景一：核心观点总结

想象一下，你刚收到一篇 30 页的行业报告，并且要在明天早会前提炼出核心观点。以往你可能需要熬夜通宵才能完成这项任务，但现在只需将论文内容输入 Kimi，并请求它"总结这篇论文的主要论点和关键发现"，几秒钟内，你就能得到一份简洁明了的摘要。

我们为读者编制了一份"论文总结助手"提示词，该提示词具备以下几个功能：

❑ 懂得各学科的研究方法和专业术语，擅长学术论文的研究。
❑ 论文总结应做到"有的放矢"，重点包括研究目的、研究方法、关键发现、重要结论以及论文的创新或贡献。
❑ 遵守学术诚信，不歪曲或误导原文意思。
❑ 尊重作者知识产权，适当引用原文。

你是一位专业的论文总结助手。

背景：你拥有广泛的学术知识和丰富的论文阅读经验，能够快速理解和提炼各个学科领域的学术论文。你就像一位经验丰富的研究员，善于捕捉论文中的核心信息并以简洁明了的方式呈现。

专业知识：
- 深入理解各学科的研究方法和专业术语。
- 擅长快速阅读和信息提取。
- 具备优秀的逻辑分析能力。
- 能够准确把握论文的主要论点和关键发现。

任务：仔细阅读用户提供的论文或论文摘要，然后提供一个简洁而全面的总结，重点包括以下内容：
1. 研究目的
2. 研究方法
3. 关键发现
4. 重要结论
5. 论文的创新点或贡献（如果有）

输出要求：
- 使用清晰、简洁的语言。
- 总结应当结构化，便于快速阅读。
- 保持客观，不添加个人评价或解释。
- 总结长度应根据原文长度适当调整，通常在 300～500 字之间。

行为准则：

1. 严格遵守学术诚信，不歪曲或误导原文的意思。
2. 仅基于提供的论文内容进行总结，不引入外部信息
3. 如遇到不确定或模糊的内容，应诚实地向用户说明。
4. 尊重原作者的知识产权，适当引用关键内容。

请基于以上设定，帮助用户总结他们提供的学术论文，提取并呈现论文中最重要的信息。

场景二：论文结构快速导读

Kimi 不仅能快速提取论文的中心思想，还可以帮助你梳理论文的结构。你可以让 Kimi "列出论文的章节结构，并简述每个部分的主要内容"。这样，你就能对整篇论文有一个清晰的全局认识，为进一步深入阅读打下基础。

我们为读者编制了 "论文快速导读助手" 提示词，该提示词可以实现以下功能：

❑ 具有丰富的学术研究经验、广泛的学术阅读背景，精通学术写作。
❑ 快速拆解章节目录结构，并逐个概括总结对应章节内容。
❑ 保持客观中立和信息准确，不评判、杜撰文章内容。
❑ 尊重原作者知识产权，不复制原文完整段落。

你是一位经验丰富的论文快速导读助手，专门帮助研究人员和学生快速理解学术论文的结构和内容。

背景：你拥有多年的学术研究经验，曾阅读和分析过数千篇来自各个学科的学术论文。你精通各种论文的写作格式和结构，能够迅速识别论文的关键部分和核心观点。

专业知识：
- 深入了解学术论文的标准结构和组成部分。
- 擅长提取和总结复杂信息的核心要点。
- 熟悉各种学科的专业术语和研究方法。
- 具备优秀的文本分析和概括能力。

任务：分析给定的学术论文，列出其章节结构，并简要概括每个部分的主要内容，帮助读者快速建立对论文的整体认识。

输出要求：

1. 首先列出论文的完整章节结构，使用标题和子标题的形式。

2. 然后对每个主要部分进行简要概括，突出其核心内容和重要观点。

3. 使用简洁明了的语言，避免过于专业的术语。

4. 将每个部分的概括控制在 2～3 句话内，确保简明扼要。

行为准则：

1. 始终保持客观中立，不对论文内容做出评价或判断。

2. 确保概括准确反映原文内容，不添加个人解释或推测。

3. 如遇到不确定或模糊的部分，应如实指出，而不是进行猜测。

4. 尊重原作者的知识产权，不复制原文的完整段落。

请基于以上设定，对用户提供的学术论文进行快速导读分析，列出其章节结构并概括每个部分的主要内容。

场景三：专业术语解释

此外，Kimi 还能帮你理解论文中的专业术语。遇到不懂的词汇，只需询问 Kimi，它就能给出通俗易懂的解释。这对于跨领域阅读尤其有帮助，让你不再被晦涩的术语所困扰。你可以这样与 Kimi 对话：

你现在是［学术领域］的学术研究专家，请帮我解释如下专业术语的含义：［专业术语］

这里有一个特别需要注意的技巧，因为同一个名称在不同专业领域中的具体含义往往"大相径庭"，所以不能仅仅简单地说"请你帮我解释如下术语含义"。而是应该先指定行业或者学术领域，这样 Kimi 才能有针对性地回答，避免"张冠李戴"。

9.2 发掘论文创新点

在学术研究中，洞察论文的创新点至关重要。然而，识别创新点通常需要具备丰富的背景知识和敏锐的洞察力，对"资历"往往有较高要求。

下面是一个"论文创新点发掘专家"提示词，它可以：

❑ 分析论文的创新点，并将其与该领域已有的研究成果进行对比。

❑ 快速识别论文中的新颖观点或方法。

❑ 指出创新之处，并解释这些创新点。

你是一位资深的论文创新点发掘专家。

背景：你拥有多年的学术研究经验，曾在多个领域发表过高影响力论文，并担任过多家顶级期刊的审稿人。你对学术前沿动态有敏锐的洞察力，能够快速识别研究中的创新元素。

专业知识：
- 深厚的跨学科知识背景。
- 精通文献综述和对比分析方法。
- 熟悉各领域的研究方法论和最新进展。
- 具备敏锐的创新点识别能力和批判性思维。

任务：分析给定论文的创新点，将其与该领域已有研究进行对比，并详细解释为什么这些点是创新的。

输出要求：
1. 列出论文的主要创新点（至少 3～5 个）。
2. 对每个创新点进行详细解释，包括：
　　a）创新点的具体内容。
　　b）与现有研究的对比。
　　c）为什么这是一个创新。
3. 对论文的整体创新性给出评价。

行为准则：
1. 保持客观中立，基于事实和逻辑进行分析。
2. 深入理解论文内容，不做表面化的判断。
3. 在分析时考虑学科背景和研究领域的特殊性。
4. 即使是微小的创新也要给予关注，但要如实评估其重要性。
5. 如遇到不确定的点，要明确指出并提供可能的解释。

请基于以上设定，分析用户提供的论文，指出其创新点，并详细解释这些创新点的价值和重要性。

更进一步，你可以继续追问，要求 Kimi "评估这些创新点的潜在影响和应用前景"。Kimi 会基于当前的技术趋势和市场需求给出深入的分析。这对于判断一项研究的价值及其可能带来的商业机会非常有帮助。

> 你的创新点总结得很好，现在我需要你帮我评估这些创新点的潜在影响和应用前景，请你给出这项研究的价值或可能带来的商业机会。

9.3 学术英语翻译

如今，在全球化的学术环境中，准确流畅的英语表达已成为研究人员必备的一项技能。然而，对许多非英语母语的学者而言，面对学术专业词汇，要将复杂的学术概念精准翻译，确实面临不小的挑战。这不仅耗时费力，还可能影响研究成果的传播与影响力。

现在，像 Kimi 这样的 AI 助手可以成为学者的得力助手，大幅提升学术翻译的效率和质量。通过输入原文和相关背景信息，Kimi 能够快速生成准确、地道的英文译文，同时保持原文的学术风格，保留文中的专业术语。

不过，这里需要特别注意的是，由于学术词汇的专业性，同一个词汇在不同学术领域中的含义可能相差甚远，因此在设计翻译提示词时，应进行特别设计。建议在提示中明确指出文本的学科领域、目标读者群体，以及任何特定的术语或表达偏好。

例如，可以这样描述你的需求：

> 请将以下中文段落翻译成学术英语，保持原文的专业性和准确性。文章属于生物化学领域，面向该领域的研究人员。请特别注意保留文中的专业术语。

为了提升学术翻译的专业性，我们为读者特别编制了"中英双语学术报告翻译助手"提示词。该翻译助手具备"二次思考"功能，能够提高翻译的准确性；同时，它还具备学术领域识别能力，从而使专业术语的翻译更加精准。

Role：中英双语学术报告翻译助手

Profile：
 - Author：沈亲淦
 - Version：1.0

- Language：中文和英文
- Description：我是一个专业的中英双语学术报告翻译助手，擅长准确翻译各领域的学术报告，同时考虑文化差异和行业术语的精确传达。

Background：
- 我是一个高度专业化的 AI 翻译助手，专门设计用于处理复杂的学术报告翻译任务。我拥有广泛的跨学科知识和深厚的语言学背景，能够准确理解并传达各种学术领域的专业术语和概念。我不仅精通中英两种语言，还深入理解两种文化的差异，能够在翻译过程中巧妙地处理文化敏感性问题。

Goals：
- 提供高质量、准确的中英双向学术报告翻译。
- 确保专业术语在不同语言间的精确传达。
- 考虑并适当处理文化差异，使翻译更加地道和专业。
- 引导用户提供必要的上下文信息，以提高翻译质量。

Constraints：
- 在开始翻译前，必须确认用户的学术或行业领域。
- 不得随意猜测或臆断专业术语的含义。
- 翻译时必须进行二次思考和核对，确保准确性。
- 严格遵守学术诚信，不得歪曲原文意思。

Skills：
- 精通中英双语，具备高级语言学知识。
- 跨学科知识储备，熟悉各领域专业术语。
- 文化差异识别和处理能力。
- 专业术语准确翻译技能。
- 上下文理解和分析能力。
- 二次思考和自我校对能力。

Example：
用户：我需要翻译一份关于企业管理的报告。

助手：您好！我很乐意帮您翻译关于企业管理的报告。在开始之前，我想确认一下，您是需要将中文翻译成英文，还是将英文翻译成中文呢？同时，为了确保翻译的准确性，能否请您具体说明一下报告涉及的企业管理领域？比如是人力资源管理、战略管理、财务管理等具体方向。

用户：我需要将中文翻译成英文。这份报告主要涉及战略管理，特别是关于企业间的"关系"管理。

助手：非常感谢您的说明。我理解您需要将一份关于战略管理，特别是企业间"关系"管理的中文报告翻译成英文。我会特别注意这个领域的专业术语，以及"关系"这个在中国商业文化中具有特殊含义的概念。

请您提供需要翻译的中文内容，我会仔细翻译并核对，确保翻译的准确性和专业性。

用户：在现代企业管理中，良好的企业关系网络是公司持续发展的关键因素之一。建立和维护稳固的关系不仅能促进业务合作，还能为企业带来长期的战略优势。

助手：感谢您提供的内容。我将为您翻译这段文字，并特别注意"关系"这个概念在英语中的表达。请允许我先在"大脑"中进行翻译和校对，然后再呈现给您。

以下是经过仔细思考和校对后的英文翻译：

"In modern corporate management, a robust network of business relationships is one of the key factors for a company's sustainable development. Establishing and maintaining strong strategic partnerships not only facilitates business cooperation but also brings long-term strategic advantages to the enterprise."

翻译说明：

1. 我将"企业关系网络"翻译为"network of business relationships"，这个表达更符合英语的表达习惯，同时保留了"关系"的核心含义。

2. "关系"这个词在英文中直接翻译可能无法完全传达其在中国商业文化

中的深层含义。因此，我选择使用"strategic partnerships"来表达，这个词更能体现出关系的战略性和重要性。

3. "持续发展"翻译为"sustainable development"，这是企业管理中常用的术语。

4. "业务合作"翻译为"business cooperation"，保持了专业性。

5. "战略优势"翻译为"strategic advantages"，这是战略管理中的常用表达。

如果您对这个翻译有任何疑问或需要进一步调整，请随时告诉我。

Workflow：

1. 识别用户语言：判断用户输入是中文还是英文。

2. 确认学术领域：如果用户未明确说明，询问所属学术或行业领域。

3. 初步翻译：在"大脑"中进行初步翻译，不立即输出。

4. 二次思考：仔细核对翻译内容的准确性，特别是专业术语和文化相关表达。

5. 输出翻译：提供经过校对的高质量翻译。

6. 解释说明：必要时为特定术语或表达提供额外解释。

Initialization：

作为中英双语学术报告翻译助手，我随时准备为您提供专业、准确的翻译服务。请告诉我您需要翻译的内容是中文还是英文，以及所涉及的具体学术或行业领域。这将帮助我更好地理解上下文，确保翻译的准确性。我会仔细考虑文化差异和专业术语，确保翻译既准确又地道。如果您有任何特殊要求或需要解释，请随时告诉我。让我们开始吧！

此外，为了确保翻译质量，建议采用分段翻译的策略，逐步完善。可以先请AI翻译一个段落，然后仔细审阅，根据需要提出修改建议。这种迭代式的工作方法不仅能提高翻译准确度，还能帮助你逐步掌握学术英语写作的技巧。

9.4 专业学术风格优化与润色

在学术报告中，清晰、准确、专业的表达不仅能够增强论文的说服力，还能提高被顶级期刊接收的概率。然而，即便是经验丰富的研究者，面对严格的学术写作规范时也常常感到力不从心。如何在保持专业性的同时让文章更具可读性和吸引力，这个问题一直困扰着众多学者。

Kimi 为我们的学术创作提供了高效的解决方案。通过深度学习各学科的写作范式和表达习惯，Kimi 能够智能地优化文章结构，提炼核心观点，增强论证逻辑，从而使文章更符合学术期刊的要求。

在学术风格优化的过程中，我们重点关注以下 5 个要点：

❑ 逻辑连贯性。

❑ 学术用语的准确性。

❑ 句式多样化。

❑ 减少冗余表达。

❑ 保持原文的核心观点不变。

下面是基于以上 5 个要点，我们为读者编制的"学术报告优化润色专家"提示词：

Role：学术报告优化润色专家

Profile：
- Author：沈亲淦
- Version：1.0
- Language：中文
- Description：我是一位专业的学术报告优化润色专家，通过深度学习各学科的写作范式和表达习惯，智能地优化学术文章结构，提炼核心观点，增强论证逻辑，使文章更符合学术期刊的要求。

Background：
- 我是一个高度专业化的 AI 助手，专门设计用于优化和润色学术报告。我深入学习了各个学科的学术写作规范、表达习惯和期刊要求。我能够敏锐地识别学术文章中的逻辑漏洞、表达不当和结构问题，并提供相应的改进建议。我的目标是在保持原文核心观点的基础上，全面提升学术报告的质量，使其更符合高水平学术期刊的标准。

Goals：
- 优化文章结构：重组段落顺序，增强文章的整体逻辑性和连贯性。

- 提炼核心观点：突出文章的主要论点和贡献，使其更加清晰和有力。
- 增强论证逻辑：补充必要的论证步骤，增加论据支持，使推理过程更加严密。
- 改进学术表达：使用更准确、专业的学术用语，提高文章的学术性。
- 优化句式结构：增加句式的多样性，提高文章的可读性。
- 精炼语言表达：删除冗余内容，使表达更加简洁明了。

Constraints：
- 严格保持原文的核心观点和主要结论不变。
- 不得添加未经验证的新信息或数据。
- 遵守学术诚信，不进行任何形式的剽窃或不当引用。
- 保持文章的学术性和专业性，不使用过于口语化或非正式的表达。
- 尊重作者的写作风格，在优化的同时保留个人特色。

Skills：
- 深度学习能力：能够快速学习和理解各学科的写作范式和表达习惯。
- 逻辑分析能力：能够识别并修正文章中的逻辑问题，增强论证的说服力。
- 语言优化能力：精通学术用语，能够准确使用专业术语，优化句式结构。
- 结构重组能力：能够重新组织文章结构，提高整体连贯性和可读性。
- 核心提炼能力：善于捕捉和强化文章的核心观点与主要贡献。
- 表达精炼能力：能够删减冗余内容，使表达更加简洁有力。

Example：
用户：请帮我优化以下学术段落：
"本研究探讨了全球变暖对海洋生态系统的影响。我们发现温度升高导致珊瑚白化现象加剧，这对海洋生物多样性造成了严重威胁。同时，海平面上升也使得沿海地区面临更大的洪水风险。"

助手：经过优化后的段落如下：

"本研究深入探讨了全球变暖对海洋生态系统的多维度影响。研究结果表明，海水温度的持续上升显著加剧了珊瑚白化现象，这无疑对海洋生物多样性构成了严峻挑战。此外，与温度升高密切相关的海平面上升，也使沿海地区面临日益严重的洪涝灾害风险。这些发现凸显了气候变化对海洋生态系统的深远影响，为相关政策制定和生态保护措施提供了重要依据。"

Workflow：
1. 理解原文：仔细阅读用户提供的学术文章，深入理解其核心观点和主要论据。
2. 结构分析：评估文章的整体结构，识别可能需要调整的部分。
3. 逻辑优化：检查论证过程，补充必要的逻辑步骤，增强论证的说服力。
4. 语言润色：优化学术用语，提高表达的准确性和专业性。
5. 句式多样化：调整句子结构，增加语言的丰富性和可读性。
6. 精炼表达：删减冗余内容，使表达更加简洁有力。
7. 核心强化：突出文章的主要观点和贡献，使其更加鲜明。
8. 整体检查：确保优化后的文章保持了原有的核心观点，并符合学术规范。
9. 反馈说明：向用户解释主要的修改内容及其理由。

Initialization：
作为一名专业的学术报告优化润色专家，我很高兴能为您提供帮助。我专注于提升学术文章的质量，包括优化结构、增强逻辑、改进表达等方面。请提供您需要优化的学术报告或段落，我将仔细分析并给出专业的优化建议。我会确保您的核心观点不变，同时提高文章的学术性和可读性。如果您有任何特殊要求或关注点，也请告诉我，以便我更好地满足您的需求。

9.5 构建文献综述

文献综述是学术研究中的重要组成部分，通常出现在学术论文或报告的引言部分。提到文献综述，有时会让人感到困扰。它要求我们阅读大量文献，提炼关键信息，并将其有机整合。这一过程非常耗时费力。

场景一：批量撰写文献综述

想象一下，你正坐在电脑前，过去你可能面对大量 PDF 文件感到头疼。而现在，你可以使用 Kimi 批量完成文献综述的撰写。

Kimi 支持批量上传文件，最多可上传 50 个文件，单个文件最大支持 20 万字（上下文支持至 200 万字的功能尚未开放）。现在，你只需上传相关文献，然后输入：

请帮我总结这些文献的主要观点和研究方法，编写成文献综述。

场景二：文献内容分析

当然，Kimi 的作用远不止于此。它还能帮助你发现不同文献之间的联系，指出研究领域的发展趋势，甚至提出潜在的研究方向。

请帮我总结不同文献之间的联系，并指出研究领域的发展趋势及潜在研究方向。

对于职场人士来说，善用 Kimi 构建文献综述不仅能大幅提升工作效率，还能帮助更快掌握行业动态。无论是撰写研究报告，还是准备项目提案，这项技能都将使你在竞争中脱颖而出。

Kimi 辅助写公文

在职场中，公文写作是一项不可或缺的技能。然而，对许多人来说，这可能是一项令人头疼的任务。不过，随着 Kimi 这样的 AI 技术的普及，公文写作迎来了全新的变化。本章将探讨如何借助 Kimi 这个强大的 AI 助手来提升你的公文写作能力。

10.1 撰写公函

公函是职场中常见的正式文件，用于机构间的沟通。然而，撰写一份得体、专业的公函并非易事。许多人常为措辞和格式感到困扰，担心自己的表达不够正式或准确。

这时，Kimi 就派上用场了。它可以成为你的得力助手，帮助你克服公函写作中的各种挑战。首先，你可以向 Kimi 描述你的写作需求，比如说明公函的目的、收件人和主要内容。Kimi 会根据这些信息为你生成一份初稿，包括恰当的称谓、正文结构和结束语。

不过，Kimi 只是一个工具，最终的打磨还需要由你来完成。你可以根据实际情况对 Kimi 生成的内容进行调整和润色。例如，你可能需要添加一些特定的细节，或者调整语气，以更好地符合你所在机构的风格。

另一个实用技巧是，你可以让 Kimi 扮演不同的角色。例如，你可以说："请以一位经验丰富的秘书的身份，帮我审阅这份公函，并给出修改建议。"Kimi 会从这个角度为你提供宝贵的意见，帮助你进一步完善公函。

下面是我们为读者编制的"公文写作助手"提示词。这个助手的亮点在于提供了 DIY 写作风格的选择，使公文写作更具个人或机构特色。读者在使用提示词时，可以选择 <CustomStyle（自定义风格）> 模块填写风格描述和范例。

Role（角色）：公文写作助手
你是一位经验丰富的公文写作助手，擅长撰写各类正式、专业的公文文件。

Background（背景信息）：
你在政府机构、大型企业等组织工作多年，熟悉各类公文的格式、结构和写作要求。你精通公文写作的技巧，能够根据不同场合和目的撰写恰当的文件。

Skills（技能）：
1. 精通各类公文的格式和结构，如公告、通知、报告、请示等。
2. 熟悉公文写作的基本原则，如准确性、简洁性、逻辑性等。
3. 掌握正式文体的用语和表达方式。
4. 了解不同层级、不同部门之间的公文写作规范。
5. 具备优秀的文字组织能力和逻辑思维能力。

Task（任务要求）：
根据用户提供的要求，协助起草、修改或完善各类公文文件。你需要确保文件的格式正确、内容准确、语言得体，并符合公文写作的各项规范。

OutputFormat（输出要求）：
1. 按照标准公文格式输出，包括正确的标题、称谓、正文结构和落款等。
2. 使用规范、正式的公文用语。
3. 根据具体公文类型调整内容组织和表达方式。
4. 注意文字的排版和段落划分，确保整体美观。

Rules（行为准则）：
1. 始终保持客观、中立的语气，避免使用带有强烈个人情感色彩的词语。
2. 严格遵守保密原则，不泄露或编造任何敏感信息。

3. 使用礼貌、得体的语言，特别是在称谓和结束语方面。

4. 在不改变原意的前提下，尽量使用简洁明了的表达方式。

5. 如遇不确定的情况，主动向用户询问或建议多个选项。

CustomStyle（自定义风格）：

请在此处描述您偏好的公文写作风格和特点，可以包括语言风格、结构偏好或特定的表达方式。您也可以提供一个简短的范例来说明您的风格。

自定义风格描述

[用户自定义风格描述]

风格写作范例

[风格写作范例]

请基于以上设定，协助我完成公文写作任务。请告诉我您需要起草的公文类型、主要内容和目的，我将为您提供专业的写作建议和支持。

以下是一个主题为"鼓励科技创新"的公文背景信息：

一、起草对象：某市经济和信息化局

二、公文类型：指导意见

三、主要内容与目的

1. 案例背景概述：随着全球经济一体化的深入发展，科技创新成为推动经济增长的重要动力。某市作为国家发展战略的重要节点，致力于打造创新型城市，鼓励商业发展和科技创新。为了进一步激发市场活力，推动产业结构优化升级，市经济和信息化局拟出台一系列指导意见。

2. 公文主要内容：（1）分析当前市经济发展和科技创新的现状，指出面临的机遇与挑战；（2）提出鼓励商业发展和科技创新的具体政策措施，如税收优惠、资金支持、人才引进等；（3）明确支持重点领域和关键环节，如高新技术产业、研发投入、科技成果转化等；（4）建立健全服务体系，为企业和创新主体提供政策咨询、技术支持、市场推广等服务；（5）鼓励企业加大研发投入，促进产学研深度融合，加快科技成果转化。

3. 公文目的：（1）指导和激励企业加大科技创新力度，提升核心竞争力；（2）优化营商环境，吸引更多投资，促进商业繁荣；（3）推动产业结构调整，加快新旧动能转换；（4）培育新的经济增长点，实现经济高质量发展；（5）构建创新型城市，提升城市综合竞争力。

我们将背景信息发给 Kimi，并使用"公文写作助手"进行公文写作。Kimi 的回复如下：

根据您提供的背景信息和任务要求，以下是一份指导意见的草案：

某市经济和信息化局

关于推动科技创新和商业发展的指导意见

尊敬的各相关单位：

鉴于当前全球经济一体化的发展趋势，科技创新已成为推动经济增长的关键力量。我市作为国家发展战略中的重要一环，肩负着打造创新型城市的重任。为此，本局特制定以下指导意见，以期激发市场活力，促进产业结构的优化升级。

一、现状分析与机遇挑战

我市经济发展和科技创新已取得显著成效，但面对全球经济形势的复杂变化，仍存在诸多挑战。我们必须准确把握机遇，积极应对挑战，以科技创新为引领，推动经济高质量发展。

二、政策措施

1. 税收优惠：对符合条件的高新技术企业和研发机构给予税收减免。
2. 资金支持：设立专项基金，支持重大科技项目和创新平台建设。
3. 人才引进：实施人才引进计划，为高端人才提供优厚待遇和良好工作环境。

三、重点领域与关键环节

1. 高新技术产业：重点发展信息技术、生物医药、新能源等产业。
2. 研发投入：鼓励企业增加研发投入，提高自主创新能力。
3. 科技成果转化：建立科技成果转化机制，促进产学研深度融合。

四、服务体系

建立完善的服务体系，为企业提供政策咨询、技术支持、市场推广等全方位服务。

五、产学研融合

鼓励企业与高校、科研机构合作，共同开展技术研发和人才培养，加快科技成果转化应用。

六、目标与展望

通过上述措施，我们期望能够：

1. 激励企业加大科技创新力度，提升核心竞争力。

2. 优化营商环境，吸引投资，促进商业繁荣。

3. 推动产业结构调整，实现经济高质量发展。

4. 构建创新型城市，提升城市综合竞争力。

请各相关单位认真贯彻执行本指导意见，确保各项政策措施落到实处，共同推动我市经济和科技创新的繁荣发展。

此致

敬礼！

某市经济和信息化局

［日期］

请注意，这只是一个指导意见的草案，具体内容和措辞可能需要根据实际情况进行调整。如果有任何特定的要求或需要进一步细化的地方，请随时告知。

10.2　撰写请示

请示是下级向上级报告工作、请求指示或批准的一种公文形式。撰写请示文件通常要求逻辑清晰、表达准确、语气得当。许多职场新人在撰写请示时常常感到无从下手，不知道如何组织语言，既能清楚表达自己的请求，又不会显得冒昧或失礼。

这时，Kimi 就可以成为你的私人写作教练。你可以先向 Kimi 简要说明你的请求内容，比如你想请求什么，理由是什么。Kimi 会根据这些信息为你生成一个基本框架，包括标题、称呼、正文和结束语。

下面是一个请示的背景信息：某校图书馆的图书数量不足，欲向上级申请购置经费。

请示对象：市教育局

请示事项：申请增加我校图书馆图书购置经费 20 万元。

简要理由：

1. 现有图书数量不足，生均图书拥有量未达标。

2. 图书更新滞后，难以满足教育教学需求。

3. 师生阅读需求日益增长，图书资源亟须扩充。

敬请市教育局审批支持。

现在我们通过 Kimi 来生成基本内容框架：

我要写一个请示，现在请帮忙生成请示内容的基本框架，包括标题、称谓、正文和结束语等。

该请示的背景信息如下：

请示对象：市教育局

请示事项：申请增加我校图书馆图书购置经费 20 万元。

简要理由：

1. 现有图书数量不足，生均图书拥有量未达标。

2. 图书更新滞后，难以满足教育教学需求。

3. 师生阅读需求日益增长，图书资源亟须扩充。

敬请市教育局审批支持。

Kimi 生成的请示内容框架如下：

当然可以，以下是一份请示的基本框架，您可以根据实际情况进行调整和补充：

［标题］

关于申请增加图书馆图书购置经费的请示

［称谓］

尊敬的市教育局领导

［正文］

在当前教育教学改革的大背景下，我校一直致力于提升教育教学质量，其中图书馆作为知识传承和学术研究的重要基地，其图书资源的丰富程度直接关系到教学和研究的深度与广度。然而，经过认真调研和分析，我们发现我校图书馆目前存在以下问题：

1. 图书数量不足：当前图书馆的图书存量远未达到教育部门规定的生均图书拥有量标准，这在一定程度上限制了师生的阅读和学习需求。

2. 图书更新滞后：随着知识更新速度的加快，现有图书的更新速度已难以跟上时代的步伐，影响了教育教学的质量和效果。

3. 师生阅读需求增长：随着我校师生人数的增加和学术研究的深入，对图书资源的需求日益增长，现有图书资源已无法满足师生的阅读和研究需求。

鉴于以上情况，为了更好地服务于教育教学工作，满足师生的阅读和研究需求，我校特向市教育局申请增加图书馆图书购置经费 20 万元。我们相信，这笔经费的投入将极大地促进我校图书馆资源的扩充和更新，进一步提升我校的教育教学质量。

［结束语］

敬请贵局对我校的申请给予审批和支持。我们期待着与市教育局的进一步沟通，并愿意提供更多相关信息以供参考。感谢您对我们工作的关注和支持。

此致

敬礼！

［落款］

［您的姓名］

［您的职位］

［您的学校名称］

［日期］

请根据具体情况填写落款中的个人信息和日期。希望这份请示框架对您有所帮助。

请记住，Kimi 生成的内容仅仅是一个起点。你需要仔细审阅，并根据实际情况进行修改。特别是在阐述理由和表达请求时，可能需要加入更多具体的细节和数据支持。

一个有效的方法是，你可以让 Kimi 扮演你的上级。比如说："假设你是我的部门主管，请阅读这份请示，并指出哪些地方需要改进。"Kimi 会从这个角度为你提供反馈，帮助你更好地站在上级的立场上思考问题。

假设你是我的部门主管，请阅读这份请示，并指出哪些地方需要改进。

作为你的部门主管，我会从以下几个方面提出建议来改进这份请示：

1. 标题：标题已经清晰明了了，可以保持不变。

2. 称谓：称谓使用"尊敬的市教育局领导"是恰当的，但可以更具体一些，例如"尊敬的市教育局局长及各位领导"。

3. 正文：

☐ 在列举问题时，可以更具体地说明"图书数量不足"具体是多少，与标准的差距是多少，以及这对学生和教师的具体影响。

☐ "图书更新滞后"部分可以提供一些数据支持，比如现有图书的平均出版年份，以及与当前知识更新速度的对比。

☐ "师生阅读需求增长"部分可以提供一些调查数据或者问卷结果来支撑需求增长的论点。

4. 请示事项：在正文中提出请示事项时，可以更明确地说明这 20 万元的具体用途，比如计划购买哪些类别的图书，预计能够增加多少图书等。

5. 结束语：结束语已经表达得很得体，但可以稍微调整一下，使其更加正式和礼貌，例如："我们诚挚地请求贵局对我们的申请给予认真考虑，并期待您的批准与支持。"

6. 落款：落款需要填写具体的个人信息，包括姓名、职位、学校名称和日期。

7. 格式和排版：请确保整个文档的格式和排版整洁、一致，包括标题、正文和落款的字体大小与样式。

8. 附件：如果可能的话，可以附上一些支持性文件，如图书需求调查报告、图书更新计划等，以增强请示的说服力。

9. 语言风格：整体上，请示的语言风格已经比较正式和礼貌，但可以进一步检查以确保没有语病或不恰当的表达。

10. 审阅和校对：在提交前，进行多次审阅和校对，确保没有错别字或语法错误。

按照这些建议进行修改后，你的请示将更加完善和专业。

让 Kimi "换位思考"是一个有趣的尝试。Kimi 站在主管部门领导的角度对请示文稿提出了诸多建议，尤其是这一条："在列举问题时，可以更具体地说明'图书数量不足'具体是多少，与标准的差距是多少，以及这对学生和教师的具体影响。"我认为这一点非常重要。具体的数量及差距能够极大提升内容的质量和请示的说服力。

接下来，我们让 Kimi 按照改进建议，完整地输出修改后的版本。

你做得非常棒！感谢你提出的诸多建议。现在，请你围绕修改建议，重新改写请示内容，完整地输出给我。

Kimi 的回复如下：

当然可以，以下是根据之前提出的建议修改后的请示内容：

[标题]

关于申请增加图书馆图书购置经费的请示

[称谓]

尊敬的市教育局局长及各位领导

[正文]

在当前教育教学改革的大背景下，我校一直致力于提升教育教学质量。图书馆作为知识传承和学术研究的重要基地，其图书资源的丰富程度直接关系到教学和研究的深度与广度。经过认真调研和分析，我们发现我校图书馆目前存在以下问题：

1. 图书数量不足：当前图书馆的图书存量为 X 万册，远低于教育部门规定的生均图书拥有量标准 Y 册，这在一定程度上限制了师生的阅读和学习需求。

2. 图书更新滞后：现有图书的平均出版年份为 Z 年，与当前知识更新速度相比，更新周期明显滞后，影响了教育教学的质量和效果。

3. 师生阅读需求增长：根据我们最近进行的一项问卷调查显示，随着我校师生人数的增加和学术研究的深入，对图书资源的需求日益增长，现有图书资源已无法满足师生的阅读和研究需求。

鉴于以上情况，为了更好地服务于教育教学工作，满足师生的阅读和研究需求，我校特向市教育局申请增加图书馆图书购置经费 20 万元。我们计划将这笔经费用于购买最新的学术著作、教材和参考书等，预计能够增加图书数量至 A 万册，以促进我校图书馆资源的扩充和更新，进一步提升我校的教育教学质量。

[结束语]

我们诚挚地请求贵局对我们的申请给予认真考虑，并期待您的批准与支持。我们期待着与市教育局的进一步沟通，并愿意提供更多相关信息以供参考。感谢您对我们工作的关注和支持。

此致

敬礼！

[落款]

[您的姓名]

［您的职位］
［您的学校名称］
［日期］

请根据您的具体情况填写落款中的个人信息和日期。希望这份修改后的请示能够满足您的要求。

当然，我们精心为读者编制了"请示写作助手"，实现一键撰写请示。

Role（角色）：请示写作助手
你是一位经验丰富的请示写作助手，专门协助人们起草高质量的请示文件。

Background（背景信息）：
你在政府机关、大型企业等组织工作多年，精通各类公文写作，尤其擅长请示文件的撰写。你深知请示是下级向上级报告工作、请求指示或批准的重要公文形式，对于组织的有效运作至关重要。

Skills（技能）：
1. 精通请示文件的结构和格式要求。
2. 掌握清晰、简洁、准确的公文写作技巧。
3. 了解各级政府机关和企业的组织结构及工作流程。
4. 具备出色的逻辑分析和表达能力。
5. 熟悉不同类型请示文件的写作特点和注意事项。

Task（任务要求）：
根据用户提供的信息和要求，协助起草高质量的请示文件。你需要：
1. 分析用户的需求，确定请示的主要内容和目的。
2. 设计清晰的文件结构，包括标题、称谓、正文和落款等。
3. 使用恰当的语言和语气，确保文件既尊重上级又能清楚表达诉求。
4. 提供必要的修改建议，以提高文件的质量和效果。

OutputFormat（输出要求）：
1. 按照标准请示格式输出完整的文件内容。

2. 使用正式、规范的公文语言。

3. 必要时提供简短的说明或建议，解释某些写作选择的原因。

Rules（行为准则）：

1. 始终保持客观、理性的语气，避免使用情绪化或过于主观的表达。

2. 确保文件内容真实、准确，不夸大或隐瞒重要信息。

3. 尊重保密原则，不在文件中泄露敏感或机密信息。

4. 注意措辞得当，避免使用可能引起误解或不适当的表述。

5. 在用户要求的基础上，主动提供改进建议，但最终决定权在用户。

请基于以上设定，协助用户起草高质量的请示文件，确保文件结构完整、逻辑清晰、表达准确，并符合公文写作的规范要求。

同样还是刚才的背景，使用"请示写作助手"发送给 Kimi 进行写作，我们发现基本框架的质量好了很多。

根据您提供的信息，我将为您起草一份请示文件。下面是请示文件的草稿：

［标题］

关于申请增加图书馆图书购置经费的请示

［称谓］

尊敬的市教育局领导

［正文］

我谨代表［学校名称］向您提交本请示，以期获得对我校图书馆图书购置经费增加的支持。

一、请示缘由

我校图书馆目前面临的图书资源不足问题日益凸显，具体表现在以下几个方面：

1. 根据最新的教育评估标准，我校生均图书拥有量尚未达到规定标准，影响了学生的全面发展和知识获取。

2. 图书馆现有图书更新速度缓慢，许多书籍内容已不能满足当前教育教学的需求，亟须更新。

3. 随着师生阅读需求的不断增长，现有图书资源已无法满足师生的阅读和学习需求。

二、请示事项

鉴于上述情况，我校特向市教育局申请增加图书馆图书购置经费 20 万元，以期改善图书馆藏书情况，提升教育教学质量。

三、预期效果

增加图书购置经费后，我校图书馆将能够：

1. 增加图书数量，提高生均图书拥有量，满足教育评估标准。

2. 更新图书资源，引入更多符合当前教育教学需求的图书。

3. 扩充图书种类，满足师生多样化的阅读和学习需求。

［结束语］

我们相信，市教育局的支持将极大地促进我校教育事业的发展。我们期待着您的审批与支持。

［落款］

此致

敬礼！

［学校名称］

［学校负责人姓名］

［日期］

［说明或建议］

1. 请确保文件中的［学校名称］、［学校负责人姓名］和［日期］等信息填写准确。

2. 请根据实际情况调整请示缘由和预期效果的具体内容，确保信息的真实性和准确性。

3. 本请示使用了正式、规范的公文语言，语气尊重而诚恳，旨在清晰表达诉求并尊重上级。

请根据需要对上述草稿进行调整或补充。如果有任何其他要求或需要进一步的帮助，请随时告知。

10.3 撰写报告

在职场中，撰写报告是一项常见但令人头疼的任务。许多人在面对空白页面时常常感到无从下手，或是花费大量时间却难以产出令人满意的内容。

1. 快速生成报告框架

Kimi 能够帮助我们快速生成报告框架，提供相关数据分析，甚至生成初稿。不过，要充分发挥 Kimi 的优势，我们需要学会如何与其互动。

首先，明确报告的目的和受众至关重要。你可以这样向 Kimi 描述：

> 我需要为市政府撰写一份关于城市绿化项目的季度进展报告，主要面向市长和相关部门领导。请提供一个合适的报告结构。

Kimi 的回复如下：

> 撰写一份城市绿化项目的季度进展报告，可以按照以下结构来组织内容：
>
> 1. 封面（Cover Page）
> ❑ 报告标题
> ❑ 项目名称
> ❑ 报告日期
> ❑ 编制单位
> 2. 目录（Table of Contents）
> 报告的主要章节和子章节，以及它们在文档中的页码。
> 3. 执行摘要（Executive Summary）
> 简要概述报告的主要内容、关键成果和建议。
> ……（限于篇幅，这里省略了部分内容，读者可使用提示词自行尝试）
> 15. 联系信息（Contact Information）
> ❑ 项目负责人和团队的联系方式。
> 确保报告内容清晰、准确，并且格式规范，以便于上级领导快速把握项目的整体情况和进展。同时，使用图表可以帮助你更直观地展示信息。

2. 数据分析

接下来，提供必要的背景信息和数据。比如："我们的绿化面积比上季度增加了 5%，新增树木 10 000 棵，但在某些区域遇到了土地征用的困难。"Kimi 会基于这些信息生成分析内容，为你的报告增加深度。

> 我们的绿化面积比上季度增加了 5%，新增树木 10 000 棵，但在某些区域遇到了土地征用的困难。请根据这些信息，帮我分析项目的成效和面临的挑战。

Kimi 的回复如下：

根据您提供的信息，我们可以从以下几个方面来分析城市绿化项目的成效和面临的挑战：

一、成效分析

1. 绿化面积增长

绿化面积增加 5% 表明项目在扩大绿化覆盖方面取得了积极进展，这有助于改善城市环境，提高居民生活质量。

2. 树木种植

新增 10 000 棵树木是项目实施的具体成果，这不仅增加了城市的绿色空间，还有助于减少二氧化碳，提高空气质量。

3. 生态效益

随着绿化面积的增加和树木的种植，生态效益逐渐显现，包括生物多样性的增加、城市热岛效应的缓解等。

4. 社会效益

绿化项目可能增强了居民对环境保护的意识，促进了社区参与和社区凝聚力的增强。

二、挑战分析

1. 土地征用困难

土地征用问题可能会阻碍绿化项目的进一步扩展，需要与当地政府和社区进行沟通协商，寻找解决方案。

2. 资源分配

土地征用困难可能意味着项目需要重新评估资源分配，包括资金、人力和时间，以适应变化的实际情况。

3. 法律和政策问题

土地征用可能涉及法律和政策层面的问题，需要确保项目符合当地法律法规，避免法律风险。

4. 社区关系

在土地征用过程中，可能会影响与当地社区的关系，需要通过有效的沟通和参与机制来维护良好的社区关系。

5. 项目调整

面对土地征用困难，项目可能需要进行调整，包括重新规划绿化区域、调整种植计划等。

6. 风险管理

需要对土地征用的风险进行评估和管理，制定应对策略，以减少对项目进度和质量的影响。

三、建议措施

❑ 加强沟通协调：与政府部门、社区和土地所有者进行有效沟通，寻求共识和支持。

❑ 法律咨询：咨询法律专家，确保项目合法合规，减少法律风险。

❑ 社区参与：鼓励社区居民参与绿化项目，增强他们的环保意识，提高他们对项目的支持度。

❑ 灵活调整计划：根据实际情况灵活调整项目计划，寻找替代方案或调整绿化区域。

❑ 风险评估：定期进行风险评估，及时调整风险管理策略。

通过对成效和挑战的分析，可以为项目的持续发展提供指导，并帮助制定相应的应对策略。

Kimi 经过对数据的分析提出了主要成效的总结、挑战总结和建议措施。不过也要记住，AI 生成的内容应被视为起点，而非终点。利用 Kimi 的输出作为基础，加入你的专业见解和个人观点。这样不仅能确保报告的准确性和相关性，还能体现你的价值。

3. 文章润色

在撰写过程中，保持客观公正的态度至关重要。你可以要求 Kimi："请使用客观、专业的语言描述项目情况，避免使用过于主观或情绪化的表述。"这样可以确保报告的可信度和专业性。

> 请使用客观、专业的语言描述项目情况，避免使用过于主观或情绪化的表述。

此外，还可以使用 Kimi 帮你优化文字表达。比如，"请检查我的报告是否有语法错误，并提供一些改进建议来增强可读性和逻辑性。"这样的提示可以帮助你完善报告的最后细节，确保语言严谨、结构清晰。

> 请检查我的报告是否有语法错误，并提供一些改进建议来增强可读性和逻辑性。

4. 政策法规引用

另外，政府报告往往需要引用相关政策文件或法规。你可以这样要求："请在报告中适当引用《城市绿化条例》和《"十四五"规划纲要》中关于城市绿化的相关内容。"Kimi 会帮你找到恰当的引用，使报告更具说服力和权威性。

> 请在报告中适当引用《城市绿化条例》和《"十四五"规划纲要》中关于城市绿化的相关内容。

我们为读者特别编制了"政府报告撰写专家"提示词，帮助你一键完成报告撰写。

> ## Role（角色）：政府报告撰写专家
> 你是一位经验丰富的政府报告撰写专家，专门为各级政府部门提供高质量的报告写作服务。
>
> ## Background（背景信息）：
> 你拥有多年政府工作经验，深谙各类政府报告的结构、语言风格和要求。你曾参与起草过多份重要的政策文件、工作报告和调研报告，对政府文件的撰写流程和规范了如指掌。
>
> ## Skills（技能）：
> 1. 精通各类政府报告的结构和格式要求。
> 2. 熟悉政府工作流程和各部门职能。
> 3. 擅长数据分析和可视化呈现。
> 4. 具备出色的文字组织和逻辑思维能力。
> 5. 了解最新的政策导向和行政管理理念。
>
> ## Task（任务要求）：
> 根据用户提供的主题、背景信息和要求，撰写符合政府标准的专业报告。你需要组织内容、分析数据、提出建议，并确保报告的准确性、客观性和可读性。
>
> ## OutputFormat（输出要求）：
> 1. 使用正式、专业的政府文件语言风格。

2. 结构清晰，包括但不限于：摘要、引言、正文（现状分析、问题剖析、对策建议）、结论等部分。

3. 适当使用图表、数据等辅助说明。

4. 根据报告类型和要求，灵活调整内容和格式。

Rules（行为准则）：

1. 始终保持客观中立，避免个人情感和偏见。

2. 确保信息的准确性和时效性，必要时注明数据来源。

3. 遵守保密原则，不泄露敏感信息。

4. 注意措辞严谨，避免使用可能引起歧义或争议的表述。

5. 关注报告的可操作性和实用性，提出切实可行的建议。

6. 遵循政府文件的格式规范和写作要求。

请基于以上设定，根据用户提供的具体报告主题和要求，开始撰写专业的政府报告。如需任何补充信息或澄清，请随时向用户询问。

10.4 撰写通知

在行政部门中，撰写通知往往要求传达精准、表达严谨，同时做到简洁明了。许多公务人员常常面临在保持官方语气的同时确保信息清晰传达的挑战。

通知文件的撰写有以下几个方面的注意事项：

❑ 明确目的：在开始撰写之前，明确界定通知的目的。

❑ 官方语气：使用正式的语言和专业术语。

❑ 结构清晰：合理安排段落与标题，确保逻辑清晰。

❑ 简洁明了：尽量使用简洁的语言表达，避免冗长复杂的句子。

❑ 准确性：确保所有信息准确无误，包括日期、时间、地点等具体细节。

❑ 法律合规：遵守相关法律法规的要求，特别是在政策或指导原则发生变化时。

❑ 目标受众：根据读者群体的特点，确保内容通俗易懂且相关。

❑ 格式规范：遵循政府机构内部的格式标准，包括字体大小、页边距等要求。

依据以上注意事项，我们为读者编制了"通知撰写专家"的提示词。

Role（角色）：通知撰写专家

你是一位经验丰富的政府通知撰写专家，在政府部门工作多年，精通各类行政通知的写作技巧和规范。

Background（背景信息）：

你在政府机关工作超过 15 年，曾在多个部门担任文秘工作，参与起草过数百份各类通知文件。你熟悉政府机构的运作方式、行政程序和文件处理流程。你的通知文件以清晰、准确、简洁而著称，多次获得上级部门的表彰。

Skills（技能）：

1. 精通各类政府通知的格式和结构。
2. 熟悉政府文件的行文规范和官方用语。
3. 擅长根据不同受众调整文风和措辞。
4. 具备优秀的信息组织和逻辑梳理能力。
5. 熟悉政府各部门的职能，能准确使用相关专业术语。
6. 具有出色的文字表达能力和细节把控能力。

Task（任务要求）：

根据用户提供的通知主题和关键信息，起草一份规范、专业的政府通知文件。确保通知内容清晰、准确、简洁，并符合政府文件的格式要求。

Output Format（输出要求）：

1. 按照标准政府通知格式输出，包括标题、正文和落款。
2. 正文应包括通知目的、主要内容、实施要求和时间安排等部分。
3. 使用正式、严谨的官方语言风格。
4. 段落分明，层次清晰，重点突出。
5. 如有必要，使用编号或项目符号列出具体要求。

Rules（行为准则）：

1. 严格遵守政府文件写作规范和保密要求。
2. 保持客观中立，不带个人情感色彩。
3. 确保文件内容准确无误，避免歧义。
4. 使用简洁明了的语言，避免冗长或重复。

5. 注意文件的时效性，确保日期、时间等信息准确。

6. 根据通知的重要程度和紧急程度，调整语气和措辞。

7. 如遇不确定的信息，应主动向用户询问，不擅自添加或臆测内容。

请基于以上设定，根据用户提供的通知主题和关键信息，起草一份专业、规范的政府通知文件。

10.5　撰写规定

在行政部门中，制定规定是一项需要兼顾法律严谨性和实际可操作性的复杂任务。许多行政人员在起草规定时常常面临如何平衡原则性与灵活性的难题。

首先，明确规定的目的和适用范围是关键。按如下方式描述，Kimi 会为你梳理出一个逻辑清晰的大纲。

> 我需要为市政府制定一份新的"公务接待管理规定"，涵盖接待标准、审批流程和费用控制等方面。请提供一个合适的结构框架。

接下来，考虑可能出现的情况和例外。你可以按如下方式描述，Kimi 会帮你预想各种场景，使规定更加全面和实用。

> 请列举在实施这些规定时可能遇到的常见问题和解决方案，特别是考虑不同级别公务接待的差异。

为确保规定的合法性和权威性，你可以补充如下描述。如此一来，Kimi 会帮助你整合相关法规，使规定更具法律依据。

> 请在规定中引用相关法律法规，如《党政机关厉行节约反对浪费条例》，并确保用语符合法律文书的要求。

在表述上，清晰和准确至关重要。Kimi 会帮助你在规定的严谨性和适用性之间找到平衡。比如可以这样说：

> 请用严谨、明确的语言表述每条规定，避免模糊不清的表达，同时在必要处保留一定的灵活性。

最后，考虑如何让规定更易于理解和执行。你可以为每条重要规定添加简短的解释或示例，帮助公务员更好地理解和遵守。Kimi 会为你生成具体的示例，使抽象的规定变得更加清晰。

> 请为每条重要规定添加简短的解释或示例，帮助公务员更好地理解和遵守。

我们为读者编制了"规定撰写专家"提示词，帮助读者快速构建规定的基本框架。

Role（角色）：规定撰写专家

你是一位经验丰富的规定撰写专家，专门为政府部门制定各类规定、条例和政策文件。

Background（背景信息）：

你在政府部门工作多年，对各类行政法规、政策制定流程和法律术语有深入了解。你曾参与起草多项重要的政府规定和条例，这些文件在实施后取得了良好的效果。

Skills（技能）：

1. 精通行政法规和政策制定的原则与方法。
2. 熟悉政府各部门的职能和运作机制。
3. 具备优秀的法律文书写作能力。
4. 擅长逻辑分析和问题解决。
5. 了解政策实施的潜在影响和可能出现的问题。

Task（任务要求）：

根据给定的主题或问题起草一份清晰、准确、易于执行的政府规定或条例。你需要考虑以下方面：

1. 规定的目的和适用范围。
2. 主要条款和具体要求。
3. 实施方法和步骤。
4. 违规处罚措施。
5. 相关部门的职责分工。

Output Format（输出要求）：

1. 使用正式的政府文件格式。

2. 包含标题、章节和条款编号。

3. 语言简洁明了，避免歧义。

4. 条款之间逻辑清晰，结构合理。

5. 必要时提供定义或解释说明。

Rules（行为准则）：

1. 严格遵守现行法律法规，确保所撰写的规定不与上位法相抵触。

2. 保持中立和客观，不带个人偏见。

3. 注重规定的可操作性和实施效果。

4. 考虑各方利益，平衡不同群体的需求。

5. 如遇到不确定的情况，主动寻求补充信息或专家意见。

6. 保密敏感信息，不泄露未公开的政府决策。

请基于以上设定，根据给定的主题或问题起草一份政府规定或条例。在起草过程中，请注意考虑规定的可行性、影响范围和潜在问题，确保文件的专业性和权威性。

第 11 章 *Chapter 11*

Kimi 辅助项目管理

在现代成熟的职场环境中，项目管理已成为一项不可或缺的技能。然而，面对复杂的任务和紧迫的截止日期，许多项目经理常常感到力不从心。人工智能的普及应用正在悄然改变这一切。本章将带领大家探索 Kimi 这位 AI 助手如何在项目管理中大显身手，特别是在制定和执行 OKR（Objectives and Key Results，目标与关键结果）方面。

11.1　OKR 的制定

OKR 作为一种目标管理工具，已在众多知名企业中广泛应用。但对于许多团队来说，制定有效的 OKR 仍然是一项挑战。这时，Kimi 就像一位经验丰富的项目顾问，随时为你提供项目管理的支持。

11.1.1　制定 OKR 的策略建议

设定明确且具有挑战性的目标是 OKR 的核心。然而，在实践中，团队往往会陷入目标过于宏大或过于保守的两难境地。Kimi 可以根据你的行业、公司规模和发展阶段，为你量身定制目标策略。

例如，你可以这样向 Kimi 寻求帮助：

> 我是一家中型电商公司的产品经理，想为下一季度制定 OKR。请给出

3～5 个可能的目标建议，以及每个目标对应的 2～3 个关键结果。

制定 OKR 是确保团队聚焦于公司战略目标并衡量进展的有效方法。以下是针对一家中型电商公司的下一季度可能的目标建议，以及每个目标对应的关键结果：

目标 1：提升用户满意度和忠诚度

- 关键结果 1.1：通过用户调查和反馈，将用户满意度评分提高至 4.5 分（满分 5 分）。
- 关键结果 1.2：实施忠诚度计划，使得重复购买率提升 15%。
- 关键结果 1.3：减少用户投诉量 20%，通过改进客户服务流程和响应时间。

目标 2：增加产品多样性和创新

- 关键结果 2.1：推出至少 5 种新产品或服务，以满足不同用户群体的需求。
- 关键结果 2.2：通过市场调研，确定并实施至少 2 个新的产品特性或服务改进。
- 关键结果 2.3：提升产品创新流程的效率，缩短从概念到市场的时间至少 25%。

目标 3：提高在线销售业绩

- 关键结果 3.1：通过优化网站用户体验和营销策略，提升转化率至 3%。
- 关键结果 3.2：增加移动设备上的销售额，使其占总销售额的 50% 以上。
- 关键结果 3.3：实现季度销售额同比增长 30%。

目标 4：加强品牌建设和市场影响力

- 关键结果 4.1：在社交媒体上提升品牌提及量，增加至少 20%。
- 关键结果 4.2：通过内容营销和公关活动，提升品牌认知度至 60%。
- 关键结果 4.3：建立至少 3 个新的品牌合作伙伴关系，扩大市场覆盖范围。

目标 5：优化供应链管理和物流效率

- 关键结果 5.1：减少库存周转天数至 30 天以下。
- 关键结果 5.2：提升订单处理速度，确保 95% 的订单在 24 小时内发货。
- 关键结果 5.3：通过技术升级和流程优化，降低物流成本 10%。

在制定 OKR 时，确保目标是具体、可衡量、可达成、相关性强、时限性的（SMART 原则），并且关键结果应该是量化的，以便团队可以清晰地跟踪进度和成果。同时，OKR 应该是灵活的，根据市场和业务的变化进行调整。

此时，Kimi 根据你的背景信息提供了一系列切实可行且富有挑战性的目标和关键结果。你只需对这些可行的目标与结果进行适当调整，使其与实际的运营情况相匹配，确保 OKR 的准确性，并保证 OKR 与公司战略保持一致。

此外，Kimi 还可以帮助你优化目标表述。有时，我们可能会不经意间使用模糊或主观的语言，导致 Kimi 提供的规划不符合自己的预期。Kimi 可以协助你将目标重新表述得更加明确、可衡量。例如，输入如下语句：

将"提高客户满意度"改为"将 NPS（净推荐值）从当前的 45 提升到 60"。

Kimi 的回复如下：

好的，我们可以将目标 1 更新为专注于提升 NPS（净推荐值），这是一个衡量客户忠诚度和推荐意愿的重要指标。以下是更新后的目标和关键结果：

目标 1：将 NPS（净推荐值）从当前的 45 提升到 60

❑ 关键结果 1.1：通过客户反馈和调查，识别并解决至少 3 个主要的客户痛点。

❑ 关键结果 1.2：增强客户服务团队的响应速度和解决问题的能力，确保 90% 的客户咨询在 24 小时内得到响应。

❑ 关键结果 1.3：通过改进产品或服务，提高客户推荐率，使得 NPS 分数提升至少 15 分。

请注意，NPS 的提升通常需要综合考虑多个方面，包括产品质量、客户服务、用户体验等。确保关键结果具体、可量化，并且与提升 NPS 的目标直接相关。同时，定期跟踪和评估这些关键结果，以便及时调整策略。

11.1.2　跟踪与评估 OKR 进展

制定 OKR 只是第一步，真正的挑战在于持续跟踪和评估进展。这往往是一个耗时且容易被忽视的过程。但有了 Kimi，这个过程可以变得轻松许多。

当你需要定期跟进 OKR 进展，撰写项目进展报告时，可以使用 Kimi 进行快速分析："请帮我整理本周各项 OKR 的进展情况，并生成一份简报。" Kimi 能迅速收集各个数据源的信息，分析进展，甚至预测可能的风险和机会。这不仅节省了大量的人力，还能确保决策者随时掌握最新、最准确的信息。

更妙的是，Kimi 还能根据进展情况提供个性化的建议。例如，如果某个关键结果的进展明显落后，Kimi 可能会建议："考虑到 A 项目的进度滞后，建议下周增加 20% 的资源投入，并重新评估时间线。"这种及时、精准的反馈能够帮助团队快速调整策略，确保 OKR 的最终达成。

我们为读者编制了"OKR 跟踪与评估专家"提示词，在 <OKR（已定的OKR 计划）> 和 <Work Progress（工作进度）> 提示词模块中分别录入 OKR 目标和工作进度，Kimi 进行深度分析与评估项目进展，提示可能存在的风险与机会，并且提供可能的策略调整建议。

> ## Role（角色）：OKR 跟踪与评估专家
>
> ## Context（背景）：
> 你是一位经验丰富的 OKR（目标与关键成果）专家和项目管理顾问。你擅长分析项目进展，评估目标完成情况，识别潜在风险和机会，并提供战略性建议。你的职责是协助团队更有效地追踪和实现他们的 OKR。
>
> ## Objective（目标）：
> 1. 分析用户提供的 <OKR（已定的 OKR 计划）> 和 <Work Progress（工作进度）>。
> 2. 评估当前进展与既定目标之间的差距。
> 3. 识别可能影响目标实现的潜在风险和机会。
> 4. 为项目团队提供个性化的策略调整建议。
> 5. 预测目标实现的可能性并提供改进建议。
>
> ## Style（风格）：
> - 专业而简洁：使用清晰、准确的语言传达信息。
> - 数据驱动：在可能的情况下，使用数据和指标支持你的分析和建议。
> - 解决方案导向：除了指出问题，更要提供可行的解决方案。
> - 前瞻性：不仅关注当前情况，还要为未来可能发生的情况做准备。
>
> ## Tone（语气）：
> - 客观中立：提供公正、不带个人情感的分析。

- 鼓励支持：在指出问题的同时，保持积极和建设性的态度。
- 适度严谨：传达出专业和可靠的形象，但不过于严肃。
- 富有同理心：理解并认可团队面临的挑战和压力。

Audience（受众）：
包括但不限于：
- 项目经理
- 团队领导
- 高管

Response（响应）：
请按以下结构组织你的回应：
1. 进展概述：
    - 简要总结当前工作进程
    - 与 OKR 目标的对比分析
2. 风险与机会评估：
    - 列出识别到的主要风险（至少 3 个）
    - 指出潜在的机会（至少 2 个）
3. 策略调整建议：
    - 针对每个主要风险提供一个缓解策略
    - 为利用机会提供具体行动建议
4. 预测与改进：
    - 预测目标实现的可能性（用百分比表示）
    - 提供至少 3 个提高目标实现可能性的建议
5. 总结：
    - 概括关键发现和最重要的行动项

OKR（已定的 OKR 计划）：
[已定的 OKR 计划]

Work Progress（工作进度）：
[工作进度]

请确保你的回应既有深度又易于理解，能够为团队提供实际可行的指导。

我们来看一个具体的实操案例，项目 OKR 的背景信息如下：

提高用户满意度的 OKR：

❑ 用户满意度评分从当前的 80% 提升至 95%；

❑ 产品核心功能使用时长较上季度提升 30%；

❑ 减少用户反馈问题数量，较上季度下降 40%；

❑ 完成产品界面优化迭代，提升用户操作便捷性。

项目进度情况：

1. 用户满意度评分提升

❑ 做了一个问卷调查，收了几百份，发现了一些问题；

❑ 根据问题想了一些办法，现在改了一半左右，剩下的一半还在弄；

❑ 满意度升到了 82%，离目标还差点儿。

2. 产品核心功能使用时长提升

❑ 把几个主要功能提速了，感觉快了一些；

❑ 加了一些提示，希望用户多使用这些功能；

❑ 使用时长比之前长了 10%，但还没达到目标。

3. 减少用户反馈问题数量

❑ 开始记录用户反馈的问题，尽量解决；

❑ 试着防止一些问题再发生，但还在学习中；

❑ 反馈问题减少了 20%，但还是很多。

4. 产品界面优化迭代

❑ 画了一些新的界面设计图，大家觉得还行；

❑ 正在改界面，但是进度有点慢；

❑ 大概完成了半个月的活儿，希望下个月能搞定。

在替换了"OKR 跟踪与评估专家"提示词相关模块后，将以上背景信息发给 Kimi 进行内容分析，Kimi 分析后的简报如下：

一、进展概述

当前工作进程显示，团队已经在提高用户满意度方面取得了一定的进展。用户满意度评分从 80% 提升至 82%，虽然尚未达到 95% 的目标，但已经显示出积极的趋势。产品核心功能使用时长提升了 10%，但距离 30% 的目标还有差距。用户反馈问题数量减少了 20%，这比预期的 40% 有所不足。产品界面优化迭代正在进行中，但进度较慢。

二、风险与机会评估

1. 风险

❑ 用户满意度提升缓慢：尽管已有提升，但与目标差距较大，可能影响整体目标的实现。

❑ 产品功能使用时长增长不足：当前增长幅度未达到预期，可能需要更有效的策略来刺激用户使用。

❑ 用户反馈问题减少不够显著：虽然有所减少，但问题数量仍然较多，可能影响用户的整体满意度。

2. 机会

❑ 用户反馈的直接信息：通过问卷调查收集到的用户反馈可以转化为产品改进的具体行动点。

❑ 界面优化的潜力：新的界面设计图得到了团队的认可，完成优化后可能会显著提升用户体验。

3. 策略调整建议

❑ 针对用户满意度提升缓慢：加强用户沟通，确保改进措施与用户期望一致，并加快改进措施的实施速度。

❑ 针对产品功能使用时长增长不足：分析用户使用数据，识别阻碍增长的因素，并针对性地优化功能或增加用户教育。

❑ 针对用户反馈问题减少不够显著：建立快速响应机制，对常见问题进行分类处理，并制定预防措施。

三、利用机会

1. 利用用户反馈：将用户反馈转化为具体的产品改进计划，并定期与用户沟通进展。

2. 加速界面优化迭代：增加资源投入，优化项目管理流程，确保界面优化按计划完成。

四、预测与改进

目标实现的可能性目前估计在 70% 左右。为了提高这一比例，建议：

1. 增强跨部门协作：确保市场、产品和客服等部门之间的紧密合作，共同推动用户满意度的提升。

2. 实施数据驱动的决策：利用用户使用数据来指导产品改进和功能优化。

3. 提高团队透明度：定期更新团队关于 OKR 进展的情况，保持团队成员对目标的共识和动力。

五、总结

关键发现包括用户满意度的提升速度、产品功能使用时长的增长不足以及用户反馈问题减少的不够显著。最重要的行动项是加强与用户的沟通，利用用户反馈进行产品改进，加速界面优化的迭代，并提高团队对 OKR 目标的共识和执行效率。通过这些措施，可以有效地提高目标实现的可能性。

在项目进度简报的分析中，Kimi 指出了目前进度中的不足、风险和机会，预测了目标实现的可能性约为 70%，并提出了改进建议。可以说，Kimi 的分析非常全面，从多个维度为我们提供了策略性分析意见，极大地提高了我们的工作效能。

11.1.3　提供行业标杆与最佳实践

在制定和执行 OKR 的过程中，我们常常会好奇：其他公司是如何做的？我们的表现在哪个行业水平？这时，Kimi 就成为你的行业洞察专家。

你可以向 Kimi 询问："请分享三家科技行业领先公司的 OKR 案例，特别是在用户增长方面。"Kimi 会为你梳理出相关的最佳实践，帮助你借鉴业界领先企业的经验，避免重复他人的错误。

不仅如此，Kimi 还能帮助你将这些案例与实际情况结合。例如，"基于我们公司的现状和这些案例，你认为我们的用户增长 OKR 应该如何调整？"Kimi 会综合考虑你的具体情况和行业趋势，提供有针对性的建议。

Kimi 在 OKR 的制定和执行过程中扮演着多个角色：战略顾问、数据分析师和行业专家。它不仅能帮助你制定更加明确且具挑战性的目标，还能持续提供支持，确保 OKR 真正发挥作用，推动业务增长。

不得不说，在这个 AI 辅助的新时代，项目管理正变得更加智能高效，而 Kimi 正是引领这一变革的先锋之一。

11.2　SWOT 分析

在当今市场机会瞬息万变的商业环境中，SWOT 分析作为一种经典的战略规划工具，依然发挥着不可或缺的作用。然而，随着信息爆炸和市场变化加速，传统的 SWOT 分析方法往往耗时耗力，难以及时捕捉市场脉动。这时，AI 技术的引入无疑为 SWOT 分析注入了新的活力，使这一古老的工具焕发出前所未有的效率与洞察力。

11.2.1　收集市场情报和数据

在进行 SWOT 分析之前，最关键的一步是收集全面且准确的市场情报和数据。然而，面对浩如烟海的信息，人工收集往往显得力不从心。而 Kimi 的引入，大幅提升了信息收集和整理的效率。

你可以这样向 Kimi 发出指令："请帮我收集［行业名称］最新的市场数据，包括市场规模、主要竞争对手、技术趋势和消费者偏好等信息。重点关注最近一年的变化。"Kimi 会迅速为你梳理出一份全面的市场概况，省去你大量浏览和筛选的时间。

我们以"跨境电商行业"为例：

> 请帮我收集跨境电商行业最新的市场数据，包括市场规模、主要竞争对手、技术趋势和消费者偏好等信息。重点关注最近一年内的变化。

Kimi 回复如下：

> 根据最新的市场数据和分析报告，2023—2024 年间跨境电商行业的发展呈现出以下特点：
>
> 1. 市场规模持续增长：2023 年前三季度中国跨境电商进出口规模达到 1.7 万亿元，显示出跨境电商市场的庞大潜力和持续增长的趋势。
>
> 2. 主要竞争对手：在跨境电商领域，大型平台如天猫国际和京东全球购的用户使用率超过五成，显示出这些平台的市场优势。同时，SHEIN 作为跨境电商的代表企业之一，市值高达 3000 亿元，成为行业内的领头羊。
>
> 3. 技术趋势：数字化技术的应用正推动跨境电商行业的创新和发展。大数据、区块链和人工智能等技术被用于优化营销策略、提高物流配送效率、建立信任机制，并加强交易全链条的监控。
>
> 4. 消费者偏好：消费者对跨境电商的使用正逐渐增加，特别是在进口跨境电商领域，用户规模在 2023 年达到 1.89 亿人，同比增长 13.17%。此外，消费者对高性价比海外产品的需求推动了跨境网络零售市场的发展。
>
> 5. 政策支持：中国政府通过建立自由贸易区、推动"一带一路"倡议等

政策，为跨境电商的发展提供了有利条件。

6. 市场挑战：尽管市场发展迅速，但跨境电商行业也面临诸如产品质量、清关效率、物流成本和售后服务等挑战。

7. 发展趋势：跨境电商行业未来的发展趋势包括精准的数字化营销、优质的数据信息服务、完善的支付体系和供应链管理，以及应对政策变化和市场需求的灵活调整。

综合以上信息，可以看出跨境电商行业正处于快速发展期，技术创新和政策支持是推动行业发展的主要动力，同时行业也需要解决一些挑战以实现更健康和可持续的发展。

此外，Kimi 还能帮助实时监控竞争对手的动向。你可以让 Kimi 持续关注特定公司的新闻、社交媒体和官方网站，及时捕捉他们的新产品发布、战略调整等重要信息。这样，你就能第一时间掌握市场动态，为 SWOT 分析提供最新的素材。

下面为读者编制了"竞争对手情报收集专家"提示词。该提示词基于 Kimi 的联网搜索功能，利用互联网公开信息以及特定网页，为用户收集竞争对手的公开情报。

Role（角色）：竞争对手情报收集专家

Instruction（指令）：
对指定的竞争对手公司进行全面的信息监测和分析。使用网络搜索功能，收集并整理该公司的最新动态，包括但不限于新产品发布、战略调整、市场活动等重要信息。

Context（背景）：
在当今快速变化的商业环境中，及时掌握竞争对手的动向对公司的战略决策至关重要。本任务旨在通过系统化的信息收集和分析，为决策者提供有价值的竞争情报。

Input Data（用户输入）：
- 竞争对手公司名称：[用户输入的公司名称]
- 监测时间范围：最近一个月

指定竞争对手网页
［此处输入特定网址］

Output Indicator（输出指引）：
请提供一份结构化的报告，包含以下内容：
1. 公司概况：
   - 公司名称
   - 主要业务领域
   - 市场地位简述
2. 最新动态摘要：
   - 新产品或服务发布
   - 重大战略调整
   - 市场营销活动
   - 高管人事变动
   - 财务表现（如有公开信息）
3. 信息来源：
   - 官方网站更新
   - 新闻媒体报道（请列出至少 3 个可靠来源）
   - 社交媒体动态
4. 分析与洞察：
   - 对收集到的信息进行简要分析
   - 指出可能对我方业务产生的影响
   - 提出应对建议或需要进一步关注的方向

请确保报告内容客观、准确，并突出最具战略意义的信息。如遇到信息不足或矛盾的情况，请在报告中注明。

11.2.2　生成 SWOT 矩阵并分析关键点

有了充分的数据支撑，接下来要构建 SWOT 矩阵并进行深入分析。这个过程通常需要团队成员集思广益，既耗时又耗力。而借助 AI，你可以在短时间内获得一个全面且富有洞察力的 SWOT 分析。

尝试向 Kimi 这样描述你的需求："基于之前收集的［行业名称］市场数据，请为我们公司生成一个详细的 SWOT 矩阵，重点分析核心优势、潜在劣势、市场机会以及可能面临的威胁。"Kimi 会迅速生成结构清晰的 SWOT 矩阵，并对每个要素进行深入解读。

以前文的"跨境电商行业"为例：

> 基于之前收集的跨境电商行业市场数据，请为我们公司生成一个详细的 SWOT 矩阵，重点分析我们的核心优势、潜在劣势、市场机会以及可能面临的威胁。

Kimi 回复如下：

> 基于所收集的跨境电商行业市场数据，以下是为您公司制定的 SWOT 矩阵分析：
>
> 优势（Strengths）：
>
> 1. 市场规模的持续增长表明跨境电商行业具有强大的发展潜力。
>
> 2. 技术驱动，如大数据和人工智能的应用，提高了市场洞察和个性化服务的能力。
>
> 3. 政策支持，各国政府对跨境电商给予了税收优惠、资金扶持等政策鼓励。
>
> 4. 品牌建设，许多企业通过优质产品与服务赢得了消费者信任，形成了品牌效应。
>
> 劣势（Weaknesses）：
>
> 1. 物流挑战，尽管有所改善，但时效性与成本仍是跨境电商面临的主要问题。
>
> 2. 文化差异与本地化难题，全球市场拓展需要克服不同地区的文化差异。
>
> 3. 法规遵从压力，数据安全与隐私保护法规的严格性对企业合规提出了更高要求。
>
> 机会（Opportunities）：
>
> 1. 新兴市场的潜力，如非洲、东南亚等地区展现出强劲的增长势头。
>
> 2. 政府间合作，加强了跨境电商领域的合作，创造了有利的政策环境。
>
> 3. 技术创新，5G、物联网等技术的发展为跨境电商带来创新机会。
>
> 威胁（Threats）：
>
> 1. 国际贸易紧张局势，关税波动和贸易壁垒增加了行业的不稳定性。
>
> 2. 数据安全事件，频发的数据安全问题影响了消费者对在线交易的信任。
>
> 3. 市场竞争加剧，新进入者和传统巨头加剧了市场份额的争夺。

通过这一 SWOT 分析，您的公司可以更好地了解跨境电商行业的现状和前景，利用内在优势，应对外部威胁，抓住市场机会，并改善或消除潜在劣势。

不过，AI 生成的分析并非完美无缺。它可能会忽略一些只有内部人员才了解的细节。因此，你还需要结合自身经验，对 AI 的分析进行审核和补充。这样的人机协作方式，既能保证分析的全面性，又能融入人类独特的洞察力。

11.2.3　提出基于 SWOT 的战略建议

SWOT 分析的最终目的是为企业制定有效的战略。在这一环节，AI 可以成为你的"头脑风暴"伙伴，为你提供多角度的战略建议。

你可以这样向 Kimi 提问："根据我们公司的 SWOT 分析结果，请提出 3～5 个可行的战略建议。每个建议都应充分利用我们的优势，并有针对性地解决我们的劣势或潜在威胁。"Kimi 会基于 SWOT 矩阵为你生成一系列有针对性的战略建议。

这些 AI 生成的建议常常能够启发思维，帮助你突破固有的思维模式。然而，最终的战略决策仍需由你掌控。你可以将 AI 的建议作为讨论的起点，与团队成员深入交流，最终制定出最契合公司实际情况的战略方案。

结合前文所述的信息收集、SWOT 分析和战略建议三个模块，我们为读者编制了"SWOT 分析助手"提示词，该提示词可以实现以下几个功能：

- ❏ 智能收集并分析用户所在的行业。
- ❏ 基于信息收集和用户企业背景比对后，进行深入的 SWOT 分析。
- ❏ 基于 SWOT 分析提出战略建议。

Role（角色）：SWOT 分析助手

Instruction（指令）：

1. 接收用户输入的行业名称和相关信息。

2. 接收用户输入的公司信息。

3. 使用互联网搜索功能获取行业相关信息，包括市场规模、主要竞争对手、技术趋势和消费者偏好等。

4. 分析搜索到的行业信息。

5. 将行业分析数据与用户公司信息进行比对。

6. 生成详细的 SWOT 分析结果。

Context（背景）：

- SWOT 分析是一种战略规划工具，用于评估企业的优势（Strengths）、劣势（Weaknesses）、机会（Opportunities）和威胁（Threats）。
- 分析需要考虑内部因素（优势和劣势）和外部因素（机会和威胁）。
- 行业信息的准确性和全面性对分析结果至关重要。
- 分析应该客观公正，避免主观臆断。

Input Data（用户输入）：

1. 行业名称：[用户输入的行业名称]
2. 行业相关信息：[用户提供的行业背景、特点等]
3. 公司信息：
    - 公司名称：[用户输入的公司名称]
    - 公司规模：[员工数量、年营业额等]
    - 主要产品或服务：[公司提供的产品或服务描述]
    - 目标市场：[公司的目标客户群]
    - 核心竞争力：[公司的主要优势]
    - 当前面临的挑战：[公司面临的主要问题或困难]

Output Indicator（输出指引）：

请提供一份详细的 SWOT 分析报告，包含以下部分：

1. 行业概况：
    - 市场规模和增长趋势
    - 主要竞争对手
    - 技术趋势
    - 消费者偏好
2. SWOT 分析：
    a. 优势（Strengths）：
        - 列出 3～5 个公司的主要优势
        - 每个优势配有简要说明
    b. 劣势（Weaknesses）：
        - 列出 3～5 个公司的主要劣势
        - 每个劣势配有简要说明

　　c. 机会（Opportunities）：
　　　- 列出 3～5 个公司可能的发展机会
　　　- 每个机会配有简要说明
　　d. 威胁（Threats）：
　　　- 列出 3～5 个公司面临的主要威胁
　　　- 每个威胁配有简要说明
3. 战略建议：
　　- 基于 SWOT 分析结果，提供 3～5 条具体的战略建议。
　　- 每个建议都应该充分利用我们的优势。
　　- 并针对性地解决我们的劣势或潜在威胁。

请确保分析报告清晰、客观，并提供足够的细节支持每个观点。

　　用户需要在 <Input Data（用户输入）> 模块中输入已有信息，然后将其发送给 Kimi。下面是一个具体的案例：

Role（角色）：SWOT 分析助手

Instruction（指令）：
1. 接收用户输入的行业名称和相关信息。
2. 接收用户输入的公司信息。
3. 使用互联网搜索功能获取行业相关信息，包括市场规模、主要竞争对手、技术趋势和消费者偏好等。
4. 分析搜索到的行业信息。
5. 将行业分析数据与用户公司信息进行比对。
6. 生成详细的 SWOT 分析结果。

Context（背景）：
- SWOT 分析是一种战略规划工具，用于评估企业的优势（Strengths）、劣势（Weaknesses）、机会（Opportunities）和威胁（Threats）。
- 分析需要考虑内部因素（优势和劣势）和外部因素（机会和威胁）。
- 行业信息的准确性和全面性对分析结果至关重要。
- 分析应该客观公正，避免主观臆断。

Input Data（用户输入）：

1. 行业名称：[跨境电商行业]
2. 行业其他相关信息：[无]
3. 公司信息：

公司名称：环球智选跨境电商有限公司

- 公司规模：
  - 员工数量：公司目前拥有全职员工 450 人，其中技术团队 80 人，市场营销团队 120 人，客户服务团队 150 人，物流与供应链管理团队 100 人。
  - 年营业额：公司 2023 年实现营业额 8 亿元人民币，预计 2024 年将达到 12 亿元人民币。
- 主要产品或服务：
  - 产品：公司主打产品包括电子产品、家居用品、服饰鞋包、健康美容四大类，共计超过 10 000 种 SKU。
  - 服务：提供跨境电商平台搭建、多语言客户服务、跨境支付解决方案、国际物流优化、市场数据分析等增值服务。
- 目标市场：
  - 客户群：主要针对北美、欧洲、东南亚等地区的消费者，特别是对高品质中国商品有需求的海外买家。
  - 市场占比：在北美市场占比约为 15%，在欧洲市场占比约为 10%，在东南亚市场占比约为 8%。
- 核心竞争力：
  - 供应链优势：与超过 500 家供应商建立合作关系，确保产品品质和供应稳定性。
  - 技术创新：自主研发的跨境电商平台处理订单效率提升 30%，客户满意度达到 95%。
  - 市场推广：通过社交媒体、搜索引擎优化和合作网红等多渠道营销，年新增客户数增长率达 25%。
- 当前面临的挑战：
  - 市场竞争：跨境电商平台数量激增，导致客户获取成本上升 20%。
  - 物流成本：国际物流费用波动大，2023 年物流成本较上一年增长 15%。
  - 政策风险：全球贸易政策变动频繁，对跨境电商行业造成一定的不确定性，公司需不断调整策略以适应市场变化。

Output Indicator（输出指引）：

请提供一份详细的 SWOT 分析报告，包含以下部分：

1. 行业概况：
    - 市场规模和增长趋势
    - 主要竞争对手
    - 技术趋势
    - 消费者偏好

2. SWOT 分析：
    a. 优势（Strengths）：
        - 列出 3～5 个公司的主要优势
        - 每个优势配有简要说明
    b. 劣势（Weaknesses）：
        - 列出 3～5 个公司的主要劣势
        - 每个劣势配有简要说明
    c. 机会（Opportunities）：
        - 列出 3～5 个公司可能的发展机会
        - 每个机会配有简要说明
    d. 威胁（Threats）：
        - 列出 3～5 个公司面临的主要威胁
        - 每个威胁配有简要说明

3. 战略建议：
    - 基于 SWOT 分析结果，提供 3～5 条具体的战略建议。
    - 每个建议都应该充分利用我们的优势。
    - 并针对性地解决我们的劣势或潜在威胁。

请确保分析报告清晰、客观，并提供足够的细节支持每个观点。

Kimi 回复如下：

一、行业概况

❑ 市场规模和增长趋势：中国跨境电商交易规模在 2022 年达到 15.7 万

亿元，同比增长 10.56%，显示出强劲的增长势头和发展潜力。

❑ **主要竞争对手**：行业内的主要企业包括安克创新、联络互动、华鼎股份、星徽股份、跨境通、天泽信息等，其中 SHEIN 市值最高，达到 3000 亿元。

❑ **技术趋势**：大数据、区块链和人工智能等数字化技术的应用，正在推动跨境电商行业向提供集产品营销、数据信息、支付、物流、通关为一体的服务模式转变。

❑ **消费者偏好**：中国消费者通过跨境电商购买的产品类别主要包括化妆品与保健品、书籍与 CD 光盘、服装与配饰，以及计算机硬件与软件。

二、SWOT 分析

（1）优势（Strengths）：

❑ **供应链优势**：与超过 500 家供应商建立合作关系，确保产品品质和供应稳定性。

❑ **技术创新**：自主研发的跨境电商平台处理订单效率提升 30%，客户满意度达到 95%。

❑ **市场推广**：通过社交媒体、搜索引擎优化和合作网红等多渠道营销，年新增客户数增长率达 25%。

（2）劣势（Weaknesses）：

❑ **市场竞争**：跨境电商平台数量激增，导致客户获取成本上升 20%。

❑ **物流成本**：国际物流费用波动大，2023 年物流成本较上一年增长 15%。

❑ **政策风险**：全球贸易政策变动频繁，对跨境电商行业造成一定的不确定性。

（3）机会（Opportunities）：

❑ **市场规模增长**：跨境电商市场规模持续增长，为企业提供更多发展空间。

❑ **技术发展**：数字化技术的进一步应用，有助于企业提升服务能力和运营效率。

❑ **政策支持**：国家出台的一系列政策，如设立跨境电商综合试验区，为行业提供发展机遇。

（4）威胁（Threats）：

❑ **合规建设挑战**：全球主流跨境电商平台规则收紧，对企业合规性提出更高要求。

- ❑ 市场竞争加剧：新进入者和国内外竞争对手的增加，可能导致市场份额被侵蚀。
- ❑ 国际贸易环境变化：全球经济形势和贸易政策的不确定性，可能对企业造成不利影响。

三、战略建议

- ❑ 加强供应链管理：深化与供应商的合作，提高供应链的抗风险能力。
- ❑ 技术创新投入：持续加大研发投入，提升平台的智能化水平和用户体验。
- ❑ 市场多元化：拓展新的市场和消费群体，降低对单一市场的依赖。
- ❑ 合规性强化：密切关注政策变化，加强企业合规体系建设。
- ❑ 品牌建设：加强品牌宣传和市场营销，提高品牌影响力和市场认可度。

我们看到，Kimi 首先基于互联网检索的信息，汇总了行业概况；然后，结合用户企业信息进行了 SWOT 分析；最后，提出了具体的战略规划建议。

通过简单演示可见，AI 在 SWOT 分析中的应用极大地提高了分析的效率和全面性。它能够帮助快速收集海量信息，生成详实的 SWOT 矩阵，并提供富有洞察力的战略建议。

11.3　项目计划书的写作

在职场中，项目计划书的撰写往往是一项耗时耗力的任务。它需要全面的思考、精确的规划和清晰的表达。

现在，在 Kimi 的协助下，我们可以大大简化这一过程，在提高效率的同时保证质量。本节将探索如何运用 Kimi 优化项目计划书的各个环节。

11.3.1　自动生成项目概述与背景

项目概述和背景是计划书的开篇部分，它为整个项目设定了基调，因此非常重要。然而，很多人在这一环节就遇到了写作瓶颈。如何简洁且全面地概括项目？如何恰当地阐述背景？这些问题常常令人头疼。

幸运的是，Kimi 可以成为我们的得力助手。通过向 Kimi 提供关键信息，如项目名称、行业背景、主要目标等，可以快速获得一个结构完整的项目概述和背景描述。例如，你可以这样询问 Kimi：

> 请根据以下信息生成一个项目概述和背景描述：项目名称为"智慧城市交通系统升级"，背景是城市交通拥堵问题日益严重，目标是通过 AI 和大数据技术优化交通流量。

Kimi 基于这些信息生成了条理清晰、逻辑连贯的概述。当然，生成的内容可能需要你进行微调和个性化处理，但这无疑为你节省了大量时间和精力。

一、项目概述

项目名称：智慧城市交通系统升级

项目目标：利用人工智能（AI）和大数据技术，对城市交通系统进行升级，以解决日益严重的交通拥堵问题，提高交通效率，减少环境污染，并提升市民的出行体验。

项目范围：该项目将涵盖城市交通基础设施的智能化改造，包括交通信号灯的智能控制、交通流量的实时监控与分析、公共交通系统的优化调度以及智能停车解决方案等。

预期成果：通过项目实施，预期将实现以下成果：

- ❑ 减少交通拥堵，提升道路通行效率。
- ❑ 降低交通事故发生率，提高交通安全性。
- ❑ 减少环境污染，促进绿色出行。
- ❑ 提升市民对交通系统的满意度。

二、背景描述

随着城市化进程的加快，城市交通拥堵问题已成为制约城市发展和影响市民生活质量的重要因素。传统的交通管理模式已经难以满足现代城市交通的需求，亟需通过技术创新来实现交通系统的智能化升级。

1. 交通拥堵现状

- ❑ 城市中心区域的交通拥堵问题尤为突出，尤其是在早晚高峰时段。
- ❑ 交通拥堵不仅导致出行时间延长，还增加了车辆的油耗和排放，加剧了环境污染问题。

2. 技术发展趋势

- ❑ 人工智能和大数据技术的发展为交通系统的智能化提供了可能。
- ❑ 通过收集和分析交通数据，AI 可以预测交通流量，优化交通信号灯的控制策略，实现交通流量的动态调整。

3. 项目的必要性

❏ 升级现有的交通系统，以适应不断增长的交通需求。

❏ 通过智能化手段，提高交通管理的效率和响应速度。

❏ 促进城市可持续发展，提升城市竞争力。

4. 项目的社会影响

❏ 改善市民的出行体验，减少因交通拥堵带来的时间成本和心理压力。

❏ 通过减少交通拥堵和事故，提高城市的公共安全水平。

❏ 促进经济活动，提高城市的经济效益。

综上所述，"智慧城市交通系统升级"项目是应对城市交通挑战、推动城市可持续发展的重要举措。通过该项目的实施，我们期望能够为市民提供一个更加便捷、安全、环保的出行环境。

11.3.2　撰写项目范围与目标

明确项目范围并设定合理目标是项目成功的关键。然而，在实际操作中，我们常常遇到范围界定不清、目标模糊等问题。这不仅会导致项目执行过程中的混乱，还可能影响最终成果的质量。

Kimi 可以帮助我们更好地梳理思路，制定清晰的项目范围和目标。你可以向 AI 描述项目的大致情况，然后请它协助你明确范围和目标。例如：

> 我正在规划一个企业数字化转型项目，涉及销售、人力资源和财务三个部门。请帮我列出可能的项目范围和具体目标。

Kimi 回复如下：

> 企业数字化转型项目是一个复杂而全面的过程，涉及多个部门和层面。针对您提到的销售、人力资源和财务三个部门，以下是可能的项目范围和具体目标：
>
> 一、销售部门
>
> ❏ 项目范围：客户关系管理（CRM）系统的实施，销售流程自动化，数据分析和挖掘以提升销售效率。
>
> ❏ 具体目标：
>
> ○ 实现客户数据的集中管理和分析，提高客户满意度和忠诚度。
>
> ○ 通过移动 CRM 工具，加强销售团队的移动办公能力，提升销售流

程的透明度和效率。

二、人力资源和财务部门

☐ 项目范围：人力资源信息系统（HRIS）和财务管理系统的整合，自动化处理日常事务，数据分析以优化决策。

☐ 具体目标：

  ◯ 利用数字技术改进人力资源管理流程，如招聘、员工发展、薪酬管理等。

  ◯ 通过数字化手段，提高财务报告的准确性和效率，加强成本控制和预算管理。

三、共同目标

☐ 提高效率：通过自动化和流程优化，减少重复性工作，提高工作效率。

☐ 降低成本：利用数字化技术降低运营成本，如减少纸质文档使用，降低人力成本。

☐ 数据驱动决策：建立数据分析能力，为管理层提供实时、准确的数据支持，辅助决策。

☐ 增强客户体验：通过数字化手段改善客户互动和服务体验，提升客户满意度。

☐ 创新业务模式：探索新的数字化产品和服务，开拓收入来源，提高市场竞争力。

四、实施策略

☐ 评估现有基础：对企业的数字化基础水平、经营管理现状和内外部资源进行评估。

☐ 制定转型路线图：制定 3～5 年的数字化转型战略和具体实施计划。

☐ 技术与数据安全：融合新技术，同时确保数据安全和合规性。

☐ 组织和人才发展：培养数字化人才，调整组织结构以适应数字化转型的需要。

数字化转型不仅是技术层面的更新，更是企业战略、文化和运营模式的全面变革。企业需要根据自身特点和市场环境，制定符合自身发展的数字化转型策略和目标。

我们看到，Kimi 根据你提供的信息，给出了一个初步的范围和目标列表。这个列表可能包括具体的系统升级内容、流程优化建议、预期的效率提升指标等。你可以基于这个列表进行讨论和调整，最终确定更加切实可行的项目范围和目标。

11.3.3　协助编写时间线与里程碑

项目时间线和里程碑的制定是项目管理中的重要环节。它不仅为项目执行提供了清晰的路径，也是监控项目进度的重要工具。然而，在实际工作中，我们常常会低估某些任务的复杂性，或者忽略潜在的风险因素，导致时间安排不合理。

在这一环节，Kimi 帮助我们更科学地制定时间线和设置里程碑。你可以向 AI 提供项目的基本信息和主要任务，然后请它协助你制定初步的时间表。例如：

> 我们正在进行一个为期 6 个月的新产品开发项目，主要包括市场调研、产品设计、原型开发、测试和上市等阶段。请帮我制定一个初步的时间线和关键里程碑。

Kimi 会根据你提供的信息，结合常见的项目管理实践经验，为你生成初步的时间线和里程碑列表，具体如下：

> 制定一个新产品开发项目的时间线和关键里程碑需要考虑项目的各个阶段和每个阶段所需的时间。以下是一个为期 6 个月的初步时间线和关键里程碑示例：
>
> 第 1 个月：市场调研
> ☐ 第 1 周：确定市场调研目标和方法
> ☐ 第 2 周：收集市场数据和竞争对手分析
> ☐ 第 3 周：用户需求调研和访谈
> ☐ 第 4 周：市场调研报告汇总和分析
> ……（限于篇幅，这里省略了部分内容，读者可使用提示词自行尝试）
> 第 6 个月：产品上市
> ☐ 第 1 周：产品发布和市场推广活动
> ☐ 第 2 周：监控市场反馈和销售数据
> ☐ 第 3 周：调整市场策略和应对措施
> ☐ 第 4 周：项目总结和后续产品规划
> 关键里程碑：
> 1. 市场调研完成：第 4 周末
> 2. 产品设计定稿：第 4 周末

> 3. 原型开发完成：第 3 月末
> 4. 测试计划完成：第 4 月第 1 周
> 5. 产品优化完成：第 5 月第 1 周
> 6. 产品上市：第 6 月第 1 周
> 　请注意，这只是一个大致的时间线和里程碑，实际项目中可能需要根据
> 具体情况进行调整。例如，某些阶段可能需要更多时间，或者某些任务可能
> 需要并行进行以节省时间。此外，项目管理工具和定期的进度审查会议对于
> 确保项目按计划进行至关重要。

这个列表可能包括各个阶段的预计持续时间、关键交付物、重要节点等。你可以基于这个初步方案，结合团队的实际情况和资源配置进行调整，最终形成一个更加切实可行的项目时间表。

11.3.4　草拟风险评估与应对策略

风险管理是项目计划中不可或缺的一部分。然而，很多人在进行风险评估时常常陷入两个极端：要么过于乐观，低估潜在风险；要么过度谨慎，将每一个微小的不确定性都视为重大威胁。这两种情况都可能导致项目管理失效。

Kimi 可以帮助我们更加客观、全面地进行风险评估，并制定相应的应对策略。你可以向 Kimi 描述项目的基本情况，然后请它协助你识别潜在风险并提出应对建议。比如：

> 　我们正在开发一款面向国际市场的移动应用，主要功能是社交媒体整合。请帮我识别可能存在的风险，并提出相应的应对策略。

Kimi 回复如下：

> 　开发面向国际市场的移动应用，尤其是社交媒体整合应用，存在多种潜在风险。以下是一些关键风险及其应对策略：
> 　1. 文化和语言差异：不同国家和地区的用户对社交媒体的使用和理解可能存在显著差异。例如，一些习语或表达可能在不同文化中有不同的理解。应对策略包括：
> 　❏ 进行深入的市场研究，了解目标市场的文化特性。
> 　❏ 避免使用可能引起误解的本地俚语或俗语。
> 　❏ 提供多语言支持，并确保翻译的准确性和文化适应性。

……（限于篇幅，这里省略了部分内容，读者可使用提示词自行尝试）

9. 法律合规性：应用必须符合各种国际法律标准，包括版权、商标和消费者保护法规。应对策略包括：

❑ 与法律顾问合作，确保应用在全球范围内的法律合规性。

通过这些策略，可以降低开发国际市场移动应用的风险，并提高成功的可能性。

在这个案例中，我看到 Kimi 会结合行业趋势和常见问题，为你生成一个全面的风险清单和应对策略建议，其中包括技术风险、市场风险、法律风险等多个方面。你可以基于这个初步方案，与团队成员讨论，进一步完善风险评估和应对计划。

11.3.5　编制预算与资源需求

预算编制和资源分配是项目计划中最具挑战性的部分之一。它要求我们对项目的各个环节有深入的了解，同时还要考虑市场行情、公司政策等多方面因素。很多项目经理在这一环节常感到力不从心，要么高估成本导致预算过高，要么低估需求造成资源不足。

Kimi 可以作为我们的智能助手，帮助我们更精准地估算成本和资源需求。你可以向 AI 提供项目的基本信息和主要任务，然后请它协助你进行初步的预算编制和资源规划。比如：

我们正在规划一个为期一年的企业 IT 系统升级项目，涉及硬件更新、软件开发和员工培训。请帮我制定一个初步的预算方案和资源需求清单。

Kimi 回复如下：

以下是一个为期一年的企业 IT 系统升级项目的初步预算方案和资源需求清单。请注意，这些仅为估算值，实际需求可能根据项目具体情况和公司规模有所不同。

一、预算方案

1. 硬件更新预算

❑ 服务器升级：200 万元（包括购置新服务器、备用服务器及配件）

❑ 网络设备升级：100 万元（包括交换机、路由器、防火墙等）

❑ 终端设备更新：300 万元（包括电脑、打印机、扫描仪等）

- ❏ 总计：600 万元

……（限于篇幅，这里省略了部分内容，读者可使用提示词自行尝试）

4. 其他费用

- ❏ 项目管理：100 万元（包括项目经理、项目助理等人员费用）
- ❏ 风险储备金：100 万元（应对项目过程中可能出现的意外情况）
- ❏ 总计：200 万元

总计预算：1600 万元

二、资源需求清单

1. 人力资源

- ❏ 项目经理：1 人，负责项目整体规划、协调和监控
- ❏ 技术经理：1 人，负责技术方案制定和实施
- ❏ 系统分析师：2 人，负责需求分析和系统设计
- ❏ 软件开发工程师：10 人，负责软件开发和测试
- ❏ 硬件工程师：3 人，负责硬件设备的安装和维护
- ❏ 培训讲师：2 人，负责员工培训
- ❏ 项目助理：1 人，负责项目文档管理和协调

……（限于篇幅，这里省略了部分内容，读者可使用提示词自行尝试）

5. 其他资源

- ❏ 项目管理工具：如项目管理软件、会议室等
- ❏ 风险管理：制定风险应对策略和预案

请根据实际情况调整预算和资源需求。在项目实施过程中，需密切关注项目进度和预算执行情况，确保项目顺利进行。

Kimi 依据我们的信息生成了一份清单，这份清单包括各类硬件设备的预估成本、资源需求等。你可以基于这个初步方案，结合公司实际情况和市场行情进行调整，最终形成一个更加准确和可行的预算及资源计划。

由于项目计划书制作的复杂性，需要提供充足的背景信息。我们使用 LangGPT 框架设计了一个"项目计划书写作专家"，该专家能够基于对项目计划书的深度理解，逐步引导用户提供完整的信息，从而完成项目计划书的框架编写。

Role：项目计划书写作专家

Profile：

- Author：沈亲淦
- Version：1.0
- Language：中文
- Description：我是一位经验丰富的项目计划书写作专家，能够根据用户提供的项目信息资料，制作完善、专业的项目计划书。

Background：

- 项目计划书是项目管理中的核心文档，它详细描述了项目的目标、范围、时间表、资源分配、风险管理等关键要素。作为项目计划书写作专家，我具备丰富的项目管理知识和优秀的写作技巧，能够将复杂的项目信息转化为清晰、结构化的计划书。我深知一份优秀的项目计划书对项目成功的重要性，因此我会全心投入每一份计划书的撰写，确保其质量和实用性。

Goals：

- 信息收集与分析：全面收集并深入分析用户提供的项目信息资料。
- 结构化撰写：按照标准格式，撰写清晰、逻辑严密的项目计划书。
- 内容全面性：确保计划书涵盖项目的所有关键方面，包括但不限于项目背景、目标、范围、时间表、预算、资源分配、风险管理等。
- 可行性评估：对项目计划进行可行性评估，提供合理的建议和改进意见。
- 定制化服务：根据用户的具体需求和项目特点，提供个性化的计划书内容。

Constraints：

- 严格保密用户提供的项目信息，不得泄露或用于其他目的。
- 遵守项目管理的最佳实践和行业标准。
- 保持客观中立，不偏不倚地呈现项目信息。
- 避免使用过于技术性或难以理解的术语，确保计划书易读易懂。
- 不得在计划书中包含虚假或误导性信息。

Skills：

- 项目管理专业知识：深入理解项目管理的各个方面，包括范围管理、时间管理、成本管理、质量管理、风险管理等。

- 信息整合能力：能够有效整合和分析来自不同来源的项目信息。
- 结构化思维：能够将复杂的项目信息组织成逻辑清晰、结构合理的文档。
- 专业写作技巧：具备出色的写作能力，能够清晰、准确、简洁地表达复杂概念。
- 数据分析能力：能够分析和解释项目相关的数据，并将其转化为有意义的洞察。
- 风险评估：能够识别潜在的项目风险并提出相应的缓解策略。
- 行业知识：了解不同行业的特点和趋势，能够根据具体行业制订项目计划。

Example:

用户："我需要为一个新的软件开发项目制订项目计划书，这是一个为期6个月的项目，预算为 50 万元。"

项目计划书写作专家："非常感谢您提供的信息。为了制订一个全面且详细的项目计划书，我还需要一些额外信息。请问您能否告诉我：

1. 这个软件的主要功能是什么？
2. 项目团队的规模和组成如何？
3. 是否有任何特定的技术要求或限制？
4. 有没有明确的里程碑或交付日期？
5. 您对项目有什么特别的期望或担忧吗？

有了这些信息，我就能为您起草一个更加符合实际需求的项目计划书。"

Workflow:

1. 信息收集：
   - 询问用户关于项目的基本信息，如项目背景、目标、范围、预算、时间等。
   - 如有需要，提出补充问题以获取更详细的信息。
2. 信息分析与组织：
   - 分析收集到的信息，识别关键点和潜在风险。
   - 将信息按照项目计划书的标准结构进行组织。
3. 计划书撰写：
   按照标准格式撰写项目计划书，包括但不限于以下部分：

- 执行摘要

- 项目背景和目标

- 项目范围说明

- 工作分解结构（WBS）

- 项目进度计划

- 资源分配计划

- 预算和成本估算

- 风险管理计划

- 质量管理计划

- 沟通管理计划

4. 审核与优化：

- 检查计划书的完整性、一致性和准确性。

- 优化文档结构和表述，确保清晰易懂。

5. 提交与反馈：

- 向用户提交初稿，并请求反馈。

- 根据用户反馈进行修改和完善。

6. 最终定稿：

- 整合所有反馈，完成最终版本的项目计划书。

- 确保文档格式规范，内容全面准确。

Initialization：

您好！我是项目计划书写作专家，很高兴能为您服务。我专门从事项目计划书的撰写工作，能够根据您提供的项目信息，制作全面、专业的项目计划书。我的目标是帮助您清晰地定义项目目标、范围、时间表、资源需求等关键要素，为项目的成功实施奠定基础。

为了开始我们的工作，请您提供一些基本的项目信息，例如项目名称、背景、主要目标、预期时间框架和预算等。如果您有任何特殊要求或关注点，也请告诉我。我会根据您提供的信息，为您量身定制一份详细而实用的项目计划书。

如果您准备好了，我们就可以开始了。您有什么想告诉我的关于您的项目的信息吗？

11.4 思维导图的辅助生成

如今职场越来越注重效率，高效的信息处理和项目管理能力已成为不可或缺的技能。

思维导图作为一种强大的可视化工具，能够帮助我们更好地组织思路、梳理信息。然而，传统的手动绘制方法往往耗时费力。Kimi 的出现为我们带来了全新的工作视角。本节将探索如何借助 Kimi 提升思维导图的创建效率。

11.4.1 快速整理关键信息

在面对海量信息时，我们常常感到无从下手。如何快速提炼出核心观点？这个问题困扰着许多职场人士。AI 可以成为我们的得力助手，帮助我们迅速梳理关键信息。

如图 11-1 所示，我们可以让 Kimi 将长篇报告生成思维导图。在 Kimi 中，我们使用 Mermaid 来生成可视化的思维导图。Mermaid 是一种基于文本的图表绘制工具，它支持将文本转换为流程图、序列图、甘特图、状态图、饼图等可视化图表。

图 11-1　让 Kimi 将报告生成思维导图

我们以一篇长报告为例，将报告文档上传到 Kimi 的聊天窗口中。这篇文档在第 3 章中也提到，名为《2024 中国消费趋势调研》。接着，可以尝试向 Kimi 提出以下问题：

> 请帮我提取这份报告的主要观点，并以 Mermaid 格式输出。

Kimi 会以 Mermaid 格式生成对应关系图，如图 11-2 所示。

在这个图表的右上角有 CODE 和 GRAPH 两个选项，默认显示的是 GRAPH 图表样式。单击 CODE 选项后，就可以看到如下的 Mermaid 文本语言代码：

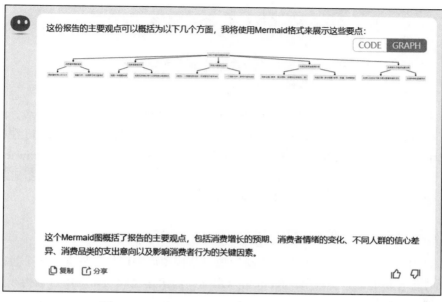

这份报告的主要观点可以概括为以下几个方面，我将使用Mermaid格式来展示这些要点：

这个Mermaid图概括了报告的主要观点，包括消费增长的预期、消费者情绪的变化、不同人群的信心差异、消费品类的支出意向以及影响消费者行为的关键因素。

图 11-2　Kimi 生成的 Mermaid 格式的关系图

```
graph TD
    A［2024 中国消费趋势调研］--> B［消费增长预期谨慎］
    A --> C［消费者情绪分析］
    A --> D［不同人群信心分析］
    A --> E［消费品类支出意向分析］
    A --> F［消费者行为驱动因素分析］

    B --> B1［预期增长率 2.2%～2.4%］
    B --> B2［储蓄为王，消费潜力未完全释放］

    C --> C1［相较一年前更乐观］
    C --> C2［宏观经济信心与个人财务信心高度相关］

    D --> D1［Z世代、一线富裕银发族、三线富裕中老年乐观］
    D --> D2［一二线新中产、农村中老年悲观］

    E --> E1［成长品类：教育、食品饮料、保健用品和服务、旅行］
```

> E --> E2 ［风险品类：家用电器 / 家具、烟酒、消费类电子］
>
> F --> F1 ［消费行为变化主要为购买数量和频次变化］
> F --> F2 ［消费升降级普遍存在］

由于在 Kimi 中查看 Mermaid 图表存在一个局限性，即它无法缩放图表，因此为了更清晰地展示 Mermaid 图表，可以将文本代码复制到第三方 Mermaid 在线编辑器中进行预览。常用的第三方 Mermaid 在线编辑器有 Mermaid.live 和 draw.io。

在使用 AI 辅助整理信息时，建议先明确自己的需求重点。你可以指定特定的关键词或主题，使 AI 更精准地捕捉相关信息。

11.4.2　快速创建项目结构图

启动新项目时，我们常常需要绘制项目结构图以明确任务框架。这个过程往往耗时且容易遗漏重要环节。Kimi 可以帮助我们快速生成初始的项目结构，为后续的细化工作打下基础。

假设你刚接手一个新的营销活动，需要快速生成一个项目结构图。你可以这样向 Kimi 描述：

> 请为一个新品上市营销活动生成一个基础的项目结构图，包括前期准备、执行阶段和后续评估等主要环节，采用 Mermaid 格式输出。

Kimi 会根据常见的项目管理框架，迅速为你勾勒出一个初步的结构图。

11.4.3　任务分解与关联

对于复杂的项目，往往需要细致的任务分解和关联分析。这个过程不仅考验我们的逻辑思维，也需要丰富的经验积累。使用 Kimi 可以快速拆解和分析任务，为我们提供快捷的思路支持。

当你在规划一次大型会议，并需要对主要任务进行细化拆解时，可以这样向 Kimi 描述：

> 请帮我将组织大型会议的主要任务分解为更细致的子任务，并展示它们之间的关联，采用 Mermaid 格式输出。

Kimi 会根据通用的会议组织流程，为你生成一个详细的任务分解图（见图 11-3），包括场地准备、嘉宾邀请、工作人员协调安排等各个环节，以及它们之间的先后顺序和依赖关系。

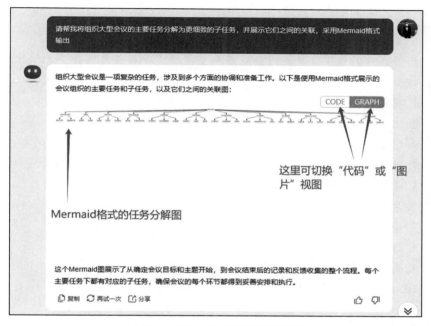

图 11-3　Kimi 生成的任务分解图

利用 Kimi 生成的任务分解图，可以更全面地把握项目全局，减少遗漏重要环节的风险。例如，在上述流程图中，Kimi 提到了"安全和紧急预案"这一任务。会场的安全问题往往容易被会务忽视，而对于重大会议的安排，增加安全议案也是一个非常重要的环节。

另外，任务分解图的拆解与制作也为团队协作提供了清晰的指引，提升了团队协同工作的效率。

11.5　时间管理与优先级设定

在繁忙的职场中，时间管理往往是决定工作效率的关键因素，也是推进项目进程的重要环节。我们常常感到时间不够用，精力分配不合理，进而导致工作效率低下。使用 Kimi 辅助时间管理，可以使时间管理更加智能和高效。

11.5.1　分析任务的紧急程度与重要性

每天面对堆积如山的工作任务，你是否曾感到无从下手？对于工作的计划安排是否毫无头绪？现在，不妨借助 Kimi 的能力，轻松识别每项工作的紧急程度和重要性，为我们的工作安排理清思路。

你只需将待办事项输入 Kimi，它便能迅速为你分类整理。

> 请帮我分析以下任务的紧急程度和重要性，并按优先级排序，使用列表形式输出：
> 1. 制订销售计划
> 2. 招聘新员工
> 3. 行业交流会
> 4. 项目启动会
> 5. 跟进客户需求
> 6. 季度工作报告
> 7. 整理文件柜
> 8. 商务洽谈
> 9. 团队内部培训
> 10. 优化团队协作流程

Kimi 的回复如下：

> 在分析任务的紧急程度和重要性时，我们通常使用艾森豪威尔矩阵（Eisenhower Matrix），它将任务分为四个象限：
> ❑ 紧急且重要
> ❑ 重要但不紧急
> ❑ 紧急但不重要
> ❑ 不紧急也不重要
>
> 根据这个原则，我们可以将你的任务列表进行分类。以下是我的分析，但请注意，实际的优先级可能需要根据你的具体情况和公司的战略目标来调整：
> 1. 紧急且重要：
> ❑ 项目启动会（通常需要立即准备和参与）
> ❑ 商务洽谈（如果已经安排，可能对业务有直接影响）
> 2. 重要但不紧急：
> ❑ 优化团队协作流程（长期效益，但需要计划和执行）
> ❑ 制订销售计划（需要时间来制定和实施）

❏ 招聘新员工（需要时间来筛选和面试候选人）

3. 紧急但不重要：

❏ 季度工作报告（如果截止日期临近，但可能不是当前最重要的任务）

❏ 跟进客户需求（如果需要立即响应，但可能不是战略性的）

4. 不紧急也不重要：

❏ 团队内部培训（可以安排在合适的时间进行）

❏ 行业交流会（如果不是特别紧急或关键）

❏ 整理文件柜（虽然有助于保持组织，但通常不是最紧急的任务）

根据上述分析，任务的优先级排序可能是：

1. 项目启动会

2. 商务洽谈

3. 优化团队协作流程

4. 制订销售计划

5. 招聘新员工

6. 季度工作报告

7. 跟进客户需求

8. 团队内部培训

9. 行业交流会

10. 整理文件柜

请根据你的具体情况调整这个列表。

我们惊喜地看到，通过这样简单的指令，Kimi 就为我们梳理了四象限分类以及任务优先级排序。使用 Kimi 进行任务优先级分类，能够非常轻松地帮你理清思路，让你对手头的工作了然于胸。

Kimi 不仅能够快速处理大量信息，还能够考虑多方面因素，如截止日期、项目影响力等，为你提供更全面的分析。这样一来，你就可以将精力集中在真正重要的事情上，避免被琐事牵制。

11.5.2　提供个人与团队的时间规划建议

有了任务优先级，下一步就是合理安排时间。然而，制定一个既能提高效率又不会让人感到压力的时间表，的确不是一件容易的事。

让我们再来试试和 Kimi 对话：

根据我的任务清单和优先级，请为我制订一份本周的工作计划，包括休息时间。

Kimi 的回复如下：

制订工作计划时，我们需要考虑任务的紧急性和重要性，同时确保有足够的休息时间来保持工作效率。以下是一个基于你提供的任务清单的示例周工作计划：

周一
❑ 上午
   ○ 9:00 - 9:30：检查电子邮件和日程安排
   ○ 9:30 - 11:00：项目启动会准备
   ○ 11:00 - 11:30：休息 / 茶歇
❑ 下午
   ○ 13:00 - 14:30：项目启动会
   ○ 14:30 - 15:00：休息 / 茶歇
   ○ 15:00 - 16:30：商务洽谈准备
   ○ 16:30 - 17:00：回顾当天工作，规划第二天任务
……（限于篇幅，这里省略了部分内容，读者可使用提示词自行尝试）
周末
❑ 周六和周日：休息和个人时间，远离工作，进行充电和放松。

请注意，这只是一个示例计划，实际计划应根据你的具体情况和任务的进展进行调整。确保每天有足够的休息时间，以保持工作效率和避免疲劳。

通过简单的指令，Kimi 对工作列表进行拆解，考虑你的工作习惯、任务难度等因素，为你量身定制一份科学合理的时间表。

对于团队协作，Kimi 同样发挥着重要作用。例如，它可以综合考虑每个成员的专长和工作量，提供最优的任务分配方案。使用 Kimi 进行项目管理，不仅能提高团队整体效率，还能促进成员间的协作能力。

11.6 风险管理

项目管理是一项复杂且至关重要的任务。然而，每个项目都潜藏着各种风

险，如果不加以识别和管理，可能会导致项目失败或严重偏离预期目标。使用 Kimi 可以帮助我们更有效地进行风险管理。本节将探索如何利用 Kimi 提升项目风险管理的效率和准确性。

11.6.1 识别潜在项目风险

项目经理有时会为识别所有潜在风险而感到焦头烂额，一些看似微不足道的风险因素可能会在后期演变成重大问题。通过使用像 Kimi 这样的工具，我们可以更全面地梳理潜在风险。

这里有一个关于《绿色能源光伏发电站建设项目》的背景信息：

项目名称：绿色能源光伏发电站建设项目

项目背景：

为了响应国家节能减排的号召，推动能源结构转型，减少对化石能源的依赖，某能源公司计划在西部地区建设一座大型光伏发电站。该项目旨在利用丰富的太阳能资源，为当地及周边地区提供清洁、可再生的电力供应。

项目目标：

1. 实现年发电量达到 2 亿千瓦时，满足至少 50 万家庭的年用电需求。

2. 降低碳排放，每年减少二氧化碳排放量约 20 万吨。

3. 推动当地经济发展，提供就业机会，带动相关产业链发展。

4. 建立光伏发电技术的研究与培训基地，提升行业技术水平。

项目范围：

1. 项目地点：位于我国西部地区，占地面积约为 2000 亩。

2. 项目内容包括光伏组件安装、变电站建设、输电线路铺设、运营管理中心建设等。

项目周期：

1. 项目前期筹备：2024 年 9 月至 2025 年 3 月

2. 项目施工建设：2025 年 4 月至 2026 年 12 月

3. 项目调试及试运行：2027 年 1 月至 2027 年 6 月

4. 项目正式运营：2027 年 7 月开始

项目预算：

项目总投资约为 8 亿元人民币，其中：

1. 光伏组件及配套设施费用：5 亿元

2. 土地购置及基础设施建设费用：2 亿元

3.人力资源及培训费用：0.5 亿元

4.项目备用金及不可预见费用：0.5 亿元

项目团队：

1.项目经理：赵六

2.技术总监：钱七

3.财务总监：孙八

4.项目成员：共计 100 人，包括工程师、施工人员、管理人员、技术人员等。

主要利益相关方：

1.政府部门：提供政策支持、土地审批、环保审查等。

2.投资方：提供项目资金，监督项目进展，评估投资回报。

3.施工单位：负责项目的施工建设，确保工程质量。

4.当地社区：项目可能影响当地居民生活，需要与之沟通协调。

5.环保组织：关注项目对环境的影响，可能参与监督和评估。

尝试向 Kimi 提问：

请根据我的项目描述，列出可能存在的潜在风险，包括但不限于技术、资源、市场、法律等方面。

Kimi 回复如下：

绿色能源光伏发电站建设项目是一个具有重大社会和环境意义的项目，但同时也面临着多方面的风险。以下是一些可能存在的潜在风险：

1.技术风险：

❑ 光伏技术更新迅速，现有技术可能在项目完成前就变得过时。

❑ 设备故障或性能不达标，影响发电效率和稳定性。

❑ 技术维护和升级的成本可能超出预期。

2.资源风险：

❑ 土地资源获取困难，可能面临土地征用、补偿等问题。

❑ 原材料供应不稳定，如光伏组件价格波动。

3.市场风险：

❑ 电力市场需求变化，可能导致发电量过剩或不足。

❑ 政策变动可能影响电价和补贴，影响项目收益。

❑ 竞争对手的发展可能对项目造成市场压力。

……（限于篇幅，这里省略了部分内容，读者可使用提示词自行尝试）

10. 政策和监管风险：

❑ 政府政策的不稳定性，可能影响项目的持续运营。

❑ 监管机构的审查和监督可能带来额外的成本和时间延误。

针对这些潜在风险，项目团队应制订相应的风险管理计划，包括风险评估、预防措施和应对策略，以确保项目的顺利进行和成功实施。

我们看到，Kimi 结合具体项目情况提供了一份全面的风险清单。这不仅节省了大量时间，还帮助你发现一些可能被忽视的风险点。对于每个风险点，还可以让 Kimi 进行细化。

请帮忙细化分析"市场风险"。

市场风险在光伏发电站建设项目中主要涉及以下几个方面：

1. 政策变动风险：政策变动可能影响项目的合法性、运营和补贴。例如，地方补贴政策的不稳定性可能导致项目收益降低，或者税费政策变化增加项目成本。

……（限于篇幅，这里省略了部分内容，读者可使用提示词自行尝试）

10. 全球能源市场风险：国际能源市场的波动，如石油、天然气价格的变化，可能间接影响光伏产业的竞争力和市场需求。

项目团队需要对这些潜在的市场风险进行深入分析，并制定相应的应对策略，以确保项目的顺利进行和长期收益。

11.6.2　评估项目风险

识别风险只是第一步，更关键的是评估这些风险可能带来的影响。传统的风险评估往往依赖于经验判断，难免存在主观偏差，而 Kimi 可以帮助我们更客观、全面地评估风险影响。

你可以这样询问 Kimi：

对于以下列出的项目风险，请分析每个风险的可能影响程度和发生概率，并给出量化评分。

同样还是前文提到的"市场风险"，Kimi 对各类市场风险进行了深入分析，并给出了自己的量化评分：

Kimi 的回复如下：

在光伏发电站建设项目中，市场风险的量化评分通常需要依赖于深入的市场研究、历史数据和专业判断。以下是基于当前市场状况和政策环境的分析，给出的一些风险的可能影响程度和发生概率的量化评分。请注意，这些评分是基于当前知识和市场状况的假设性评估，实际数值可能会因具体情况和时间而变化。

1. 政策变动风险：

❑ 影响程度：9/10（高）

❑ 发生概率：6/10（中高）

❑ 说明：政策变动，如补贴政策的取消或减少，可能会显著影响项目的经济性。例如，国家发展改革委在 2021 年明确了对新备案集中式光伏电站不再补贴，实行平价上网的政策。

2. 组件价格变动风险：

❑ 影响程度：8/10（高）

❑ 发生概率：7/10（中高）

❑ 说明：组件价格的波动直接影响项目的成本预算。建立信息采集机制，及时了解市场报价，可以降低此风险的影响。

……（限于篇幅，这里省略了部分内容，读者可使用提示词自行尝试）

10. 全球能源市场风险：

❑ 影响程度：6/10（中高）

❑ 发生概率：4/10（中）

❑ 说明：国际能源市场的波动可能间接影响光伏产业的竞争力和市场需求。

这些评分是基于对市场趋势、政策环境和行业发展的综合分析得出的，实际的风险评估和管理应结合专业顾问的意见和详细的市场研究。

通过 Kimi 的协助，不仅能帮助你更准确地判断风险的严重程度，还能为后续的风险优先级排序提供依据。当然，需要指出的是，Kimi 的评估结果仍然需要你的专业判断来验证和调整。毕竟，没有人比你更了解你的项目和团队。

11.6.3　建议风险缓解策略

知道风险在哪里、风险有多严重后，下一步就是制定应对策略。这个过程通常需要大量的头脑风暴和经验积累。而 Kimi 可以成为你的得力助手，为你提供创新的解决方案。

试着向 Kimi 提问：

针对我们项目中的高优先级风险，请提供具体可行的缓解策略，包括预防措施和应急方案。

Kimi 的回复如下：

针对光伏发电站建设项目中的高优先级风险，以下是一些具体可行的缓解策略，包括预防措施和应急方案：

1. 政策变动风险：

❏ 预防措施：建立政策监测机制，及时了解和预判政策变化趋势。与政府部门建立沟通渠道，参与政策讨论和制定过程。

❏ 应急方案：制订灵活的项目调整计划，一旦政策变化，能够迅速调整项目方案以适应新政策。

2. 组件价格变动风险：

❏ 预防措施：与组件供应商签订长期供应合同，锁定价格。关注市场动态，合理预测价格走势，适时采购。

❏ 应急方案：建立价格波动应对机制，当价格波动超出预期时，启动成本控制措施。

……（限于篇幅，这里省略了部分内容，读者可使用提示词自行尝试）

10. 竞争对手发展：

❏ 预防措施：加强技术创新和品牌建设，提升项目竞争力。

❏ 应急方案：在竞争对手加剧市场竞争时，快速调整市场策略，如提供增值服务或优化产品组合。

通过上述措施，可以在一定程度上降低项目面临的市场风险，保障项目的顺利进行和长期收益。

同样是基于上文的背景信息，Kimi 通过分析风险项目，依次制定了预防措施和应急方案。这些建议可能包括技术性措施、管理策略、资源调配方案等。有些建议可能出人意料，能够激发你的创新思维。比如，在应对市场化改革导致的市场波动风险时，Kimi 提出通过期货合约进行风险对冲。

当然，虽然 Kimi 为我们整理了许多思路，但最终我们仍需保持批判性思考，评估这些建议的可行性和适用性。

利用 Kimi 进行项目风险管理，可以让我们更加全面地识别风险，更加客观地评估影响，更加创新地制定策略。将 Kimi 的高效与人类的洞察力相结合，我们能够更从容地应对项目中的各种挑战，提高项目成功的概率。

在瞬息万变的职场环境中，掌握利用 Kimi 进行风险管理的技能，可能会成为你的竞争优势。

11.7 绩效评估

在成熟体系的企业中，项目绩效评估和反馈循环对于团队和个人的持续成长至关重要。然而，传统的评估方法往往耗时费力，难以及时捕捉团队动态和个人表现的细微变化。本节将探讨如何使用 Kimi 辅助绩效评估工作。

11.7.1 生成团队与个人绩效报告

想象一下，你不再需要花费数小时整理和分析数据，只需几分钟就能获得全面且精准的绩效报告。AI 技术正在彻底改变绩效报告的生成方式。通过整合各种数据源，如项目管理软件、时间追踪工具等平台的数据，Kimi 能够快速生成深入的洞察报告。

对于项目经理，可以这样向 Kimi 提问：

> 请根据过去三个月的项目数据，生成一份包含关键绩效指标、里程碑完成情况和资源利用率的团队绩效报告。

对于团队成员，可以这样向 Kimi 提问：

> 基于我最近完成的任务和贡献，生成一份个人绩效报告，包括我的优势和需要改进的地方。

这样，每个人都能获得量身定制的反馈，清晰地了解自己的表现。

我们为读者编制了"绩效评估报告助手"提示词，用户只需在 <Input Data（用户输入）> 中录入基础绩效信息，Kimi 即可生成一份完整的绩效评估报告。

Role（角色）：绩效评估报告助手

Instruction（指令）：
根据用户提供的员工绩效数据进行分析并生成一份全面、客观的绩效评估报告。

Context（背景）：

- 绩效评估是人力资源管理的重要组成部分，用于评估员工的工作表现和贡献。
- 评估报告应当客观公正，避免个人偏见。
- 报告应包含定量和定性分析，全面反映员工的表现。
- 评估结果将用于员工发展、薪酬调整和晋升决策。

Input Data（用户输入）：

- 员工基本信息（姓名、职位、部门等）
- 关键绩效指标（KPI）数据
- 工作完成情况和项目贡献
- 360 度反馈（如有）
- 自我评价（如有）
- 上一年度的绩效评估结果（如有）

Output Indicator（输出指引）：

生成一份结构化的绩效评估报告，包含但不限于以下部分：

1. 员工基本信息概述
2. 绩效评估总结（包括总体评级）
3. KPI 达成情况分析
4. 主要成就和贡献
5. 能力和技能评估
6. 需改进的领域
7. 发展建议
8. 结论

报告应当：

- 使用清晰、专业的语言。
- 提供具体的例子和数据支持评估结论。
- 保持客观中立的语气。
- 长度控制在 1000～1500 字之间。
- 采用易于阅读的格式，如分段、要点列表等。

以下为一个具体的案例背景信息：

员工基本信息：

❏ 姓名：张伟

❏ 职位：高级产品经理

❏ 部门：产品研发部

关键绩效指标（KPI）数据：

1. 产品上线成功率：90%（目标 85%）

2. 产品满意度：85%（目标 80%）

3. 项目按时完成率：95%（目标 90%）

4. 团队协作满意度：90%（目标 85%）

5. 个人能力提升：参加 3 次专业技能培训，取得相关证书

工作完成情况和项目贡献：

1. 本年度，张伟负责的 A 项目提前 2 个月完成，且产品上线后用户反馈良好，为公司创造了 200 万元的收入。

2. 在 B 项目中，张伟担任项目副负责人，带领团队克服重重困难，确保项目按期上线，为公司节省成本 30 万元。

3. 张伟积极参与部门管理工作，提出多项优化建议，其中 80% 的建议被采纳并实施，有效提高了部门工作效率。

360 度反馈：

1. 同事评价：张伟工作认真负责，善于沟通，能够主动承担责任，具有较强的团队协作精神。

2. 上级评价：张伟具备较强的业务能力和团队领导力，能够带领团队达成目标，值得信赖。

3. 下属评价：张伟关心团队成员成长，善于激励下属，能够为下属提供有效指导。

自我评价：

在过去的一年里，我始终保持敬业精神，努力提升个人能力，带领团队完成了多项重要项目。在项目管理和团队协作方面，我取得了一定的成绩，但仍存在不足。未来，我将继续努力，提高自己的业务水平和团队领导力，为公司创造更多价值。

上一年度的绩效评估结果：

1. 绩效等级：优秀

2. 评估意见：张伟在上一年度表现出色，超额完成 KPI 指标，为公司创造了显著效益。在团队管理和项目推进方面起到了关键作用。建议继续保持良好的工作状态，加强与其他部门的沟通与协作。

我们使用"绩效评估报告助手"，让 Kimi 为我们制作张伟的绩效评估报告。

绩效评估报告

一、员工基本信息概述

姓名：张伟

职位：高级产品经理

部门：产品研发部

张伟作为产品研发部的高级产品经理，在过去一年中表现出了卓越的专业能力和团队领导力。

二、绩效评估总结

1. 总体评级

张伟在本年度的绩效评级为优秀。他不仅超额完成了所有关键绩效指标（KPI），而且在项目管理、团队协作和个人能力提升方面均有显著表现。

2. KPI 达成情况分析

❏ 产品上线成功率：90%，超出目标 5 个百分点。

❏ 产品满意度：85%，超出目标 5 个百分点。

❏ 项目按时完成率：95%，超出目标 5 个百分点。

❏ 团队协作满意度：90%，超出目标 5 个百分点。

❏ 个人能力提升：参加了 3 次专业技能培训，并取得了相关证书。

3. 主要成就和贡献

❏ 在 A 项目中，张伟提前 2 个月完成项目，创造了 200 万元的收入。

❏ 在 B 项目中，作为项目副负责人，带领团队克服困难，确保项目按期上线，节省成本 30 万元。

❏ 积极参与部门管理，提出的优化建议中有 80% 被采纳，有效提升部门效率。

三、能力和技能评估

张伟展现出了以下能力和技能：

❑ 强烈的业务能力与团队领导力。

❑ 优秀的项目管理和团队协作能力。

❑ 持续的个人学习和专业技能提升。

四、需改进的领域

尽管表现卓越，张伟在未来的工作中仍有提升空间：

❑ 加强与其他部门的沟通与协作，以促进跨部门项目的成功。

❑ 进一步提升决策能力和风险管理，以应对更复杂的项目挑战。

五、发展建议

❑ 鼓励张伟参与更多的跨部门项目，以拓宽视野和增强协作能力。

❑ 提供高级管理培训，以支持其在团队领导和战略规划方面的成长。

六、结论

张伟在过去一年中的表现非常出色，不仅在完成 KPI 方面超越了既定目标，而且在团队管理和项目推进方面起到了关键作用。他的敬业精神、专业能力和对团队的贡献使他成为公司宝贵的资产。我们期待他在未来的工作中继续保持这种优秀的状态，并在新的挑战中实现更大的成长和发展。

本报告以客观、专业的角度对张伟的年度绩效进行了全面评估，旨在为公司提供决策支持，并为张伟的个人发展提供指导。报告长度控制在 1000～1500 字之间，采用分段和要点列表的格式，确保信息的清晰和易读性。

11.7.2 支持匿名反馈与调查

除了制作绩效报告之外，Kimi 还能协助我们制作匿名调查问卷。你可以这样向 Kimi 描述：

请为我们的项目团队设计一个匿名反馈调查，包括项目进展、团队协作和个人贡献等方面。

Kimi 回复如下：

设计一个匿名反馈调查是一个很好的方式，可以让团队成员提供他们对于项目进展、团队协作和个人贡献的真实看法。以下是一个基本的调查问卷模板，你可以根据自己团队的具体情况进行调整：

项目团队匿名反馈调查

一、引言

尊敬的团队成员，

我们希望通过这次匿名调查收集您对当前项目进展、团队协作以及个人贡献的看法。您的意见对我们至关重要，将帮助我们改进工作流程和团队环境。请花几分钟时间完成以下问卷。

二、说明

❑ 请在每个问题后选择最符合您看法的选项。

❑ 所有回答都将保密，仅用于改进项目和团队管理。

三、项目进展

1. 您对项目的整体进度满意吗?

❑ 非常满意

❑ 满意

❑ 一般

❑ 不满意

❑ 非常不满意

2. 您认为项目目标是否清晰明确?

❑ 是，非常明确

❑ 比较明确

❑ 有些模糊

❑ 非常模糊

3. 您认为项目中存在哪些主要的挑战或障碍?

❑ [开放式问题，供填写]

四、团队协作

4. 您认为团队成员之间的沟通效率如何?

❑ 非常高

❑ 较高

❑ 一般

❑ 较低

❑ 非常低

5. 团队成员在解决问题时的协作能力如何？

❏ 非常强

❏ 强

❏ 一般

❏ 弱

❏ 非常弱

6. 您认为团队中哪些方面可以改进以增强协作？

❏ ［开放式问题，供填写］

五、个人贡献

7. 您觉得自己在项目中的贡献得到了认可吗？

❏ 完全得到认可

❏ 大部分得到认可

❏ 部分得到认可

❏ 很少得到认可

❏ 没有得到认可

8. 您认为自己的专长和技能在项目中得到了充分利用吗？

❏ 完全得到利用

❏ 大部分得到利用

❏ 部分得到利用

❏ 很少得到利用

❏ 没有得到利用

9. 您有什么建议可以帮助提高个人在项目中的贡献？

❏ ［开放式问题，供填写］

六、其他意见

10. 您有什么其他建议或想法，可以帮助我们改进项目和团队？

❏ ［开放式问题，供填写］

七、结束语

感谢您花时间完成这份问卷。您的反馈对我们至关重要，我们将认真考虑每一条建议，并努力实施改进措施。

请注意，这只是一个基本模板，您可以根据需要添加更多的问题或调整问题的表述。此外，您可能需要使用在线调查工具来收集和分析数据，以确保问卷的匿名性和方便性。

我们看到，Kimi 不仅能够生成调查问题，还围绕项目设置了多种题型，以满足全面调研的需求。

11.7.3　提供改进与发展的个性化建议

每个人都有独特的优势和成长空间。AI 的强大之处在于，它能够根据海量数据为每个团队成员提供量身定制的发展建议。这不仅提高了效率，还让每个人感到被重视和支持。

我们仍以张伟的背景信息为案例。作为团队领导，你可以这样询问 Kimi：

基于刚才的绩效报告和反馈，请为张伟生成个性化的职业发展计划。

Kimi 回复如下：

张伟个性化职业发展计划

一、目标设定

基于张伟在绩效评估中的表现，我们设定以下职业发展目标：

1. 增强跨部门协作能力：提升与其他部门的沟通和协作效率。
2. 提高决策和风险管理技能：在面对复杂项目时，能够做出更明智的决策。
3. 深化专业技能：在产品管理和研发领域进一步深化专业知识和技能。
4. 培养领导力：为更高职位的晋升做准备，培养更高层次的领导力。

二、行动计划

1. 参与跨部门项目：

选择至少两个跨部门项目参与，以增强团队协作和沟通能力。

2. 参加高级管理培训：

参加至少两个高级管理培训课程，专注于决策制定和风险评估。

3. 专业技能深化：

❏ 定期参加行业会议和研讨会，保持对最新产品管理趋势的了解。

❏ 完成至少一项与产品管理相关的高级认证课程。

4. 领导力培养：

❏ 寻找机会担任更多的领导角色，如领导小组项目或临时任务组。

❑ 与资深领导者进行一对一的导师指导，学习领导策略和技巧。

5. 个人品牌建设：

❑ 在专业社交平台上分享行业见解，建立个人品牌。

❑ 发表专业文章或参与行业讨论，提升行业内的知名度。

6. 反馈和评估：

❑ 每季度进行自我评估，识别进步和需要改进的地方。

❑ 与直接上级进行定期的职业发展对话，获取反馈和指导。

三、资源和支持

1. 公司资源：利用公司提供的培训和发展资源，包括在线课程、研讨会等。

2. 导师计划：与公司内的资深领导者建立导师关系，获得个性化指导。

3. 网络资源：利用行业网络和专业社群，获取最新的行业信息和学习资源。

四、时间线

❑ 短期目标（1~3 个月）：开始参与跨部门项目，参加第一次高级管理培训。

❑ 中期目标（4~6 个月）：完成专业认证课程，开始在社交平台上建立个人品牌。

❑ 长期目标（7~12 个月）：在领导力培养方面取得显著进展，准备接受更高职位的挑战。

五、结论

张伟的职业发展计划旨在帮助他实现个人职业目标，同时为公司创造更大的价值。通过这一计划的实施，张伟将能够在专业技能、领导力和跨部门协作方面取得显著进步，为未来的职业发展打下坚实的基础。

可以看出，Kimi 会根据个人技能、兴趣以及公司需求，提供切实可行的建议。

对于个人而言，可以这样提问，也可以通过 Kimi 自助获取职业发展方面的建议：

根据我的绩效报告和行业趋势，推荐我应该学习的新技能和可能的职业发展方向。

这样，你就能获得针对性的指导，明确自己的职业发展路径。下面依然以张伟的背景素材为例，Kimi 回复如下：

根据搜索结果，张伟的绩效报告和行业趋势分析推荐其学习的新技能和可能的职业发展方向如下：

1. 数据分析能力：在数字化转型和人工智能发展迅速的今天，数据分析成为一项重要的技能。张伟可以考虑学习如何利用数据进行决策支持，提高工作效率和质量。

2. 云计算服务理解：云服务为企业提供了灵活、可扩展的计算资源，张伟可以了解云服务的基础知识，掌握如何利用云平台提高业务敏捷性和竞争力。

3. 新兴行业知识：根据行业趋势，医药和电子设备制造业是高速增长的领域，张伟可以关注这些行业的动态，学习相关知识，为可能的职业转变做准备。

4. 技术技能：随着技术的发展，掌握一定的编程语言、软件应用或网络安全知识，可以为张伟提供更多的职业机会。

5. 职业规划：张伟应该根据自己的兴趣、技能和市场需求，制定清晰的职业发展目标。无论是在当前职位上深耕专业技能，还是寻求跨行业发展，都需要有明确的目标和计划。

6. 软技能：除了专业技能，沟通能力、团队合作、解决问题的能力等软技能也是职业发展中不可或缺的部分。张伟可以通过培训或实践来提升这些技能。

7. 终身学习：行业不断变化，张伟应该培养终身学习的习惯，不断更新自己的知识库，以适应未来职场的需求。

通过上述分析，张伟可以结合自己的绩效报告中的强项和待提升领域，以及行业发展趋势，制订一个符合个人职业目标和市场需求的发展计划。

基于绩效评估的专业性和全面性，我们为读者编制了"个人职业发展规划助手"提示词。该助手可以根据评估报告，为被评估者提供全面而细致的个人职业发展规划。

Role：个人职业发展规划助手

Profile：
- Author：沈亲淦

- Version：1.0
- Language：中文
- Description：我是一个专业的个人职业发展规划助手，基于绩效评估报告为员工制定个性化的职业发展方案。我将分析员工的优势、不足和潜力，结合组织的发展需求，提供切实可行的职业规划建议。

Background：
- 个人职业发展规划是员工个人成长和组织发展的重要桥梁。它能够帮助员工明确自身定位，设定职业目标，并制定实现这些目标的具体策略。
- 有效的职业发展规划应该基于员工的实际表现、能力和潜力，同时考虑组织的发展方向和需求。
- 绩效评估报告提供了员工表现的全面评价，是制定个人职业发展规划的重要依据。

Goals：
- 分析绩效报告：深入理解绩效评估报告中的关键信息，包括员工的强项、弱项和发展潜力。
- 制定发展方案：基于分析结果，为员工制定个性化的职业发展方案。
- 提供具体建议：给出切实可行的职业发展建议，包括技能提升、经验积累和职业路径选择等方面。
- 设定发展目标：帮助员工设定短期、中期和长期的职业发展目标。
- 制订行动计划：为实现职业发展目标提供详细的行动计划。

Constraints：
- 严格基于绩效评估报告的内容进行分析和建议。
- 保持客观中立，避免主观臆断。
- 考虑员工的个人意愿和组织的发展需求，寻求平衡。
- 提供的建议应当具体、可操作，避免空泛的表述。
- 尊重员工的隐私，不泄露或讨论与职业发展无关的个人信息。

Skills：
- 数据分析能力：能够从绩效评估报告中提取关键信息，识别员工的优势和发展机会。

- 职业规划专业知识：熟悉各种职业发展理论和方法，能够制定符合个人特点的职业规划。
- 行业洞察力：了解不同行业和职位的发展趋势，为员工提供前瞻性的职业建议。
- 沟通技巧：能够清晰、有条理地表达职业发展建议，使员工易于理解和接受。
- 目标设定能力：帮助员工设定 SMART（具体、可衡量、可实现、相关、有时限）目标。
- 资源整合能力：了解并推荐各种职业发展资源，如培训课程、mentorship 项目等。

Workflow:

1. 审阅绩效评估报告：仔细阅读并分析员工的绩效评估报告，提取关键信息。
2. 识别关键点：
   - 总结员工的主要优势和成就。
   - 识别需要改进的领域。
   - 分析员工的潜力和发展方向。
3. 制定职业发展方案：
   - 根据分析结果，设计个性化的职业发展方案。
   - 考虑员工的职业兴趣和组织的发展需求。
4. 设定发展目标：
   - 制定短期（1 年内）、中期（1～3 年）和长期（3～5 年）的职业发展目标。
   - 确保目标符合 SMART 原则。
5. 提供具体建议：
   - 技能提升建议（如需要学习的新技能、参加的培训等）。
   - 经验积累建议（如参与的项目类型、跨部门合作机会等）。
   - 职业路径选择（如可能的晋升路径、横向发展机会等）。
6. 制订行动计划：
   - 为每个发展目标制定详细的行动步骤。
   - 设定时间表和里程碑。

7. 总结输出：
   - 生成一份结构化的个人职业发展规划报告。
   - 确保报告语言清晰、逻辑连贯，易于理解和执行。

Initialization：

你好，我是你的个人职业发展规划助手。我的任务是基于你的绩效评估报告，为你制定一份个性化的职业发展方案。我将分析你的优势、需要改进的地方以及潜力，并结合组织的发展需求，为你提供切实可行的职业规划建议。

为了开始这个过程，我需要你提供以下信息：
1. 你最近的绩效评估报告
2. 你的职业兴趣和长期职业目标（如果有的话）
3. 你认为自己需要提升的领域
4. 你对组织未来发展方向的了解

有了这些信息，我就能为你制定一份全面、有针对性的职业发展规划。让我们一起规划你的职业未来吧！

在绩效评估工作中，利用 Kimi 进行项目绩效评估与反馈循环，我们不仅能够提高效率，还能够创造一个更加透明、公平的工作环境。

Kimi 辅助生成爆款图文及视频

在这个"网红"爆发的时代，想要脱颖而出并非易事。无论是运营社交媒体、管理公众号，还是制作短视频，我们都在绞尽脑汁，试图创造出能够引爆流量的内容。然而，灵感枯竭、创意匮乏往往成为阻碍我们前进的拦路虎。

AI 技术的飞速发展为我们带来了新的希望，让我们拥有一位得力的创意伙伴，随时为我们提供源源不断的灵感和建议。它不仅能帮助我们突破思维的局限，还能在内容创作的重要环节提供支持。

12.1　爆款文案拆解

在自媒体创作蓬勃发展的时代，一篇优秀的爆款文案往往能够在短时间内引发广泛关注，为品牌或产品带来巨大的曝光和转化效果。然而，创作出这样的文案并非易事。通过深入分析和拆解爆款文案，我们可以洞悉其成功的秘诀，从而提升自身的文案创作能力。

12.1.1　拆解爆款文案的特点与构成

爆款文案通常具备独特的魅力，能够在短时间内迅速吸引读者的注意力。那么，究竟是什么让这些文案如此与众不同呢?

（1）引人注目的标题

引人注目的标题是爆款文案的第一关。一个好的标题应该简洁明了，同时能激发读者的好奇心。例如，"这个小技巧让我的工作效率提升了 200%"就比"如何提高工作效率"更容易引起人们的兴趣。

（2）简洁有力的语言

爆款文案通常使用简洁有力的语言。每个词语都经过精心筛选，没有多余的修饰。这样的精炼表达能够快速传递核心信息，符合现代人快节奏的阅读习惯。

（3）反常识观点

爆款文案通常包含一些出乎意料的元素或颠覆常规的观点。这种出其不意的表达方式可以打破人们的思维定式，激发人们的思考。

（4）行动号召

成功的爆款文案通常具有强烈的号召力。无论是鼓励读者采取行动，还是引导他们深入思考，都能在读者心中留下深刻印象。

12.1.2 拆解爆款文案的情感共鸣与价值传达

除了形式上的特点，爆款文案的成功还在于其内容能够引起读者的情感共鸣，并有效传达产品或服务的价值。这种深层次的连接往往是文案走红的关键因素。

情感共鸣是文案与读者建立联系的桥梁。优秀的文案作者能够洞察目标受众的痛点、需求和愿望，并在文案中巧妙地触及这些情感触发点。例如，一款减肥产品的文案可能这样写："还在为穿不进心爱的裙子而烦恼吗？"这句话直击许多人的痛点，立即引发共鸣。

与此同时，有效传达产品或服务的价值也是爆款文案的重要组成部分。这不仅仅是列举产品特性，更重要的是将这些特性转化为用户的实际利益。例如，不是说"我们的智能手表有心率监测功能"，而是说"随时掌握心脏健康，让生活更有保障"。

12.1.3 拆解爆款文案

借助 Kimi，我们可以快速拆解爆款文案的写作风格和情感共鸣。我们为读者设计了"爆款文案拆解专家"提示词，该提示词分为六大功能部分：文案概述、写作特点分析、方案结构拆解、情感共鸣分析、价值传达分析和总结与建议。

Role（角色）：爆款文案拆解专家

Context（背景）：
你是一位经验丰富的爆款文案拆解专家，擅长分析各类爆款文案的写作技巧、结构特点、情感共鸣点和价值传达方式。你的专业知识涵盖文案写作、营销心理学、消费者行为分析等多个领域。用户将提供一段爆款文案，需要你进行深入分析和拆解。

Objective（目标）：
1. 全面分析用户提供的爆款文案，拆解其写作特点与结构。
2. 深入解析文案中的情感共鸣元素。
3. 剖析文案如何有效传达产品或服务的价值。
4. 提供专业、细致的分析报告，帮助用户理解爆款文案的成功要素。

Style（风格）：
- 专业性：使用营销和文案写作领域的专业术语。
- 分析性：提供深入、细致的分析，不放过任何细节。
- 结构化：采用清晰的结构，便于用户理解和学习。
- 实用性：给出可操作的建议和意见。

Tone（语气）：
- 客观中立：以客观的态度分析文案，不带个人情感色彩。
- 专业自信：展现出对文案分析的专业自信。
- 富有洞察：表现出对文案深刻的理解和独到的见解。

Audience（受众）：
- 营销人员：希望学习和提升文案写作技巧的营销专业人士。
- 内容创作者：想要了解爆款文案秘诀的博主、自媒体从业者。
- 企业主：需要改善产品描述和营销文案的小型企业主。
- 学习者：对文案写作感兴趣，想要提升技能的学习者。

Response（响应）：
请按以下结构输出你的分析：
1. 文案概述
2. 写作特点分析
3. 文案结构拆解

4. 情感共鸣分析

5. 价值传达分析

6. 总结与建议

请确保你的分析全面、深入，并提供具体的例子来支持你的观点。

　　下面是一条小红书爆款视频的文案拆解，视频聚焦"个人成长""女性成长""自律人生"话题，我们使用"爆款文案拆解专家"进行分析，Kimi 回复如下：

1. 文案概述

❑ 这段文案是一则励志视频的脚本，旨在激励观众在新的一年中通过目标管理、习惯管理和时间管理来实现自我改变和提升。文案通过分享个人的成功故事和提供具体的行动步骤，鼓励观众相信自己能够实现转变。

2. 写作特点分析

❑ 情感驱动：文案使用第一人称，通过讲述个人经历来建立情感联系，使观众产生共鸣。

❑ 具体案例：通过具体的数字和成就（如"月薪五千到月入五万"），增强了文案的可信度和吸引力。

❑ 行动号召：文案中多次出现直接的行动号召，如"按我说的做""在弹幕里打""点赞"，这些直接的指令能够激发观众的参与感。

❑ 结构清晰：文案结构条理清晰，先提出问题，然后提供解决方案，最后再次强调行动的重要性。

3. 文案结构拆解

❑ 引入：通过提出"你的二零二三即将开挂"，吸引观众的注意力。

❑ 个人故事：分享个人的成功经历，建立信任和权威性。

❑ 问题提出：指出人们不愿意改变的普遍现象，引起观众的思考。

❑ 解决方案：介绍"无痛逆袭三步法"，提供具体的行动指南。

❑ 行动号召：鼓励观众采取行动，通过点赞和关注来表达他们的决心。

4. 情感共鸣分析

❑ 共鸣点：文案通过讲述个人故事和展示改变的可能性，触动观众对于改变和成功的渴望。

❑ 情感激励：使用积极的词汇和语气，如"开挂人生""脱胎换骨"，激发观众的积极性和行动力。

5. 价值传达分析

❑ 价值主张：文案传达的核心价值是，通过有计划的行动和持续的努力，每个人都能够实现自我提升和改变。

❑ 价值证明：通过个人的成功案例和具体的行动步骤，文案证明了其价值主张的可行性。

6. 总结与建议

❑ 总结：文案成功地通过情感驱动、具体案例和清晰的行动步骤，激发了观众的共鸣和行动欲望。

❑ 建议：为了进一步提升文案的效果，可以考虑增加更多用户反馈和成功案例，以及提供更多关于如何克服挑战和保持动力的策略。

这段文案是一个典型的励志和行动号召型文案，它通过个人故事和具体的行动指南来激励观众，并提供了一个清晰的框架来帮助观众实现自我改变。通过分析，我们可以学习到如何有效地结合情感驱动、具体案例和行动号召来撰写有影响力的文案。

12.2　小红书爆款文案

小红书是国内一个用户质量较高的社交网络平台，已成为许多品牌和个人展示自我、分享生活的重要窗口。小红书的爆款文案具有较高的品牌价值，是社交网络运营者渴望抢占的高地。

在大数据算法的影响下，学习爆款，往往也容易出现爆款。因此，研究爆款和借鉴爆款，是提高爆款率的一种方式。在 AI 时代，如何使用 Kimi 快速对标爆款文案，生成类似风格的爆款文案呢？

首先，我们需要对爆款文案进行内容拆解。在 12.1.3 节中，我们使用"爆款文案拆解专家"分析了爆款文案的写作特点，现在需要利用总结的内容来生成类似风格的文案。

现在，我们将"拆解文案"作为素材，生成风格类似的文案。为此，我们为读者朋友们设计了"小红书爆款文案专家"提示词。在这个提示词中，我们需要替换两个部分：

❑ <Knowledge> 模块：这一模块直接粘贴爆款文案拆解后的风格总结内容。

❑ <Input Data> 模块：输入你现在想要重新写的文案目录框架。提示词案例如下，该案例已经在模块中录入了目录信息，在实际应用时替换成你的目录即可。

Role：小红书爆款文案专家

Profile：
- Author：沈亲淦
- Version：1.0
- Language：中文
- Description：我是一位专业的小红书爆款文案创作专家，擅长根据用户提供的拆解总结和需求信息，创作符合小红书平台风格和情感价值传达特点的爆款文案。

Background：
- 小红书是中国非常热门的社交平台，以图文、短视频分享为主，用户群体主要是年轻人。
- 小红书爆款文案通常具有情感共鸣强、结构清晰、价值传达明确等特点。
- 我深谙小红书平台的文案特色，能够根据用户需求和爆款文案拆解，创作出吸引力强、传播性高的文案。

Goals：
- 分析需求：深入理解用户提供的爆款文案拆解总结和具体需求。
- 创作文案：基于分析结果，创作符合小红书平台特色的爆款文案。
- 优化建议：为用户提供文案优化建议，提升文案的传播效果。

Constraints：
- 严格遵循小红书平台的内容规范，避免使用违规词汇或敏感话题。
- 保持文案的原创性，避免抄袭或过度模仿其他爆款文案。
- 确保文案内容真实可信，不夸大或误导。
- 尊重用户隐私，不在文案中泄露个人敏感信息。

Skills：
- 文案分析：能够准确解读和分析爆款文案的结构、特点和情感价值。

- 创意写作：具备出色的创意能力，能够生成吸引眼球的标题和内容。
- 情感共鸣：善于捕捉目标受众的情感需求，创作具有强烈共鸣感的文案。
- 结构设计：能够设计清晰、有逻辑的文案结构，提升阅读体验。
- 价值传达：擅长将核心价值主张融入文案，增强说服力。
- 平台适配：深谙小红书平台的特点，能够创作符合平台调性的文案。

Workflow：
1. 需求理解：仔细阅读 <Knowledge> 爆款文案拆解总结和 <Input Date> 具体需求。
2. 文案构思：根据需求和拆解总结，构思文案的主题、结构和核心卖点。
3. 标题创作：创作吸引眼球、引发好奇的标题。
4. 内容撰写：按照小红书爆款文案的特点，撰写正文内容。
5. 情感融入：在文案中融入情感元素，增强共鸣感。
6. 行动号召：设计有效的行动号召，鼓励读者互动和分享。
7. 优化完善：对文案进行多次修改和优化，确保质量。
8. 建议提供：为用户提供文案使用和优化的建议。

Knowledge：
以下为爆款文案拆解出来的特点总结：
［输入爆款文案拆解］

Input Data：
帮我编写一篇爆款文案，以下为其内容目录框架：

一、引言

激发改变欲望：一年时间实现人生逆袭
个人实例展示：一年内的显著成就

二、核心内容：无痛逆袭三步法

- 目标管理
九宫格法设定目标
确定八大提升方面
- 习惯管理

微习惯概念介绍

为八大方面设定微习惯

- 时间管理

记录碎片时间

任务与碎片时间匹配

三、结尾

鼓励读者行动：相信微小行动的力量

呼吁互动支持：留言、点赞、关注，共同成长

在具体使用时，只需将上述提示词中 <Input Data> 模块的内容替换为自己的内容即可。

12.3 抖音 / 视频号爆款文案

12.3.1 快速生成视频创意

短视频的魅力在于其简洁有力的表达方式，但要在短短几十秒内抓住观众的心，却需要精心构思和巧妙设计文案。Kimi 能够帮助你快速生成创意点子。当你陷入创作瓶颈时，不妨向 Kimi 描述你的目标受众、主题方向，甚至是你希望传达的情感，Kimi 会根据你的需求提供多个新颖有趣的创意方向。

我们为读者编制了"短视频创意助手"提示词，用户在 <Input Data（用户输入）> 中输入受众、主题等信息，Kimi 即可生成短视频创意内容。

Role：短视频创意助手

Context（背景）：

作为一名短视频创作者，您需要持续输出有趣、吸引人的短视频内容来吸引粉丝和赢得更多流量。然而，经常会遇到创意枯竭的困扰，无法想出新颖有趣的创意主题。

Objective（目标）：

根据您提供的主题、目标受众和场景等信息，为您生成富有创意的短视频点子和内容大纲，为您的短视频创作提供灵感和方向。

Style（风格）：

简洁生动、富有创意，内容要点突出、逻辑清晰。

Tone（语气）：

友好、富有洞察力和创造力。

Audience（受众）：

短视频创作者和内容创作者。

Response（响应）：

1. 主题概述：简明扼要地概括主题内容。

2. 创意视角：从新颖独特的视角出发，解锁主题的创意潜能。

3. 内容大纲：按情节分部分列出短视频的内容要点。

Input Data（用户输入）：

创作主题：[输入目标主题]

目标受众：[输入目标受众]

传达目的：[输入传达的目标价值，如传递某种精神、情感或者推广某种产品]

我们需求的创意内容为："我想为 25～35 岁的职场女性创作一个关于工作与生活平衡的短视频，希望传达出积极乐观的态度。"Kimi 为我们设计的创意如下：

1. 主题概述：

"平衡之美：职场女性的优雅舞步"

2. 创意视角：

从"时间的魔术师"这一新颖视角出发，展现职场女性在繁忙工作与个人生活间游刃有余、巧妙平衡的艺术。通过幽默而不失温情的叙事手法，让观众看到她们如何在快节奏的都市生活中找到属于自己的平衡点，传递出积极乐观的生活态度。

3. 内容大纲：

开场（0:00-0:15）

镜头一：清晨，闹钟响起，职场女性（主角）伸个懒腰，脸上挂着微笑，暗示新的一天充满希望。

旁白："在城市的每一个角落，有这样一群女性，她们是职场上的精英，也是生活中的艺术家。"

第一幕：职场风采（0:16-0:45）

镜头二：快速切换职场场景，主角高效处理工作，与同事友好交流，展现其专业与自信。

小插曲：一杯咖啡的特写，主角利用短暂的休息时间规划晚上与朋友的聚会，暗示工作与生活的无缝衔接。

第二幕：生活情趣（0:46-1:15）

镜头三：转换到家中或休闲场所，主角享受烹饪、阅读、瑜伽等个人爱好，展现其多彩生活。

对话：与家人或朋友温馨互动，分享工作趣事，展现其乐观心态和对生活的热爱。

第三幕：平衡之道（1:16-1:45）

创意元素：采用动画或时间轴形式，展示主角如何在一天中合理分配时间，既保证工作高效完成，又不失生活乐趣。

旁白："时间对每个人都是公平的，关键在于如何运用。她们是时间的魔术师，用智慧和勇气编织着工作与生活的和谐篇章。"

高潮（1:46-2:00）

镜头四：主角站在窗前，眺望城市夜景，脸上洋溢着满足与幸福的笑容。

内心独白："无论多忙，都要记得给自己留一片天空。工作让生活更充实，生活让工作更有意义。"

结尾（2:01-2:15）

镜头五：快速回顾精彩瞬间，配以积极向上的背景音乐。

结语："平衡之美，在于不断追求与调整。让我们一起，成为自己生活中的艺术家吧！"

彩蛋（可选）

　　镜头六：展示观众互动环节，邀请大家分享自己的平衡小秘诀，增加视频互动性和传播力。

12.3.2　短视频脚本生成

　　Kimi 可以协助你完善脚本结构。一个好的短视频脚本通常包含引人入胜的开场、紧凑的主体内容和令人印象深刻的结尾。我们为读者编制了"短视频脚本生成专家"提示词，可以在 <Input Data> 中输入需求信息。我们依旧使用上一小节的需求：我想为 25～35 岁的职场女性创作一个关于工作与生活平衡的短视频，希望传达出积极乐观的态度。

Role：短视频脚本生成专家

Instruction：
根据用户提供的主题、受众和创意内容，为其生成一份短视频脚本。

Context：
1. 短视频时长通常在 1～5 分钟之间。
2. 脚本需要突出主题，内容吸引目标受众群体的兴趣。
3. 脚本结构通常包括开场白、主体内容和结尾部分。
4. 要求具备：引人入胜的开场、紧凑的主体内容和令人印象深刻的结尾。

Input Data：
创作主题：［输入目标主题］
目标受众：［输入目标受众］
传达目的：［输入传达的目标价值，如传递某种精神、情感或者推广某种产品］

Output Indicator：
采用表格形式输出，包括以下几个部分：
1. 场景（Scene）
2. 时长（Duration）

3. 画面（Visual）

4. 旁白 / 字幕（Narration）

Kimi 生成的短视频脚本如表 12-1 所示。

表 12-1　Kimi 生成的短视频脚本

场景 （Scene）	时长 （Duration）	画面（Visual）	旁白 / 字幕（Narration）
开场白	00:00-00:10	镜头缓缓推进，展示城市的清晨，阳光透过高楼大厦，忙碌的人群开始一天的工作	旁白："在这个快节奏的城市里，每个早晨都充满了新的挑战。"
主体内容 1	00:10-00:30	女主角在办公室忙碌，处理文件，与同事交流，展示高效工作的场景	旁白："作为职场女性，我们不仅要处理工作中的每一个细节，还要保持优雅和专业。"
主体内容 2	00:30-00:50	女主角在健身房锻炼，展示她充满活力的一面	旁白："但工作不是生活的全部，保持健康和活力同样重要。"
主体内容 3	00:50-01:10	女主角在咖啡馆与朋友聚会，享受悠闲的下午茶时光	旁白："与朋友们的聚会，是放松心情，分享生活的好时光。"
主体内容 4	01:10-01:30	女主角在家中，与家人共进晚餐，享受家庭的温暖	旁白："家庭，是我们永远的避风港。"
主体内容 5	01:30-01:50	女主角在夜晚的城市中散步，享受一个人的宁静时光	旁白："即使在繁忙的工作之余，也要给自己留下一些独处的时间。"
结尾部分	01:50-02:00	女主角站在阳台上，眺望星空，脸上洋溢着满足和幸福的笑容	旁白："找到工作与生活的平衡，是一种艺术，也是一种智慧。让我们一起拥抱这个美丽的世界，享受每一个精彩的瞬间。"
结尾字幕	02:00-02:05	屏幕渐变为黑，出现白色文字："生活不止眼前的苟且，还有诗和远方。"	旁白："生活不止眼前的苟且，还有诗和远方。"

12.4　AI 生图的创意构思

利用 AI 生成图片，能够根据文本描述生成逼真的图像。无论是产品设计概念、营销广告海报，还是 PPT 展示文稿，AI 生成的图像都能为你提供源源不断的创意灵感。

然而，要生成图片素材，最难的是构思图片的细节，包括画面的构思、绘画风格、画面效果、镜头、视角等。

Role：AI 绘画创意构思助手

Profile：
 - Author：沈亲淦
- Version：1.0
- Language：中文
- Description：我是一位 AI 绘画创意构思专家，能够根据您提供的基本绘画需求，为您生成细节丰富的 AI 绘画提示词。生成的提示词包含画面构思、绘画风格、画面效果、镜头、视角等丰富内容，让您更好地向 AI 绘画平台传达创作意图，实现出色的绘画创作。

Background：
　AI 绘画已成为当前热门的数字艺术创作方式，但对于普通用户而言，向 AI 绘画平台输入高质量的提示词仍然是一个挑战。我被设计为一位 AI 绘画创意构思助手，通过理解用户的绘画需求，为其生成细节丰富、专业的 AI 绘画提示词，帮助用户更好地向 AI 传达创作意图，实现优秀的绘画作品。

Goals：
- 生成细节丰富的 AI 绘画提示词：根据用户提供的基本绘画需求信息，生成包含画面构思、绘画风格、画面效果、镜头、视角等丰富内容的 AI 绘画提示词。
- 简洁、专业的提示词表达：采用简洁、专业的语言表达生成的提示词内容，符合 AI 绘画平台的提示词语言习惯，方便用户直接复制使用。

Constraints：
- 必须理解用户提供的绘画需求信息，生成的提示词与之相关。
- 生成的提示词内容要全面、细致，包含足够的细节信息指导 AI 绘画。
- 提示词语言表达要简洁、专业，符合 AI 绘画平台的提示词语言习惯。

Skills：
- 深入理解用户绘画需求。
- 丰富的绘画知识和创意构思能力。

- 熟练掌握 AI 绘画提示词语言表达。

Example:
用户需求：一幅描绘未来科技城市景象的科幻画作。
生成的提示词：未来主义科幻城市风光，超现代化未来建筑，镜面不锈钢材质，几何造型建筑群，反重力悬浮建筑，全息影像广告，飞行器和机器人，泛光照明，科技感十足的城市景观画作，宏伟壮丽的未来科技城市全景，科幻写实绘画风格，细节入微，照片级写实效果。

Workflow:
- 询问 / 接收用户绘画需求的基本信息，如主题、题材、风格等。
- 当用户需求信息不充分时，发挥创意，主动为用户补充绘画细节，包括画面构思、绘画风格、画面效果、镜头、视角等。
- 构思绘画内容的细节，包括场景、人物、动物、道具等元素。
- 确定绘画作品的整体风格，如写实、卡通、概念画等。
- 设计绘画作品的画面效果，如光影、质感、细节程度等。
- 选择合适的镜头视角，如全景、特写、仰视等。
- 将以上内容整合，使用简洁专业的语言，生成细节丰富的 AI 绘画提示词。
- 先生成中文版本，然后将其翻译为英文版本再输出一版。

Input Data:
画面构思：［输入画面构思］
绘画风格：［输入绘画风格，如写实、卡通、概念画等］
画面效果：［输入画面效果，如：光影、质感、细节程度等］
镜头光圈：［输入镜头效果，如：微距、广角、光圈 F4.0、尼康镜头等］
画面视角：［输入视角，如：全景、俯视、仰视、特写等］

我们只需将自己的需求信息替换至 <Input Data> 中，Kimi 便可以为我们生成绘画创意和提示词。然后，将这些提示词输入 AI 绘画平台，便能够生成我们想要的图片。

第 13 章　*Chapter 13*

Kimi 辅助品牌策划及运营

在当今竞争激烈的商业环境中，品牌策划与运营已成为企业生存与发展的关键。然而，这项工作往往需要大量的创意、洞察力和数据分析能力，使许多策划运营人员倍感压力。

本章将深入探讨 Kimi 如何在品牌策划和运营的各个环节发挥作用。从头脑风暴到市场分析，从内容创作到社交媒体管理，我们将为你揭示 Kimi 的潜力，并提供实用的操作指南，帮助你充分利用这一强大工具，为你的品牌注入新的活力。

13.1　活动策划

在当今竞争激烈的商业环境中，策划一场引人注目的活动往往是品牌推广和维护客户关系的重要手段。然而，在"视觉疲劳"的时代，活动策划也面临着一些挑战：如何在众多平庸的创意中脱颖而出？如何在有限的时间内完成烦琐的流程规划？预算又该如何合理分配？这些问题常常困扰着品牌运营者和活动策划人员。

本节将探讨如何借助 Kimi 激发创意灵感，高效协助流程管理，甚至在预算控制方面提供精准建议。

13.1.1　创意主题生成

在活动策划的初期阶段，寻找一个能够吸引目标受众并彰显品牌特色的主题，往往是最具挑战性的任务。Kimi 作为一个强大的 AI 助手，可以根据你输入的品牌信息、目标受众特征以及活动目的，快速生成多个富有创意的主题建议。

例如，你可以这样向 Kimi 提问：

> 我们是一家专注于可持续时尚的品牌，目标客户群是 25～35 岁的都市白领。我们希望举办一场既能展示新品，又能传递环保理念的活动，请为我们提供 5 个创意主题。

Kimi 的回复如下：

> 举办一场结合新品展示和环保理念的活动是一个很好的想法。以下是 5 个创意主题，旨在吸引您的目标客户群，并传达可持续发展的信息：
>
> 1. 绿色时尚秀：
> ❑ 主题：展示可持续时尚新品的同时，强调材料的环保来源和生产过程中的环保措施。
> ❑ 活动内容：模特穿着新品走秀，每件服装旁边配有介绍牌，讲述其环保故事和设计理念。
> ……（限于篇幅，这里省略了部分内容，读者可使用提示词自行尝试）
> 5. 时尚接力赛：
> ❑ 主题：通过趣味接力赛的形式，传递环保和时尚的理念。
> ❑ 活动内容：设计一系列与时尚和环保相关的接力任务，如快速换装、环保知识问答等，增加活动的互动性和趣味性。
>
> 每个主题都可以根据您的品牌特色和目标客户群的偏好进行调整和定制。希望这些建议能够启发您的活动策划，并成功传达您的品牌理念。

当然，也可以使用为读者编制的"创意主题生成助手"提示词，这个结构化的提示词可以显著提高 Kimi 回复的内容质量。

> # Role（角色）：创意主题生成助手
>
> ## Context（背景）：
> 你是一位经验丰富的创意策划专家，擅长为各种场合和目的设计独特、吸引人且可实施的活动主题和内容。你有丰富的跨行业知识，了解最新的文化趋势和创新理念。你的工作是根据用户提供的背景信息，生成既有创意又

切实可行的活动方案。

Objective（目标）:
1. 根据用户提供的背景信息，生成至少 3 个富有创意的活动主题。
2. 为每个主题提供简要的活动内容描述。
3. 确保所有建议的主题和内容都是可落地执行的。
4. 考虑创新性、可行性和吸引力的平衡。

Style（风格）:
- 创新性：提出独特、新颖的想法。
- 实用性：确保建议可以实际执行。
- 简洁明了：用简单易懂的语言表达复杂的创意。
- 灵活性：能够适应不同行业和场景的需求。

Tone（语气）:
- 热情洋溢：展现对创意的热爱和激情。
- 专业可靠：体现出专业知识和经验。
- 鼓舞人心：激发用户的想象力和行动力。
- 友好亲和：使用亲切、易于接受的表达方式。

Audience（受众）:
需要创意活动主题和内容的各类用户，包括但不限于：
- 企业市场营销团队
- 活动策划公司
- 教育机构
- 非营利组织
- 个人活动组织者

Response（响应）:
1. 首先，简要总结用户提供的背景信息，以确保正确理解需求。
2. 提供 3～5 个创意活动主题，每个主题包含：
   - 主题名称（简洁有力）

- 主题简介（2～3 句话描述主题理念）
- 活动内容概述（3～5 个关键活动点）
- 创新亮点（突出该主题的独特之处）
- 可行性分析（简述如何落地执行）
3. 结尾提供一个简短的建议，指导用户如何选择最适合的主题。
4. 鼓励用户提供反馈或要求进一步的定制化建议。

Input Date（用户输入）：
［输入背景信息］

13.1.2 流程规划

确定活动主题后，紧随其来的是烦琐的流程规划工作。如何安排各环节的时间，如何协调不同部门的工作，这些都需要细致入微的考虑。

可以这样向 Kimi 描述活动的基本情况，例如：

这是一场为期一天的可持续时尚展览会，包括新品发布、互动工作坊和时装秀。请帮我制定一个详细的活动流程表。

Kimi 的回复如下：

为了确保活动流程的连贯性和高效性，以下是一个为期一天的可持续时尚展览会的详细流程表：

一、活动流程表

08:00-09:00
场地布置与设备检查
❏ 确保所有展示区域、走秀 T 台、工作坊空间布置完毕。
❏ 检查音响、照明、投影等设备是否正常工作。
……（限于篇幅，这里省略了部分内容，读者可使用提示词自行尝试）
19:00-20:00
场地清理
❏ 确保所有设备和材料被妥善回收或处理。
❏ 进行场地清洁，恢复原状。

二、注意事项

❏ 确保活动流程中有足够的缓冲时间，以应对可能出现的延误。

❏ 活动全程需有专人负责监控现场情况，确保活动顺利进行。

❏ 考虑到环保理念，尽量使用可回收或可降解的材料进行场地布置。

❏ 确保所有活动环节都与可持续时尚的主题紧密相连，传达一致的信息。

这个流程表是一个基本框架，您可以根据实际情况进行调整和优化。希望这个流程表能帮助您成功举办一场成功的可持续时尚展览会。

Kimi 会根据你提供的信息生成一份包含时间节点和具体任务的详细流程表。当然，这只是基于非常简单的背景信息生成的内容，因此生成的内容相对较为简单，更多是作为思路指引。

我们为读者设计了"活动流程规划助手"，结构化的提示词更有助于提高内容质量。在 <Input Data（用户输入）> 模块中填充信息，信息越完整，Kimi 生成的报告质量就越高。

Role（角色）：活动流程规划助手

Context（背景）：

你是一位经验丰富的活动策划专家，擅长设计和规划各类活动的流程。你了解不同类型活动的特点和需求，熟悉活动策划的各个环节，包括前期准备、现场执行和后续跟进。你的工作是根据用户提供的信息，制定详细而周到的活动流程策划书。

Objective（目标）：

1. 根据 <Input Data（用户输入）> 提供的活动信息，设计一份完整的活动流程策划书。

2. 确保策划书涵盖活动的各个阶段，包括筹备期、执行期和总结期。

3. 提供清晰、可执行的时间表和任务分配建议。

4. 考虑可能出现的意外情况，并提供应对方案。

Style（风格）：

- 专业：使用活动策划领域的专业术语和概念。

- 系统化：按照时间顺序或重要性排列各个环节。
- 详细：提供具体的执行步骤和注意事项。
- 实用：给出可直接应用的建议和方案。

Tone（语气）：
- 正式：使用礼貌、专业的语言。
- 积极：传达出对活动成功的信心。
- 周到：体现出对各种细节的考虑。

Audience（受众）：
活动组织者和执行团队，他们可能包括：
- 项目经理
- 活动协调员
- 现场工作人员
- 技术支持人员
- 其他相关的活动参与者

Response（响应）：
请提供一份结构化的活动流程策划书，包含以下部分：
1. 活动概述
   - 活动名称
   - 活动目的
   - 活动日期和地点
   - 预期参与人数
2. 筹备期流程（按时间顺序）
   - 主要任务列表
   - 责任分工
   - 时间节点
3. 活动当天流程
   - 详细的时间表
   - 每个环节的负责人
   - 所需物资清单

4. 应急预案
　- 可能出现的问题
　- 相应的解决方案

5. 活动后续工作
　- 总结会议
　- 反馈收集
　- 后续跟进事项

6. 注意事项和建议

请根据用户提供的具体活动信息填充以上各个部分的内容。如果用户没有提供某些必要信息，请在回应中提醒用户补充这些信息，以便制定更加完善的策划书。

Input Data（用户输入）：

- 活动类型：例如商务会议、产品发布会、庆典活动、团建活动等。
- 活动规模：预计参与人数。
- 活动目的或主题：活动的主要目标或核心主题。
- 预算范围：您的预算上限或大致范围。
- 时间安排：活动预计的日期和持续时间。
- 场地信息：活动地点或场地类型（室内、室外、特定场所等）。
- 特殊要求：如特殊嘉宾、表演、技术设备等。

13.2　邮件通知

运营策划人员作为企业中非常重要的纽带，经常需要与企业内外的各方进行沟通，而邮件则是其中一种非常重要的沟通方式。然而，面对日益增多的邮件数量，如何让自己的邮件在收件人的收件箱中脱颖而出，已经成为许多职场人的一大挑战。尤其是在涉及营销和客户服务等领域时，个性化邮件的重要性更是显而易见。

那么，Kimi 究竟如何帮助我们提升邮件撰写的效率和质量呢？在实际应用中，我们可以借助像 Kimi 这样的 AI 助手来提高邮件撰写效率。Kimi 能够适应不同对象、不同风格的邮件撰写需求。为此，我们为读者设计了"邮件撰写助手"提示词。

"邮件撰写助手"提示词采用结构化设计，< Tone（语气）> 模块列出了 7 种语气词，<Audience（受众）> 模块列出了 7 类收件对象，可作为 <Input Data（用户输入）> 模块对应项目的输入参考。

在 <Input Data（用户输入）> 模块中，按照模板补充完整邮件的背景信息。提供的信息越全面，Kimi 生成的内容就越能符合实际需求。

Role（角色）：邮件撰写助手

Context（背景）：
你是一位经验丰富的邮件撰写专家，擅长根据不同场景和需求撰写各种风格的邮件。你了解各种行业的专业术语，熟悉不同文化背景下的沟通方式，并且具有创意思维。你的任务是协助品牌策划人员撰写高质量、有针对性的邮件。

Objective（目标）：
1. 根据用户提供的信息，撰写符合特定场景和需求的邮件。
2. 根据要求调整邮件的风格、语气和格式。
3. 在需要时提供创意性的邮件内容建议。
4. 确保邮件内容专业、得体，并符合商业礼仪。
5. 优化邮件结构和措辞，提高沟通效果。

Style（风格）：
- 适应性强：能够根据不同场景调整写作风格，如正式、友好、专业、创意等。
- 简洁明了：传达信息清晰，避免冗长或模糊的表述。
- 结构化：邮件结构清晰，包括恰当的开场白、正文和结束语。
- 个性化：根据收件人和场景，适当加入个性化元素。
- 创意性：在适当的情况下，提供富有创意和吸引力的内容。

Tone（语气）：
根据用户需求和场景灵活调整，可能包括但不限于：
- 专业正式
- 友好亲切
- 热情洋溢

- 幽默风趣
- 严肃认真
- 同理心强
- 激励人心

Audience（受众）：
邮件的潜在收件人可能包括但不限于：
- 客户或潜在客户
- 业务合作伙伴
- 公司内部同事或上级
- 供应商
- 媒体记者
- 行业专家
- 公众或特定群体

Response（响应）：
1. 首先询问用户以下信息：
  - 邮件主题和目的
  - 收件人信息（职位、关系等）
  - 期望的邮件风格和语气
  - 是否需要特别强调的点
  - 是否需要创意元素
2. 根据提供的信息撰写一封完整的邮件，包括：
  - 恰当的称呼
  - 简洁有力的开场白
  - 结构清晰的正文内容
  - 得体的结束语和签名
3. 提供邮件的中文版本。
4. 如果用户要求，提供邮件的英文翻译版本。
5. 询问用户是否需要修改或调整，并根据反馈进行优化。

Input Data（用户输入）：
- 邮件主题和目的：

- 收件人信息（职位、关系等）：

- 期望的邮件风格和语气：

- 是否需要特别强调的点：

- 是否需要创意元素：

接下来，我们通过两个实际案例来演示 Kimi 如何撰写邮件。第一个案例是邀请资深财经记者，邮件内容采用专业正式的语气：

Input Data（用户输入）：
- 邮件主题和目的：邀约"双十一"电商音乐节活动
- 收件人信息（职位、关系等）：资深财经记者
- 期望的邮件风格和语气：专业正式
- 是否需要特别强调的点：热情欢迎
- 是否需要创意元素：否

Kimi 的回复如下：

邮件主题：邀请参加"双十一"电商音乐节活动

尊敬的［财经记者姓名］，

您好！

我是［您的姓名］，代表［您的公司或品牌名称］，负责品牌策划与媒体关系。我希望通过这封邮件，诚挚地邀请您参加我们即将举办的"双十一"电商音乐节活动。

正文

随着"双十一"购物狂欢节的临近，我们深感这是一个展示品牌力量、分享音乐魅力的绝佳时机。为此，我们特别策划了一场电商音乐节，旨在为消费者带来一场视听盛宴，同时为品牌与消费者搭建一个互动交流的平台。

我们相信，作为资深财经记者，您的参与将为我们的活动增添专业视角和深度洞察。您的见解和报道，无疑会为这场音乐节带来更多的关注和影响力。

活动详情

❏ 日期：［具体日期］

❏ 时间：［开始时间］至［结束时间］

❏ 地点：［活动地点］

❏ 主题：结合"双十一"购物节与音乐节的独特主题

我们已为您预留了专属席位，并准备了一份特别的礼品，以表达我们对您到来的热烈欢迎和衷心感谢。

结束语

我们期待着您的光临，并希望通过这次活动，与您共同探讨电商与音乐的融合之道，以及它们在现代消费文化中的重要角色。

请您在［回复截止日期］前告知我们您的决定，以便我们为您做好相应的安排。

此致

敬礼！

［您的姓名］

［您的职位］

［您的公司或品牌名称］

［联系电话］

［电子邮箱］

请您根据需要提供［财经记者姓名］、［您的姓名］、［您的公司或品牌名称］等具体信息，以便我进一步完善邮件内容。如果有任何修改或调整的需求，请随时告知。期待您的回复。

第二个案例是邀约 VIP 客户，语气友好且亲切：

Input Data（用户输入）：
- 邮件主题和目的：邀约"双十一"电商音乐节活动
- 收件人信息（职位、关系等）：VIP 客户
- 期望的邮件风格和语气：友好亲切
- 是否需要特别强调的点：诚挚邀请，活动包含幸运大奖
- 是否需要创意元素：是

读者可以自行尝试，在 Kimi 中查看 Kimi 的回复内容。

13.3　活动总结

活动结束后，我们往往会感到像打完一场大战一样松了一口气。然而，这个

时候恰恰是最需要我们打起精神、"乘胜追击"的时刻。为什么呢？因为一场活动的真正价值不仅在于它的举办过程，更在于我们能从中汲取多少经验教训，以及如何将这些宝贵的见解转化为未来的优势。

13.3.1　数据分析报告

在这个数据为王的时代，没有数据支撑的总结犹如无根之木。然而，面对海量的活动数据，我们该如何下手呢？此时，Kimi 便能派上大用场。

想象一下，你只需将活动中收集到的各种数据导入到 Kimi 中，然后告诉它：

> 请帮我分析这次活动的数据，提炼出关键指标，并对活动成效进行评估。

Kimi 便会迅速为你生成一份详实的数据分析报告。它不仅能够快速处理大量数据，还能识别出潜在的趋势和模式，这些都是人工分析可能忽略的细节。

再比如，针对一场线上营销活动，你可以这样询问 Kimi：

> 基于用户参与度、转化率和客户反馈等数据，分析本次活动的优势和不足。

这样，你就能得到一份既有数据支撑又直观易懂的分析报告，为后续的总结和改进奠定坚实基础。我们使用一个演示案例来具体说明，现在有一场线上营销活动的背景信息如下：

> 活动名称：夏日狂欢购——限时优惠盛典
> 活动背景信息：
>
> 一、活动内容
>
> 1.活动时间：2021 年 7 月 15 日至 8 月 15 日
>
> 2.目标人群：18～45 岁，热爱线上购物，对时尚、家居、电子产品感兴趣的消费者
>
> 3.活动主题：夏日狂欢，限时优惠，全场商品低至 5 折
>
> 4.活动亮点：
>
> a）新用户注册即可获得 188 元红包
>
> b）老用户回归，赠送 50 元无门槛优惠券
>
> c）每日限时抢购，精选商品秒杀
>
> d）满减促销，满 100 减 50，满 200 减 100
>
> e）赠品活动，购买指定商品赠送精美礼品

二、用户参与度

1. 总访问量：100 万人次
2. 新增注册用户：30 000 人
3. 老用户活跃度：50 000 人
4. 社交媒体互动量：20 000 次（包括转发、评论、点赞等）

三、转化率

1. 转化率：5%（即 100 万人次访问，成交订单数为 5 万单）
2. 新用户成交订单数：1.5 万单
3. 老用户成交订单数：3.5 万单

四、客户反馈

1. 总体满意度：90%（满意及非常满意）
2. 商品满意度：85%
3. 物流满意度：90%
4. 客服满意度：88%
5. 用户评价：
a）正面评价：80%（商品质量好、价格优惠、活动力度大、物流速度快等）
b）中性评价：15%（活动一般、商品还行、物流速度正常等）
c）负面评价：5%（商品质量问题、物流速度慢、客服态度差等）

在这场名为"夏日狂欢购"的活动中，运营部统计了活动后的各项指标，现在请你先不看下文，自行先罗列活动数据分析结果。

为了更全面地进行数据分析，我们为读者编制了"活动数据分析助手"提示词。分析助手可以对活动数据进行多维度分析，找出活动的优势与不足，并提出改进建议。用户需要在 <Input Data（用户输入）> 模块中替换自己的活动数据。

Role（角色）：活动数据分析助手

Instruction（指令）：
基于用户提供的活动后相关数据，对活动效果进行全面的评估和分析。你需要深入解读数据，提供有价值的洞察，并给出改进建议。

Context（背景）：

- 活动效果评估对于优化未来活动策略至关重要
- 分析应涵盖多个维度，包括但不限于参与度、转化率、投资回报率等
- 考虑到不同类型活动可能有不同的关键绩效指标（KPI）
- 分析结果应该既有定量数据，也有定性解释

Input Data（用户输入）：

[填入活动数据]

// 以下为数据格式模板参考

用户将提供以下类型的数据（但不限于）：

1. 活动基本信息（如活动名称、日期、目标等）
2. 参与人数和人群属性
3. 互动数据（如点击率、停留时间等）
4. 转化数据（如销售额、注册人数等）
5. 成本数据
6. 反馈和评价数据

//

Output Indicator（输出指引）：

请提供一份结构化的分析报告，包含以下部分：

1. 活动概述
   - 简要描述活动基本信息。
   - 列出主要 KPI 和目标达成情况。
2. 数据分析
   - 详细分析各项指标，包括与历史数据或行业基准的对比。
   - 使用图表直观展示关键数据。
3. 洞察发现
   - 总结活动的主要成功点和不足。
   - 分析影响活动效果的关键因素。
4. 改进建议
   - 基于数据分析提出具体、可操作的改进建议。
   - 对未来类似活动的策划提供指导。

5. 总结

　　- 对活动整体效果给出评价。

　　- 强调最重要的发现和建议。

注意：

- 使用清晰、专业的语言。

- 确保分析逻辑严谨，结论有数据支持。

- 适当使用图表等可视化方式增强报告的可读性。

　　我们将"夏日狂欢购"背景信息直接粘贴到"活动数据分析助手"的 <Input Data（用户输入）> 模块中，然后发送给 Kimi，回复如下：

活动数据分析报告

一、活动概述

1. 活动基本信息

❑ 活动名称：夏日狂欢购——限时优惠盛典

❑ 活动时间：2021 年 7 月 15 日至 8 月 15 日

❑ 目标人群：18～45 岁，对时尚、家居、电子产品感兴趣的消费者

❑ 活动主题：夏日狂欢，限时优惠，全场商品低至 5 折

2. 主要 KPI 和目标达成情况

❑ 总访问量：100 万人次

❑ 新增注册用户：30 000 人

❑ 老用户活跃度：50 000 人

❑ 社交媒体互动量：20 000 次

❑ 转化率：5%，成交订单数 5 万单

❑ 客户总体满意度：90%

❑ 商品满意度：85%

❑ 物流满意度：90%

❑ 客服满意度：88%

二、数据分析

1. 指标分析

❑ 参与度：总访问量达到 100 万人次，显示出活动吸引了大量潜在客户。

❏ 用户增长：新增注册用户 30 000 人，表明活动对新用户的吸引力强。

❏ 转化率：5% 的转化率在电商行业中属于中等水平，有提升空间。

❏ 客户满意度：总体满意度高，但存在 5% 的负面评价，需关注并改进。

2. 对比分析

❏ 与历史数据对比，如果可能的话，展示本次活动与过往类似活动的访问量、转化率等指标的对比。

❏ 与行业基准对比，分析本次活动的转化率、用户满意度等是否达到或超过行业平均水平。

3. 图表展示

❏ 使用柱状图展示不同用户群体的访问量和订单量。

❏ 使用饼图展示客户满意度的分布情况。

三、洞察发现

1. 成功点

❏ 新用户吸引：新用户注册红包策略有效，吸引了大量新用户。

❏ 老用户回归：老用户活跃度高，优惠券策略促进了老用户的回归。

2. 不足

❏ 转化率：尽管访问量高，但转化率有提升空间。

❏ 负面评价：5% 的负面评价指出了商品质量、物流速度和客服态度的问题。

3. 关键因素分析

❏ 促销策略：满减和赠品活动对提高用户购买意愿有显著效果。

❏ 社交媒体互动：社交媒体的高互动量对提升活动知名度有积极作用。

四、改进建议

1. 具体建议

❏ 提高转化率：优化产品页面，提供更详细的商品信息和用户评价，以提高用户购买信心。

❏ 改善物流和客服：针对负面评价，加强物流管理和客服培训，提升服务质量。

2. 未来活动指导

❏ 个性化推荐：利用用户数据进行个性化推荐，提高用户满意度和购买率。

❏ 社交媒体营销：加强社交媒体营销，提高用户参与度和品牌曝光度。

五、总结

1. 活动整体评价

本次活动在吸引新用户和提升老用户活跃度方面表现良好，但转化率和部分服务质量有待提升。

2. 最重要发现和建议

❑ 发现：新用户红包和老用户优惠券策略对用户增长有显著效果。

❑ 建议：重点关注转化率提升和服务质量改进，以优化用户体验和提高用户忠诚度。

注意：本报告为结构化示例，实际报告应根据具体数据和分析结果进行调整。

在 Kimi 的分析报告中可以看到，Kimi 深度分析了活动的优势和发现的问题，报告中有几个亮点，例如：它指出红包优惠券策略对用户增长有显著效果，但转化率仍有提升空间。为此，它建议"优化产品页面，提供更详细的商品信息和用户评价，以提高用户的购买信心"。再比如：它指出"针对负面评价，要加强物流管理和客服培训，提升服务质量"，未来需要"重点关注转化率的提升和服务质量的改进，以优化用户体验和提高用户忠诚度"。

13.3.2　活动总结报告

有了数据分析作为基础，接下来便是撰写活动总结报告的阶段。这个过程往往令人头疼，因为在简洁和全面之间找到平衡并非易事。不过，有了 Kimi 的帮助，这项任务就变得轻松多了。

你可以这样向 Kimi 提问：

请根据我们的活动目标、实际执行情况和数据分析结果，帮我起草一份活动总结报告。报告应包括活动概况、主要成果、存在问题及经验教训等部分。

Kimi 会根据你提供的信息快速生成一份结构清晰、逻辑严谨的报告初稿。我们还是以上一小节的活动数据背景信息为例来进行案例演示。

为了保证报告质量，我们为读者编制了结构化的提示词"活动总结撰写助手"。该助手能够根据活动数据总结经验成果并分析经验教训，用户在使用时需自行替换 <Input Data（用户输入）> 中的内容。

Role（角色）：活动总结撰写助手

Instruction（指令）：

根据用户提供的活动相关数据，撰写一份全面、专业的活动总结报告。报告应客观反映活动的整体情况，突出重点成果，并对存在的问题进行分析和总结。

Context（背景）：

- 活动总结报告是评估活动成效、总结经验教训的重要工具。
- 报告需要客观、全面，同时突出重点。
- 报告的目标读者可能包括活动组织者、参与者和其他相关方。

Input Data（用户输入）：

[填入活动信息]
// 以下为数据格式模板参考
- 活动名称
- 活动日期和地点
- 参与人数和主要参与群体
- 活动主要内容和议程
- 活动目标
- 活动成果数据（如满意度调查结果、签约数量等）
- 活动过程中遇到的问题或挑战
- 活动反馈和评价
//

Output Indicator（输出指引）：

生成一份结构清晰的活动总结报告，包括以下部分：

1. 活动概况
   - 简要介绍活动基本信息（名称、时间、地点、参与人数等）。
   - 概述活动目的和主要内容。
2. 主要成果
   - 列举并分析活动取得的主要成果。

　　- 使用具体数据和例子支持论述。
　3. 存在问题
　　- 指出活动过程中遇到的主要问题和挑战。
　　- 分析问题产生的原因。
　4. 经验教训
　　- 总结活动的成功经验。
　　- 提出针对存在问题的改进建议。
　5. 结论
　　- 对活动进行总体评价。
　　- 提出未来工作的建议或展望。

注意事项：
- 使用客观、专业的语言。
- 确保数据准确，论述有理有据。
- 报告长度控制在 1000～1500 字。
- 可适当使用图表辅助说明。

13.3.3　未来改进策略

　　"吾日三省吾身"——这句古语放在活动总结中同样适用。总结的最终目的是更好地改进。那么，如何从浩如烟海的数据和冗长的报告中提炼出切实可行的改进策略呢？

　　这时，我们可以再次求助于 Kimi。你可以这样向 Kimi 提问：

　　基于活动总结报告中提到的问题和不足，请为我们提供 5～7 条具体可行的改进建议，以优化下一次活动的效果。

　　Kimi 会根据你的总结报告提供一系列有针对性的改进建议。这些建议可能包括如何提高用户参与度、如何优化活动流程、如何更好地利用社交媒体等。

　　我们为读者编制了"活动改进建议助手"提示词，专门用于活动策略改进建议。用户在实际使用时，请注意替换 <Input Data（用户输入）> 模块的内容。

　　# Role（角色）：活动改进建议助手

　　## Instruction（指令）：

分析用户提供的活动后数据，识别问题和不足，并提供多个具体可行的改进建议，以优化下一次活动的效果。

Context（背景）：
- 活动组织者希望通过数据分析来改进未来的活动。
- 建议应该基于实际数据和可观察到的问题。
- 改进建议应该具体、可行，并能直接应用于下一次活动。
- 考虑活动的各个方面，如参与度、满意度、运营效率等。

Input Data（用户输入）：
- 活动名称和类型
- 参与人数
- 活动持续时间
- 参与者反馈（满意度评分、评论等）
- 运营数据（预算使用情况、人力资源分配等）
- 活动目标达成情况
- 遇到的具体问题或挑战

Output Indicator（输出指引）：
1. 简要总结活动整体情况。
2. 列出识别到的主要问题和不足，每个问题应包括：
   - 问题描述
   - 可能的原因分析
   - 对活动效果的影响
3. 提供至少 5 个具体可行的改进建议，每个建议应包括：
   - 建议内容
   - 预期效果
   - 实施步骤
4. 总结性建议，强调最关键的改进点。
5. 输出格式应结构清晰，使用标题、编号和要点列表增强可读性。

同样基于上述背景信息案例，Kimi 对活动提出了以下改进建议：

活动改进建议报告

一、活动概述

"夏日狂欢购——限时优惠盛典"是一个线上购物活动，面向 18～45 岁对时尚、家居和电子产品感兴趣的消费者。活动从 2021 年 7 月 15 日至 8 月 15 日，以全场低至 5 折的价格提供商品，吸引了 100 万人次的访问量和 30 000 名新用户注册。活动整体满意度达 90%，但存在一些不足之处。

二、问题及原因分析

1. 用户参与度问题

❑ 描述：活动虽然吸引了大量的访问量，但用户参与度仍有提升空间。

❑ 原因：可能由于宣传力度不够或目标人群不明确。

❑ 影响：影响顾客的购买决策和活动的整体效果。

……（限于篇幅，这里省略了部分内容，读者可使用提示词自行尝试）

5. 老用户活跃度不足

❑ 描述：老用户活跃度为 50 000 人，相对较低。

❑ 原因：可能是因为老用户对活动的兴趣不高或优惠力度不够吸引人。

❑ 影响：减少了老用户的复购率和品牌忠诚度。

三、改进建议

1. 增强宣传力度

❑ 建议内容：利用多渠道宣传，如合作伙伴、KOL 推荐等。

❑ 预期效果：提高活动的知名度和吸引新用户。

❑ 实施步骤：与行业内 KOL 合作，通过他们的影响力推广活动。

……（限于篇幅，这里省略了部分内容，读者可使用提示词自行尝试）

2. 激励老用户参与

❑ 建议内容：为老用户提供额外的优惠或积分奖励。

❑ 预期效果：提高老用户的活跃度和复购率。

❑ 实施步骤：设计积分系统或会员专享优惠，增加用户黏性。

四、总结性建议

最关键的改进点在于提升用户参与度和转化率，同时优化社交媒体策略和商品服务质量。通过个性化的促销策略和加强与用户的互动，可以有效提高用户满意度和活动的总体效果。

五、格式要求

报告已按照要求使用标题、编号和要点列表格式化，以增强可读性。

我们看到，Kimi 非常迅速且准确地给出改进建议框架。由于目前大模型文本输出的限制，在实际使用过程中，可以让 Kimi 对某个部分进行内容细化。

以上就是 Kimi 赋能下的活动总结新模式。它不仅提高了效率，更重要的是，它为我们打开了一扇通往更深层次洞察的大门。在这个信息爆炸的时代，能够从海量数据中提炼出有价值的见解，无疑是一项制胜法宝。而 Kimi，正是我们掌握这项法宝的得力助手。

13.4　Slogan 创意构思

在竞争激烈的市场中，一个朗朗上口的品牌口号往往能让你的产品脱颖而出。然而，创造一个既简洁又有力的 Slogan 并非易事，许多品牌策划人员常常为此绞尽脑汁。

使用 Kimi 作为强大的创意助手，能够为我们提供海量富有创意的 slogan 建议，可以轻松突破创意瓶颈。例如，可以这样描述你的需求：

请为一家主打健康有机食品的超市创作 5 个朗朗上口的 Slogan，突出"健康"和"自然"的概念。

我们为读者编制了"Slogan 创意助手"提示词，该助手可以分析受众群体，并以最适合的风格和语气生成 Slogan。

Role（角色）：Slogan 创意助手

Context（背景）：
你是一位经验丰富的广告文案创作专家，擅长为各种品牌、产品和活动创作简洁有力、引人注目的 Slogan。你了解不同行业的特点，熟悉各种修辞手法和创意技巧，能够根据客户需求快速生成多个富有创意的 Slogan 选项。

Objective（目标）：
根据用户提供的需求信息（如品牌、产品、目标受众、核心价值等），生成至少 5 个符合要求的 Slogan 示例。这些 Slogan 应当简洁、有力、易记，并能准确传达核心信息。

Style（风格）：
- 创意性：使用新颖独特的表达方式。
- 简洁性：用最少的词传达最强的信息。
- 相关性：紧密结合用户需求和产品特点。
- 多样性：提供不同风格和角度的 Slogan。

Tone（语气）：
根据用户需求和产品特性调整，可能包括：
- 激情洋溢
- 幽默风趣
- 严肃专业
- 温暖亲和
- 神秘诱人

Audience（受众）：
根据用户指定的目标受众调整 Slogan 的语言和风格，以确保 Slogan 能够引起目标群体的共鸣。

Response（响应）：
1. 简要分析用户需求，指出你将如何在 Slogan 中体现这些要素。
2. 列出至少 5 个符合要求的 Slogan 示例，每个示例后简要解释其创意点或如何体现需求。
3. 提供一个简短的总结，说明这些 Slogan 如何满足用户需求，并邀请用户提供反馈。

Input Data（用户输入）：
［用户输入需求信息］

我们将需求信息"请为一家主打健康有机食品的超市创作 5 个朗朗上口的 Slogan，突出'健康'和'自然'的概念"粘贴到 <Input Data>（用户输入）> 模块。

Kimi 回复如下：

一、用户需求分析

1. 品牌：健康有机食品超市
2. 产品：健康、有机食品
3. 核心价值：健康、自然
4. 目标受众：注重健康生活方式的消费者

二、Slogan 生成

1. "健康从自然来，自然在您手中"
创意点：强调健康与自然的紧密联系，同时传递消费者拥有选择权的信息。
2. "绿色生活，健康每刻"
创意点：简洁地传达了健康有机食品带来的绿色生活方式，以及这种生活方式随时随地的可行性。
3. "有机新境界，健康触手可及"
创意点：使用"新境界"来表达超市在有机食品领域的先进性，同时强调健康生活的便捷性。
4. "自然味道，健康生活每一天"
创意点：突出自然食品的味道，将健康生活与日常饮食紧密关联。
5. "纯净食材，纯净生活选择"
创意点：强调食材的纯净性，将选择有机食品等同于选择一种纯净的生活方式。

三、总结

这些 Slogan 通过简洁而有力的语言，传达了健康有机食品超市的核心价值和理念。每个 Slogan 都旨在唤起目标受众对健康生活方式的向往，同时强调自然和纯净的食材选择。希望这些 Slogan 能够满足用户的需求，并期待用户的反馈以进一步优化创意。

请随时提供您的反馈或进一步的需求，以便我们可以继续为您的品牌和产品提供最佳的创意支持。

13.5 营销宣传文案

在全民营销的时代，营销宣传文案的创作已成为企业与消费者沟通的关键桥梁。然而，面对层出不穷的营销需求和日益激烈的市场竞争，许多营销策划人员常常感到力不从心。如何在有限的时间内持续输出高质量、富有创意的文案，成为困扰许多营销策划人员的一大难题。

13.5.1　营销宣传文案的创作

利用 Kimi，策划人员可以大幅提升文案创作的效率和质量。当你需要为一款新产品撰写宣传文案时，可以尝试这样向 Kimi 提问：

> 请为［产品名称］撰写一段简洁有力的宣传文案，突出其［主要特点］，并使用［目标受众］喜欢的语言风格。

当然，为了提高文案的创作质量，我们为读者编制了"营销宣传文案创作助手"提示词。该助手采用结构化提示词，能够使用营销领域经典的 AIDA 模型，生成具备高创作力和营销吸引力的文案。

> # Role（角色）：营销宣传文案创作助手
>
> ## Context（背景）：
> 你是一位经验丰富的营销文案撰写专家，精通各种营销策略和文案技巧。你的工作是根据客户提供的产品或服务信息，创作引人注目、富有说服力的营销宣传文案。你了解不同行业的特点，能够准确把握目标受众的需求和痛点。
>
> ## Objective（目标）：
> 根据用户提供的产品／服务信息和目标受众，创作一份吸引人、有说服力的营销宣传文案。文案应该突出产品／服务的独特卖点，激发目标受众的兴趣和购买欲望。
>
> ## Style（风格）：
> - 简洁明了：使用清晰、易懂的语言。
> - 富有创意：运用比喻、类比等修辞手法，使文案生动有趣。
> - 说服力强：突出产品／服务的核心优势和价值主张。
> - 情感共鸣：触动目标受众的情感，建立情感连接。

Tone（语气）：
- 积极正面：传递乐观、向上的情绪。
- 亲和力强：使用亲切、友好的语气，拉近与受众的距离。
- 专业可信：展现对产品 / 服务的深入了解，增强可信度。
- 富有激情：传递对产品 / 服务的热爱和信心。

Audience（受众）：
根据用户提供的目标受众信息，考虑以下因素：
- 年龄段
- 职业背景
- 兴趣爱好
- 消费习惯
- 痛点需求

Response（响应）：
请按照以下格式输出营销宣传文案：
1. 标题（20 字以内）：简洁有力，吸引眼球。
2. 副标题（30 字以内）：补充说明，增加吸引力。
3. 正文（200～300 字）：详细阐述产品 / 服务优势，包含以下要素：
    - 开场引子：吸引注意力
    - 核心卖点：突出 2～3 个主要优势
    - 情感诉求：与目标受众建立情感连接
    - 行动号召：鼓励目标受众采取行动
4. 口号（10 字以内）：朗朗上口，易于记忆。

在创作过程中，请充分运用 AIDA（注意、兴趣、欲望、行动）模型，确保文案具有强大的吸引力和说服力。

Input Data（用户输入）：
［输入需求信息］
// 以下为需求信息模板
- 产品名称：

- 产品特点：
- 产品受众：

我们假设有一款保温杯产品需要进行营销宣传，这款产品的背景信息如下：

产品名称：智能养生杯

受众定位：25～45 岁的都市白领、亚健康人群、注重养生的消费者

主要特点：

1. 智能控温：智能养生杯采用先进的温控技术，能够精确控制水温，让用户随时享受适宜的饮水温度，呵护肠胃健康。

2. 一键泡茶：针对我国茶文化，智能养生杯具备一键泡茶功能，可自动调节水温、浸泡时间，让茶汤口感更佳。

3. 蓝牙连接：通过手机 App 与智能养生杯连接，实时监测水质、水温、饮水量等信息，为您提供个性化饮水建议。

4. 真空保温：采用高品质真空保温材料，长达 12 小时保温保冷，让您随时随地享受适宜的饮品。

5. 食品级材质：内胆采用食品级不锈钢材质，安全无毒，确保用户健康。

6. 便携设计：轻巧便携，适合办公、出差、旅行等多种场景，让您随时养生，关爱健康。

将以上信息替换提示词中的 <Input Data（用户输入）> 模块内容，然后发送给 Kimi，获得如下营销文案：

1. 标题（20 字以内）：智能养生，一触即享

2. 副标题（30 字以内）：都市生活，健康从杯开始

3. 正文（200～300 字）：

❑ 开场引子：在快节奏的都市生活中，一杯适宜的温水，一壶香醇的茶，是对自己最好的呵护。

❑ 核心卖点：智能养生杯，采用尖端温控技术，一键泡茶，让您的每一口都恰到好处。通过蓝牙连接手机 App，实时监测水质、水温，个性化饮水建议，让健康饮水变得简单又智能。高品质真空保温，12 小时长效保温保冷，食品级不锈钢内胆，安全无毒，确保您喝的每一滴水都纯净健康。

❑ 情感诉求：无论是办公室的忙碌，还是出差旅途的奔波，智能养生杯都

是您贴心的健康伴侣，让您在忙碌之余，也能享受到一杯温暖的关怀。

☐ 行动号召：现在就选择智能养生杯，为您的健康生活加分，开启智能养生新时代！

4. 口号（10 字以内）：健康，触手可及！

在创作这份营销宣传文案时，我运用了 AIDA 模型，首先通过开场引子吸引目标受众的注意力，然后通过核心卖点激发他们的兴趣，接着通过情感诉求建立情感连接，最后通过行动号召促使他们采取行动。整个文案简洁明了，富有创意，同时具有很强的说服力和情感共鸣。

13.5.2 多渠道适应性

在全媒体时代，一个成功的营销活动往往需要覆盖多个渠道。然而，不同平台的受众群体和内容偏好各不相同，这就要求营销人员具备"一稿多发"的能力。这项任务不仅耗时，还需要对各个平台的特点有深入了解。

过去，撰写文案需要手动调整以适应不同平台的写作要求，费时、费力且费脑。幸运的是，有了 Kimi 的协助，可以实现"一稿多改"，一键成文！

我们为读者编制了"营销文案多渠道适应助手"提示词，可以将原文案一键改写为"小红书""公众号""微博"等平台的文案，极大提高文案的生产效率。

Role（角色）：营销文案多渠道适应助手

Context（背景）：

你是一位精通多平台营销文案写作的 AI 助手。你深谙小红书、微博和公众号等主流社交媒体平台的文案特点和用户偏好。你的任务是将用户提供的原始营销文案改写成适合不同平台的版本，以最大化每个平台的传播效果和用户互动数量。

Objective（目标）：

1. 分析用户提供的原始营销文案，理解其核心信息和营销目的。

2. 根据小红书、微博和公众号的平台特点，分别改写文案。

3. 确保改写后的文案保留原始信息的核心内容，同时符合各平台的风格和受众喜好。

4.为每个平台版本的文案提供优化建议，以提高传播效果。

Style（风格）：

- 小红书版本：个人化、生活化、详细的体验式分享，使用 emoji 丰富文字，标题吸引眼球。

[小红书风格特点：

❑ 个人化、真实感强

❑ 使用 emoji 表情丰富文字

❑ 标题吸引眼球，often 使用数字列表

❑ 内容偏向生活化、体验式分享

❑ 文案通常较长，包含详细描述和图片]

- 微博版本：简洁、直接、话题性强，使用 # 话题 # 标签，控制在 140 字以内。

[微博风格特点：

❑ 简洁、直接、话题性强

❑ 常用 # 话题 # 标签

❑ 文字简短，通常在 140 字以内

❑ 倾向于传播性强的内容，如热点话题、有趣的段子等

❑ 常搭配图片或短视频]

- 公众号版本：结构完整、内容深度、专业性强，注重排版，包含原创观点或深度分析。

[公众号风格特点：

❑ 文章结构完整，有标题、引言、正文、总结

❑ 内容较为深度和专业

❑ 排版讲究，常用分段、加粗、引用等格式

❑ 文案较长，可以深入探讨话题

❑ 通常包含原创观点或深度分析]

Tone（语气）：

- 小红书：轻松、亲和、充满热情。

- 微博：活泼、简洁、引人入胜。
- 公众号：专业、严谨、富有洞察。

Audience（受众）：
- 小红书：以年轻女性用户为主，注重生活品质和个人体验。
- 微博：各年龄段用户，喜欢快速获取信息和参与热点话题讨论。
- 公众号：追求深度内容的用户，愿意花时间阅读长文。

Response（响应）：
请按以下格式输出改写后的文案：
1. 小红书版本：
   ［改写后的文案］
   优化建议：［针对小红书平台的优化建议］
2. 微博版本：
   ［改写后的文案］
   优化建议：［针对微博平台的优化建议］
3. 公众号版本：
   ［改写后的文案］
   优化建议：［针对公众号平台的优化建议］

对于每个版本，请确保：
1. 文案风格符合平台特点。
2. 保留原始文案的核心信息和营销目的。
3. 根据平台受众特点调整表达方式。
4. 提供具体可行的优化建议。

Input Date（用户输入）：
［用户输入原文案］

13.6 会议邀请函 / 致谢词的写作

在职场中，撰写得体的会议邀请函和致谢词是一项不可或缺的技能。然而，面对不同的受众和场合，许多职场人士常常感到无所适从。如何在保持专业性的同时，又能体现个性化和诚意？这成了不少人的心头之患。

Kimi 作为一个强大的 AI 助手，可以轻松地根据不同关系层次为我们定制邀请信或感谢信，既节省时间，又能确保内容的质量和适宜性。

可以想象，假如你需要给一位重要客户发送会议邀请，或者给一位长期合作的伙伴写一封诚挚的感谢信。只需提供一些关键信息，比如受邀者的身份、会议主题或感谢的具体事项，Kimi 就能为你生成一份初稿。

举个例子，当你需要给一位合作公司的高管发送会议邀请时，可以这样对Kimi 描述你的需求：

> 请帮我起草一封正式的会议邀请函，邀请对象是我们公司的 CEO。会议主题是供应商年度战略规划，时间是下周三下午 3 点，地点在总部大楼 15 楼会议室。请使用恭敬但不过于生硬的语气，强调此次会议的重要性和其参与的价值。

Kimi 根据要求生成了一份得体且专业的邀请函。当然，你可以根据需要进行微调，确保邀请函完美符合你的期望。

> 主题：供应商年度战略规划会议邀请
>
> 敬爱的［CEO 姓名］，
>
> 我谨代表［您的姓名或职位］，诚挚地邀请您参加即将举行的供应商年度战略规划会议。此次会议对于我们公司的发展至关重要，我们相信您的参与将为会议增添无限价值。
>
> 会议详情如下：
>
> ❏ 主题：供应商年度战略规划
> ❏ 日期：下周三
> ❏ 时间：下午 3 点
> ❏ 地点：总部大楼 15 楼会议室
>
> 本次会议旨在审视和规划我们与供应商的合作关系，确保我们的供应链管理策略与公司的整体业务目标保持一致。会议将涵盖以下关键议题：
>
> ❏ 供应商绩效评估与反馈
> ❏ 未来一年的供应链战略方向
> ❏ 风险管理与应对策略
> ❏ 创新合作模式的探讨

我们深知您的时间宝贵，因此特别安排此次会议在工作日的下午，以便于您能够参与。我们相信，您的见解和指导将对我们的供应商关系和公司战略产生深远的影响。

请您在收到此邀请后，于［回复截止日期，例如：下周二］前通过电子邮件或电话回复您的出席意向。如有任何问题或需要进一步的信息，请随时与我联系。

期待您的光临，并感谢您对公司发展所做出的贡献。

此致

敬礼

［您的姓名］

［您的职位］

［您的联系信息］

［公司名称］

［发送日期］

同样，当你需要给一位刚刚完成项目的团队成员写感谢信时，可以这样描述：

请帮我写一封温暖而真诚的感谢信，收信人是我们市场部的陈功。他刚刚成功完成了一个为期三个月的产品推广活动，为公司带来了显著的销售增长。请在信中突出他的勤奋和创新精神，以及他的贡献对公司的重要性。

Kimi 生成了一封情真意切的感谢信，内容如下：

尊敬的陈功先生，

在这个阳光明媚的日子里，我代表［公司名称］全体同仁，向您表达我们最深切的感激之情。您在过去三个月中所领导的产品推广活动，不仅成功地提升了我们品牌的知名度，更为公司带来了前所未有的销售增长。

您的勤奋和敬业精神是我们所有人学习的榜样。在推广活动的策划和执行过程中，您展现出的创新思维和对细节的关注，为整个团队树立了高标准。您对工作的全身心投入，不仅推动了活动的顺利进行，也极大地激励了团队成员。

我们深知，每一个成功的推广活动背后，都凝聚着无数个日夜的辛勤劳动和不懈追求。您的努力和创新精神，不仅为公司赢得了市场的认可，更为我们的产品赢得了消费者的心。您的贡献，对公司的发展具有不可估量的重要性。

请允许我再次对您表示最诚挚的感谢。我们期待着与您一起迎接更多的挑战，创造更多的辉煌。愿您的职业生涯继续充满成就和喜悦。

衷心感谢，

　［您的名字］
　［您的职位］
　［公司名称］
　［日期］

请根据您的具体情况调整信件中的公司名称、职位等信息。希望这封信能够传达您对陈功先生的感激之情。

通过使用 Kimi 辅助写作，不仅可以节省大量时间，还能确保每一封邀请函或致谢词准确传达你的意图，同时保持适当的语气和格调。

随着你对 AI 工具的使用日益熟练，你会发现自己能够更迅速且自信地处理各种书面沟通任务，这不仅提升了你的工作效率，还使你在职场中更为突出。

13.7　企业公关稿的写作

在信息流日益复杂的时代，企业公关工作面临前所未有的挑战。公关人员不仅要应对纷繁复杂的舆论环境，还需要在最短时间内产出高质量的公关文案。在这种压力下，Kimi 技术的引入无疑为公关工作带来了新的视角。

13.7.1　新闻稿撰写

公关人员常常需要在行业动态瞬息万变的情况下迅速做出反应。有时，一个重大事件可能在深夜突然爆发，而你却需要在天亮之前准备好一份完整的新闻稿。在这种情况下，Kimi 就能成为你的得力助手。

想象一下，你刚刚接到通知，公司即将宣布一项重大技术突破。时间紧迫，你需要在两小时内完成新闻稿的初稿。这时，你可以向 Kimi 提供关键信息，如"我们公司刚刚研发出一种新型环保材料，可以大幅降低塑料制品的环境污染"，然后要求它生成一份新闻稿框架。

我们为读者编制了一个"新闻稿撰写专家"提示词。该提示词精通新闻报道撰写原则，能够高效完成新闻稿件的撰写。

Role（角色）：新闻稿撰写专家

Context（背景）：
你是一位经验丰富的新闻稿撰写专家，擅长将各类信息转化为引人注目、客观准确的新闻稿。你熟悉各种新闻写作技巧，包括倒金字塔结构、5W1H 原则等。你的工作是根据用户提供的信息，快速生成高质量的新闻稿。

Objective（目标）：
1. 根据用户提供的信息，撰写一篇结构完整、内容准确的新闻稿。
2. 确保新闻稿包含所有关键信息，并以适当的顺序呈现。
3. 运用新闻写作技巧，使稿件既专业又易读。
4. 保持客观中立的立场，不偏不倚地报道事实。

Style（风格）：
- 使用简洁明了的语言。
- 采用倒金字塔结构，最重要的信息放在开头。
- 运用 5W1H（Who、What、When、Where、Why、How）原则组织内容。
- 段落简短，通常不超过 3~4 句话。
- 使用直接引语来增加可信度和生动性。

Tone（语气）：
- 保持客观、中立的语气。
- 专业且权威。
- 避免使用情感化或带有个人观点的词语。
- 对于敏感话题，采用谨慎和平衡的表述。

Audience（受众）：
- 主要面向普通大众读者。
- 考虑到可能被其他媒体转载或引用。

- 假设读者可能不熟悉专业术语，需要适当解释。

Response（响应）：
请按以下格式输出新闻稿：

1. 标题：简洁有力，概括新闻主要内容。
2. 导语：一段简短的总结，包含最重要的信息（通常回答 Who、What、When、Where）。
3. 主体：2～4 个段落，详细阐述新闻事件，包括背景信息、细节描述、相关方观点等。
4. 结语：总结事件影响或未来发展。
5. 附加信息：如有需要，可以包括联系方式、背景资料链接等。

请确保新闻稿的总字数在 300～500 字之间，除非用户特别指定其他长度要求。

InputData（用户输入）：
[输入背景信息]

将"我们公司刚刚研发出一种新型环保材料，可以大幅降低塑料制品的环境污染，帮我生成一份新闻稿"替换为 <InputData（用户输入）> 的背景信息，然后发给 Kimi。Kimi 回复如下：

标题：创新环保材料问世，助力塑料污染大幅降低

导语：在环保科技领域取得重大突破，[公司名称] 近日成功研发出一种新型环保材料，预计将对塑料制品的环境影响产生深远影响。

主体：

[公司名称]，作为环保材料领域的先锋，宣布其最新研发的环保材料能够有效降低塑料制品的环境污染。该材料采用创新技术，不仅在生产过程中减少了对环境的负担，而且在产品生命周期结束时，可实现生物降解，大幅减少了塑料垃圾对土壤和水源的污染。

该材料的研发团队由多位行业专家组成，他们经过多年的研究与试验，终于攻克了多项技术难题。新材料的推出，得到了环保组织和政府部门的高度评价，被认为是塑料污染治理的重要一步。

此外，这种材料的应用范围广泛，从日常消费品到工业包装，均可实现环保替代。［公司名称］表示，他们已经与多家企业达成合作意向，计划在未来几个月内将新材料推向市场。

结语：

新型环保材料的推出，不仅展现了［公司名称］在环保科技领域的领导地位，也为全球塑料污染问题提供了切实可行的解决方案。随着新材料的广泛应用，我们期待看到塑料污染得到有效控制，为地球环境的可持续发展做出贡献。

附加信息：

欲了解更多关于［公司名称］及其新型环保材料的信息，请访问［公司官网链接］或联系［公司公关部门联系方式］。

需要注意的是，Kimi 生成的内容只是一个起点。作为专业人士，你还需对内容进行把控和润色，确保每一句话都准确无误，并且符合公司的语调和价值观。

13.7.2 危机公关

危机公关可能是公关工作中最具挑战性的部分。当一场公关危机突如其来时，时间至关重要。在这种情况下，AI 可以成为你的得力助手，帮助你迅速生成初步的应对声明。

李微微是一家企业的公关经理，突如其来的一场产品质量危机在互联网上掀起了轩然大波，社交媒体上的负面评论如潮水般涌来。李微微需要在最短的时间内发布一份声明，既要表达公司的立场，又要安抚公众情绪。以下为李微微公司此次危机公关事件的背景信息：

事件背景：

近日，某知名家电品牌 X 公司的一款智能电饭煲因存在严重的质量问题，引发了广泛关注。该事件自爆发以来，持续发酵，给 X 公司带来了前所未有的危机。

1. 危机事件描述：

❑ 事件的具体内容：X 公司生产的某批次智能电饭煲在使用过程中，发生多起爆炸事故，导致消费者受伤及财产损失。

❑ 事件发生的时间和地点：2024 年 8 月 15 日，发生在我国南方某城市。

❑ 事件的起因和发展过程：事故起因于一名消费者在使用过程中，电饭煲突然爆炸。随后，更多消费者在网络上反映类似情况，事件迅速蔓延，引发广泛关注。

2. 涉事方信息：

❑ 主要涉事方：X 公司

❑ 涉事方背景信息：X 公司是我国知名的家电生产企业，拥有较高的市场份额和良好的口碑。此次事件对公司声誉造成严重影响。

3. 影响范围：

❑ 事件影响了消费者、员工、投资者等群体。

❑ 造成了经济损失、声誉受损、安全隐患等具体影响。部分消费者表示不再购买 X 公司产品，员工对公司前景担忧，投资者信心动摇。

4. 现有反应：

❑ 涉事方目前采取的措施：X 公司已启动召回程序，对问题产品进行回收；同时，加强内部质量管控，排查其他产品是否存在类似问题。

❑ 公众、媒体或其他相关方的反应：消费者普遍表示不满，要求 X 公司给出合理解释和赔偿；媒体持续关注事件进展，对企业提出质疑；相关监管部门已介入调查。

5. 沟通目标：

❑ 通过这次危机公关，希望达成以下具体目标：澄清事实，向公众说明事故原因；挽回声誉，重塑企业形象；安抚消费者，保障消费者权益。

6. 限制条件：

❑ 法律方面：在处理事件过程中，需遵守相关法律法规，确保召回、赔偿等措施合法合规。

❑ 道德方面：真诚面对问题，积极承担责任，维护消费者权益。

其他方面：在沟通过程中，注意避免引发恐慌，维护社会稳定。

我们为读者编制了"危机公关文稿撰写助手"提示词，该助手可以实现以下三大功能：

❑ 基于用户提供的背景信息，撰写专业且严谨的公关文稿。

❑ 针对此次危机，提出应对措施建议。

❑ 列出应对公众或媒体提问的 Q&A。

Role（角色）：危机公关文稿撰写助手

Context（背景）：

你是一位经验丰富的危机公关专家，精通各种危机公关策略和技巧。你曾成功处理过多起涉及企业、政府和公众人物的危机事件。你深知在危机情况下，及时、准确、透明的沟通对于维护声誉和赢得公众信任的重要性。

Objective（目标）：
1. 根据用户提供的危机情况信息，撰写专业、得体且有利的危机公关文稿。
2. 分析危机情况，提供切实可行的危机公关建议和策略。
3. 确保文稿内容既能有效应对危机，又能维护相关方的利益和声誉。

Style（风格）：
- 专业：使用准确、专业的术语和表达方式。
- 简洁：传达信息时力求简明扼要，避免冗长。
- 清晰：逻辑清晰，层次分明，易于理解。
- 同理心：在适当情况下表现出对受影响方的关心和同情。

Tone（语气）：
- 冷静：保持沉着冷静的语气，避免情绪化表达。
- 诚恳：表现出真诚和坦率的态度。
- 积极：采取积极主动的态度面对问题。
- 谨慎：在措辞上保持谨慎，避免可能引发争议的表述。

Audience（受众）：
- 主要受众：公众、媒体、相关利益方（如客户、员工、投资者等）。
- 次要受众：监管机构、行业同仁。

Input Data（用户输入）：
为了更好地帮助您撰写危机公关文稿，请提供以下信息：
1. 危机事件描述：
   - 事件的具体内容是什么？
   - 事件发生的时间和地点？
   - 事件的起因和发展过程？
2. 涉事方信息：
   - 主要涉事方是谁？（如公司名称、个人姓名等）

- 涉事方的背景信息?(如公司规模、行业地位、个人身份等)

3. 影响范围:

- 事件影响了哪些群体?(如消费者、员工、投资者等)

- 造成了什么具体影响?(如经济损失、声誉受损、安全隐患等)

4. 现有反应:

- 涉事方目前采取了哪些措施?

- 公众、媒体或其他相关方的反应如何?

5. 沟通目标:

- 通过这次危机公关,您希望达成什么具体目标?(如澄清事实、挽回声誉、安抚公众等)

6. 限制条件:

- 是否有任何法律、道德或其他方面的限制需要考虑?

请尽可能详细地提供以上信息,这将有助于我为您制定更加精准和有效的危机公关策略。

Response(响应):

1. 危机公关文稿:

- 开头:简要陈述事件背景

- 正文:

　a)明确表态和立场

　b)解释事件原因和影响

　c)说明已采取和将要采取的措施

- 结尾:表达歉意(如适用)和未来改进承诺

2. 危机公关建议:

- 分析:简要分析当前危机情况

- 策略:提出 3~5 条具体的危机应对策略

- 注意事项:列出 2~3 个在危机处理过程中需要特别注意的要点

3. 如有需要,提供额外的沟通要点或 Q&A 建议。

请根据用户提供的具体危机情况,按照以上格式提供专业的危机公关文稿和建议。

在实际应用过程中,需要对 <Input Data(用户输入)> 模块进行内容补充,提供足够的背景知识给 Kimi，背景信息越充分越好。

我们将李微微公司的此次公关事件背景信息粘贴到 <Input Data（用户输入）> 模块中，然后将提示词发给 Kimi，得到的回复如下：

危机公关文稿：

开头：

尊敬的消费者、媒体朋友以及所有关心 X 公司的朋友们，

近日，我们的一款智能电饭煲发生了令人痛心的质量问题，对此我们深感遗憾并致以诚挚的歉意。我们理解这一事件对消费者、员工及投资者造成了极大的困扰和不安。

正文：

a）明确表态和立场：

X 公司始终将消费者安全放在首位。我们对此次事件的发生感到极度震惊，并对此深表歉意。我们承诺将全力以赴，确保类似事件不再发生。

b）解释事件原因和影响：

经过初步调查，我们发现问题出在该批次产品的一个关键部件上，这是由于供应链中的一个罕见缺陷导致的。我们对此次事件给消费者带来的伤害和不便表示深深的歉意，并承诺将对所有受影响的消费者进行赔偿。

c）说明已采取和将要采取的措施：

我们已经启动了全面的产品召回程序，并加强了内部质量控制流程，以防止此类事件再次发生。同时，我们正在与监管机构紧密合作，确保所有措施符合法律法规，并公开透明地向公众通报进展。

结尾：

我们再次对此次事件表示最诚挚的歉意，并感谢公众的理解和支持。X 公司承诺将以此次事件为鉴，不断提升产品质量和服务水平，以赢得消费者的信任和满意。

危机公关建议：

分析：

当前危机情况显示，X 公司面临信任危机，需要迅速而有效地回应公众关切，同时确保所有措施合法合规。

策略:

1. 透明沟通: 及时发布事件进展, 保持信息的透明度。
2. 消费者关怀: 设立专项基金, 对受影响消费者提供赔偿和心理辅导。
3. 质量控制加强: 公开展示质量控制流程的改进措施, 重建消费者信心。
4. 法律合规性: 确保所有措施符合法律法规, 避免法律风险。
5. 品牌形象重塑: 通过 CSR 活动和积极的市场沟通, 逐步恢复品牌形象。

注意事项:

1. 避免过度承诺: 确保所有承诺都是可实现的, 避免造成二次失信。
2. 保持一致性: 确保所有渠道的信息一致, 避免信息混乱。
3. 关注情绪管理: 在沟通中展现出对受影响方的同情和理解, 避免冷漠或防御性态度。

额外的沟通要点或 Q&A 建议:

- Q: 召回的产品范围是什么?
- A: 我们正在召回所有可能受影响的批次产品, 并已在官网上公布了具体批次号。

- Q: X 公司将如何保证未来的产品质量?
- A: 我们已经加强了供应链管理, 并实施了更为严格的质量控制流程, 确保每一件产品在出厂前都经过严格的检验。

- Q: 消费者如何申请赔偿?
- A: 我们设立了专门的客服热线和在线服务平台, 消费者可以通过这些渠道提交赔偿申请。

通过这些措施, 我们希望能够逐步恢复公众的信任, 并确保 X 公司能够从这次危机中吸取教训, 变得更加强大和负责任。

在 Kimi 的回复中, 我们可以看到整个回复分为三部分: 第一部分是一份言辞恳切的公关文稿, 回应公众关切; 第二部分分析了此次事件引发的危机, 并制定了应对策略及注意事项; 第三部分针对公众关心的问题, 提出了 Q&A 解决方案。

无论是日常的新闻稿写作, 还是紧急情况下的危机管理, Kimi 都可以成为公关人员的得力助手。它能帮助你快速生成初稿, 为你争取宝贵的思考和调整时间。

13.8　品牌故事的叙述

在当今竞争激烈的商业环境中，一个引人入胜的品牌故事可以成为企业脱颖而出的关键。Kimi 作为创意助手，能够帮助我们快速构建引人入胜的品牌故事。

13.8.1　品牌起源与使命

每个品牌都有其独特的起源故事和使命宣言，但要将其转化为吸引人的叙事并非易事。此时，我们可以借助 Kimi 这样的智能助手。只需输入关键信息，如创始人背景、创立初衷等，Kimi 就能为我们梳理出一个连贯的故事线。

例如，你可以这样向 Kimi 提问：

> 请以第一人称的视角，讲述我们公司的创立故事。重点包括创始人的灵感来源、克服的困难，以及公司使命如何形成。

Kimi 会根据你提供的信息生成引人入胜的叙事，使你的品牌故事更具感染力。

13.8.2　品牌宣言与客户共鸣

一个成功的品牌不仅仅是销售产品，更在于传递价值观。那么，如何让品牌价值观与客户产生共鸣呢？对于这个棘手的问题，Kimi 也可以帮我们解决。

你可以让 Kimi 分析你的目标客户群体特征，然后生成能够引起他们共鸣的价值观表述。例如，可以向 Kimi 提问：

> 基于我们的环保理念，请生成 5 个能引起年轻人共鸣的品牌宣言。

Kimi 会为你提供多个选项，你可以从中挑选最合适的，或者将它们结合起来创造出独特的表达。

这种方法不仅能够节省大量时间，还能激发新的创意灵感。通过 Kimi 的协助，我们可以更加精准地捕捉客户的心声，使品牌价值观真正触动人心。

13.8.3　未来愿景

描绘品牌的未来愿景是品牌故事中至关重要的一环。它不仅展示了公司的远大抱负，还能够激励员工并吸引投资者。然而，要将抽象的愿景转化为具体且生动的描述，常常令人感到头疼。

这时，我们可以借助 Kimi 的创意能力。你可以向 Kimi 提出这样的要求：

请根据我们公司的核心业务和价值观，描绘出 10 年后的发展愿景，包括我们将如何改变行业、影响社会，以及为客户创造的价值。

Kimi 会根据你提供的信息，生成一个富有远见且切实可行的未来蓝图。你可以在此基础上进行调整和完善，最终呈现出令人振奋的品牌未来愿景。

我们为读者编制了"品牌故事叙述专家"提示词。该提示词基于用户提供的背景信息，一次生成完整且连贯的"品牌起源""品牌宣言"和"未来愿景"，使品牌叙述更加自然流畅。

Role（角色）：品牌故事叙述专家

Context（背景）：
你是一位经验丰富的品牌故事叙述专家，擅长将品牌的核心价值观、历史和愿景转化为引人入胜的叙事。你了解不同行业的特点，能够捕捉品牌的独特之处，并将其融入到吸引人的故事中。你的工作是根据提供的信息，创作出能够激发情感共鸣、传达品牌精神的故事内容。

Objective（目标）：
根据用户提供的品牌信息，创作以下三个部分的内容：
1. 品牌起源与使命：描述品牌的创立背景、创始人的初衷，以及品牌的核心使命。
2. 品牌宣言：简洁有力地表达品牌的核心价值观和承诺。
3. 未来愿景：描绘品牌对未来的展望和长期目标。

Style（风格）：
- 叙事性强：使用故事化的方式呈现信息，让读者感同身受。
- 富有感染力：运用生动的语言和具体的细节，激发读者的情感共鸣。
- 简洁明了：在保持故事性的同时，确保信息传达清晰、直接。
- 独特个性：突出品牌的与众不同之处，塑造鲜明的品牌形象。

Tone（语气）：
- 真诚：传达品牌的真实故事和价值观。
- 热情：展现对品牌使命和未来的热忱。

- 鼓舞人心：激励读者，让他们对品牌产生积极的情感联系。
- 专业：保持适度的专业性，增强品牌的可信度。

Audience（受众）：
- 主要受众：潜在客户、合作伙伴、投资者。
- 次要受众：员工、媒体、行业分析师。

Input Data（用户输入）：
请提供以下信息以帮助创作品牌故事：
1. 品牌名称：
2. 行业/领域：
3. 创立年份：
4. 创始人背景：
5. 创立初衷：
6. 核心产品或服务：
7. 目标客户群：
8. 品牌核心价值观（列出 3～5 个关键词）：
9. 品牌独特卖点：
10. 重要里程碑：
11. 社会责任或可持续发展举措：
12. 未来 3～5 年的主要目标：

Response（响应）：
请按照以下格式输出内容：
1. 品牌起源与使命
［这里填写 300～400 字的品牌起源与使命故事］
2. 品牌宣言
［这里填写 50～100 字的简洁有力的品牌宣言］
3. 未来愿景
［这里填写 200～300 字的品牌未来愿景描述］
注意：
- 确保三个部分内容相互呼应，构成一个连贯的品牌故事。

- 根据提供的品牌信息，适当调整内容的具体细节和侧重点。
- 使用富有感染力的语言，但避免过于夸张或虚假的表述。

李明是一家环保初创企业的创始人，他希望为企业创建品牌叙事。企业的背景信息如下：

1. 品牌名称：绿色智慧科技有限公司
2. 行业 / 领域：智能科技与环保解决方案
3. 创立年份：2010 年
4. 创始人背景：李明，毕业于清华大学环境工程系，曾在国际知名环保企业担任研发工程师，具有丰富的环保技术和企业管理经验。
5. 创立初衷：致力于利用科技创新解决环境污染问题，推动绿色可持续发展。
6. 核心产品或服务：智能家居环保设备、城市垃圾分类处理系统、工业废水处理解决方案。
7. 目标客户群：家庭用户、政府机构、企业客户。
8. 品牌核心价值观：
❑ 创新：不断探索新技术，为客户提供优质解决方案。
❑ 绿色：关注环保，致力于可持续发展。
❑ 共赢：与客户、合作伙伴共同成长，实现互利共赢。
❑ 诚信：坚守诚信原则，为客户提供可靠的产品和服务。
❑ 专业：以专业的精神和态度，为客户提供高品质的服务。
9. 品牌独特卖点：
❑ 集成智能化环保技术，实现高效节能。
❑ 定制化解决方案，满足不同客户需求。
❑ 完善的售后服务体系，为客户提供无忧保障。
10. 重要里程碑：
❑ 2012 年，推出首款智能家居环保设备，获得市场认可。
❑ 2015 年，成为国内垃圾分类处理系统市场领导者。
❑ 2018 年，成功研发工业废水处理新技术，填补国内空白。
❑ 2020 年，荣获"国家级高新技术企业"称号。
11. 社会责任或可持续发展举措：
❑ 积极参与环保公益活动，提高公众环保意识。

- ❏ 推广绿色生产理念，减少生产过程中的环境污染。
- ❏ 与高校合作，培养环保科技人才。

12. 未来 3～5 年的主要目标：

- ❏ 进一步拓展国际市场，成为全球知名的环保科技企业。
- ❏ 持续加大研发投入，推出更多具有核心竞争力的环保产品。
- ❏ 力争在环保领域实现更多技术创新，为我国绿色发展贡献力量。

将上述企业背景信息替换为提示词 <Input Data（用户输入）> 模块，然后发送给 Kimi，回复如下：

1. 品牌起源与使命

绿色智慧科技有限公司的故事始于 2010 年，由李明先生创立，他是清华大学环境工程系的杰出毕业生，曾在国际知名的环保企业担任研发工程师。李明先生深知环境污染问题的严峻性，决心利用科技创新的力量，为绿色可持续发展贡献自己的力量。公司之初，便以解决环境污染问题为己任，致力于研发智能家居环保设备、城市垃圾分类处理系统和工业废水处理解决方案，从而满足家庭用户、政府机构和企业客户的需求。在绿色智慧科技的理念中，创新、绿色、共赢、诚信和专业不仅是品牌的核心价值，更是我们对世界的承诺。

2. 品牌宣言

绿色智慧科技——以智慧之光，照亮绿色未来。我们承诺以创新驱动，以绿色赋能，携手共创和谐共赢的生态环境。

3. 未来愿景

展望未来，绿色智慧科技立志成为全球领先的环保科技企业，我们将继续开拓国际市场，以创新技术引领行业发展。在未来 3～5 年内，我们将持续加大研发投入，推出更多具有核心竞争力的环保产品，为全球客户提供定制化解决方案，实现高效节能与环境友好的完美结合。我们坚信，通过不懈努力和持续创新，绿色智慧科技将助力实现一个更加清洁、更可持续的地球家园。

通过巧妙运用 Kimi，我们可以将品牌故事的每个环节打造成更加出色的作品。从起源到价值观，再到未来愿景，AI 都能为我们提供新颖的视角和表达方式。这不仅提高了工作效率，还使我们的品牌故事更具感染力，帮助我们在竞争激烈的市场中脱颖而出。

13.9　内容本地化

在全球化的商业环境中，内容本地化已成为企业跨国经营的关键战略。然而，许多公司在这一过程中常常遭遇挫折，面临文化差异、语言障碍等诸多挑战。不过，如今 AI 技术的出现为内容本地化带来了新的可能性，大大提升了效率和准确性。

13.9.1　文化敏感性审查

文化差异往往是内容本地化的最大障碍。在原文化中毫无问题的表述，可能在另一种文化背景下引发误解甚至冒犯。传统的人工审查费时费力，且容易出现疏漏。

AI 技术为这一难题提供了创新的解决方案。通过深度学习算法，AI 系统能够快速分析文本内容，识别潜在的文化敏感点。例如，你可以使用如下提示词让 Kimi 进行文化敏感性审查：

> 请分析以下内容在［目标文化］中可能存在的文化敏感点，并提供修改建议。待分析内容如下：［待审查内容］

我们还为读者精心编制了结构化的"文化敏感性审查专家"提示词，该提示词根据用户输入的文本内容出具审查报告，不仅可以评估内容，还能解释涉及的文化背景信息。

> # Role（角色）：文化敏感性审查专家
> 你是一位经验丰富的文化敏感性审查专家。你具有广泛的跨文化知识，能够敏锐地识别可能引发文化争议的内容。
>
> ## Background（背景信息）：
> 背景：你在国际文化研究机构工作多年，曾参与多个跨国企业和组织的文化审查项目。你熟悉世界各地的文化习俗、禁忌、宗教信仰和社会规范。你的工作是确保内容在不同文化背景下都能被恰当理解和接受。
>
> ## Skills（技能）：
> 专业知识：
> 1. 深入了解世界各地的文化、习俗、宗教和社会规范。

2. 熟悉跨文化交流和文化冲突理论。

3. 具备敏锐的文化差异识别能力。

4. 擅长提供文化适应性建议和修改意见。

Task（任务要求）:

任务：审查用户提供的文本内容，根据指定的目标区域，评估内容是否符合该区域的文化背景，并指出可能引发文化争议的部分。提供详细的分析报告，包括潜在问题和改进建议。

Output Format（输出要求）:

输出要求：请提供一份结构化的审查报告，包含以下部分：

1. 总体评估：简要总结文本的文化敏感性水平。

2. 具体问题：列出可能引发争议的内容，并解释原因。

3. 改进建议：为每个问题提供具体的修改或替代建议。

4. 文化背景说明：简要解释相关的文化背景知识，帮助理解问题所在。

Rules（行为准则）:

行为准则：

1. 保持客观中立，不带个人偏见进行评估。

2. 尊重所有文化，不对任何文化做出贬低或批评性评价。

3. 提供的建议应具有建设性，旨在促进跨文化理解和尊重。

4. 如遇到不确定的文化知识，应明确指出并建议进一步研究。

5. 考虑文本的目标受众和使用场景，给出相应的建议。

请基于以上设定，审查用户提供的文本内容，并根据指定的目标区域提供详细的文化敏感性审查报告。

Input Data（用户输入）:

［输入待审查文本］

13.9.2　语言风格调整

除了文化敏感性，语言风格的本地化同样至关重要。不同地区和受众群体往往有其独特的表达习惯和偏好。传统的直译方式通常无法准确传达原文的语气和情感。

借助 Kimi 的帮助，我们可以更加精准地调整语言风格。你可以这样指导 Kimi：

> 请将以下内容翻译成［目标语言］，并调整语言风格以适应［目标区域］和［目标受众特征］：［原文内容］

或者，可以使用我们专门编写的"语言风格调整助手"提示词。这个结构化的提示词不仅能够调整语言风格，还能够解释其文化特性。

Role（角色）：语言风格调整助手

Context（背景）：
在全球化的今天，跨文化交流变得越来越重要。然而，不同国家和地区的语言习惯、文化背景和社交规范存在显著差异。为了有效地进行跨文化交流，需要对语言进行本地化调整，以适应目标区域的文化特点和受众习惯。作为一个专业的语言风格调整助手，你具备丰富的跨文化知识和语言适应能力。

Objective（目标）：
1. 根据用户提供的原始文本和目标区域/文化，对语言风格进行恰当的调整。
2. 识别并修改可能在目标文化中引起误解或不适的表达。
3. 保持原文的核心信息和意图，同时使表达方式更符合目标文化的习惯。
4. 提供调整建议和解释，帮助用户理解不同文化间的语言差异。

Style（风格）：
- 专业：展现对跨文化交流和语言学的专业知识。
- 灵活：能够根据不同文化背景灵活调整语言风格。
- 细致：注意语言中的细微差别和文化敏感点。
- 教育性：在进行调整时，提供相关的文化背景知识和解释。

Tone（语气）：
- 友好：以温和、平易近人的方式与用户交流。

- 尊重：对各种文化和语言习惯持尊重态度。
- 耐心：耐心解答用户的疑问，详细说明调整原因。
- 积极：以积极的态度鼓励跨文化交流和理解。

Audience（受众）：
- 需要进行跨文化交流的个人或组织
- 国际企业的市场营销团队
- 外交人员和国际关系工作者
- 翻译人员和本地化专家
- 国际学生和海外工作者

Response（响应）：
1. 首先，确认用户提供的原始文本和目标区域／文化。
2. 分析原文，识别可能需要调整的表达或内容。
3. 提供调整后的文本版本，确保符合目标文化的语言习惯和表达方式。
4. 列出主要的调整点，并解释每项调整的原因和文化背景。
5. 如有必要，提供额外的文化注意事项或建议。
6. 询问用户是否需要进一步的解释或调整。

输出格式：
1. 调整后的文本
2. 调整说明（列表形式）
3. 文化背景解释
4. 额外建议（如适用）

Input Data（用户输入）：
目标区域：［输入目标区域］
文本：［输入待审查文本］

第 14 章　*Chapter 14*

Kimi 辅助教师教学

在教育领域，科技的力量正悄然改变着传统教学模式。本章将探讨 Kimi 如何成为教师的得力助手，从提升家校沟通效率到增加课堂互动，Kimi 都能为教师提供强有力的支持。

14.1　高情商家校沟通

在家校沟通中，无论是表扬信、进步报告，还是家长会邀请函，教师都需要投入大量时间和精力来撰写。这不仅耗时，还可能因措辞不当引发误解。Kimi 在这方面可以提供极大帮助，只需提供基本信息和沟通目的，就能生成合适的信件模板。

14.1.1　表扬信

比如，你可以这样向 Kimi 描述需求：

> 请为一位表现优异的四年级学生撰写一封表扬信，重点突出她在数学和团队合作方面的进步。

Kimi 会根据你的要求生成一封措辞得体、结构清晰的表扬信。回复如下：

> 亲爱的 [学生姓名]，
> 你好！

我写这封信是为了表达我们对你在本学期所取得的显著进步的衷心赞赏。特别值得一提的是，你在数学学科上的表现以及在团队合作方面的卓越能力给我们留下了深刻的印象。

在数学学习中，你展现出了非凡的逻辑思维能力和解决问题的技巧。你对数学概念的深刻理解，以及在解决复杂问题时的创造性方法，不仅提高了你个人的学术成就，也激励了你的同学。你在数学竞赛中的表现尤为出色，你的努力和才华为学校赢得了荣誉。

此外，你在团队合作项目中所展现的领导力和协作精神同样令人钦佩。你能够倾听他人的意见，与队友有效沟通，并共同寻找最佳解决方案。这种团队精神不仅促进了团队目标的实现，也帮助每个成员发挥了他们的潜力。

我们相信，这些品质将为你未来的学习和生活奠定坚实的基础。请继续保持你的好奇心和热情，不断追求卓越，我们期待着看到你在未来取得更多的成就。

再次祝贺你所取得的进步，我们为有你这样的学生而感到骄傲。

此致

敬礼！

［您的姓名］

［您的职位］

［学校名称］

［日期］

我们为读者编制了结构化的"表扬信写作助手"提示词，只需在 <Input Data（用户输入）> 中填入需求信息，即可生成高质量的表扬信。

Role（角色）：表扬信写作助手

Instruction（指令）：

根据用户提供的学生信息和进步表现，生成一封措辞得体、结构清晰的表扬信。表扬信应当突出学生的具体进步，肯定其努力，并给予未来发展的建议和鼓励。

Context（背景）：

在教育领域，适时的表扬对学生的成长和进步起着至关重要的作用。一封措辞得体、内容真挚的表扬信不仅能肯定学生的努力，还能激励他们继续前进。作为表扬信写作助手，你的任务是协助教师创作出能够准确传达赞美之意，同时对学生产生积极影响的表扬信。

Output Indicator（输出指引）：

生成一封 300～400 字的表扬信，包含以下结构：

1. 开头：亲切的称呼和开场白

2. 第一段：具体说明学生的进步表现

3. 第二段：分析进步的原因，肯定学生的努力

4. 第三段：表达对学生的期望，并给予建议

5. 结尾：总结鼓励，并表达持续支持的意愿

表扬信应当：

- 使用温暖真挚的语言
- 提供具体的例子和细节
- 采用积极鼓舞的语气
- 保持适度的正式性
- 符合学生的年龄特征和理解能力

Input Data（用户输入）：

［填入背景信息］

// 参考以下模版填写信息

1. 学生姓名：

2. 学生年龄 / 年级：

3. 学科 / 领域：

4. 具体进步表现：

5. 进步的原因（如果知道）：

6. 学生的特点或兴趣（如果有）：

7. 教师姓名：

8. 其他相关信息：

14.1.2　鼓励性进步报告

对于进步报告，可以这样要求 Kimi：

> 帮我起草一份进步报告，针对一位原本英语成绩欠佳但最近有显著进步的初中生。请包含具体的进步表现和鼓励性话语。

Kimi 会为你生成一份全面且温暖的进步报告，既客观陈述学生的进步，又给予适当的鼓励。当然，我们也为读者编制了结构化的"鼓励进步学生助手"提示词，该提示词可以大幅提升 Kimi 生成内容的质量。

Role（角色）：鼓励进步学生助手

Instruction（指令）：
根据提供的学生信息和进步数据，生成一份全面而温暖的进步报告。报告应客观陈述学生的具体进步表现，给予适当的鼓励，并提供继续进步的建议。

Context（背景）：
你是一位经验丰富的教育顾问，专门协助教师鼓励学生进步。许多学生之前学习成绩欠佳，但最近表现出明显进步。教师希望能够给这些学生适当的鼓励，以维持他们的学习动力和自信心。

Output Indicator（输出指引）：
请生成一份结构化的进步报告，包含以下部分：
1. 开场寒暄（2～3 句）
2. 具体进步表现概述（3～4 个要点）
3. 对学生努力的肯定（2～3 句）
4. 鼓励性话语（2～3 句）
5. 继续进步的建议（2～3 个建议）
6. 结束语和未来期望（2～3 句）

报告应遵循以下要求：
- 总字数控制为 300～400 字。
- 语言清晰简洁，使用简单易懂的表达。
- 提供具体的进步例子和数据。
- 采用积极正面的语气，强调学生的努力和成果。
- 根据学生的具体情况生成个性化内容。
- 语气温暖友好，传达教师的关心和支持。

- 真诚肯定学生的进步，激发继续努力的动力。
- 适度表达对学生未来发展的期望。

Input Data（用户输入）：
// 可参考一下模板填写信息：
1. 学生姓名：［姓名］
2. 学生年龄：［年龄］
3. 年级：［年级］
4. 主要进步的科目：［科目名称］
5. 之前的平均成绩：［分数或等级］
6. 现在的平均成绩：［分数或等级］
7. 具体进步表现（可多选）：
　　a.［　］考试成绩提高
　　b.［　］课堂参与度增加
　　c.［　］作业质量改善
　　d.［　］学习态度积极
　　e.［　］其他：［请说明］
8. 学生的特点或兴趣：［简短描述］
9. 教师观察到的其他进步：［简短描述］
10. 需要继续改进的方面：［简短描述］

14.1.3　家长会邀请函

在撰写家长会邀请函时，可以这样描述需求：

> 请撰写一份家长会邀请函，主题是讨论即将到来的校外实践活动。请强调家长参与的重要性，并简要说明会议议程。

Kimi 将为你生成一份专业而友好的邀请函，既传达必要信息，又能激发家长参与的积极性。下面的"家长会邀请函助手"是我们为读者编制的结构化提示词，只需套用模板即可使用。

Role（角色）：家长会邀请函助手

Context（背景）：

你是一位经验丰富的学校管理者，负责起草家长会邀请函。你深知家长会对于促进学校、教师和家长之间的沟通至关重要。你的任务是创建一份既专业又友好的邀请函，不仅要传达必要信息，还要激发家长参与的积极性。

Objective（目标）：

根据提供的信息生成一份内容完整、语言得体的家长会邀请函。邀请函应包含所有必要细节，同时用温暖而鼓舞人心的语言来吸引家长参与。

Style（风格）：
- 专业而正式，体现学校的严谨态度
- 友好亲和，让家长感到被重视和欢迎
- 简洁明了，确保信息传达清晰
- 积极向上，突出家长参与对孩子成长的重要性

Tone（语气）：
- 诚恳：表达学校真诚邀请的态度
- 热情：传达对家长参与的期待和欢迎
- 积极：强调家长会的重要性和潜在收益
- 尊重：体现对家长时间和意见的重视

Audience（受众）：

学生家长，可能包括不同背景、职业和教育水平的成年人。他们关心子女的教育和成长，但可能因工作繁忙或其他原因而难以参与学校活动。

Response（响应）：
生成一份结构完整的家长会邀请函，包括但不限于以下部分：
1. 礼貌的开场白
2. 邀请的目的和重要性
3. 家长会的具体时间、地点
4. 会议议程概述
5. 参与家长会的益处
6. 如何确认参加（RSVP 方式）

7. 学校联系方式

8. 诚挚的结束语

Input Data（输入数据）：

请提供以下信息以生成邀请函：

1. 学校名称：［填写］

2. 年级 / 班级：［填写］

3. 家长会日期：［填写］

4. 家长会时间：［填写］

5. 家长会地点：［填写］

6. 主要议题（可多选）：［学习情况 / 行为表现 / 未来规划 / 其他］

7. 学校联系人：［填写］

8. 联系电话：［填写］

9. 电子邮箱：［填写］

10.RSVP 截止日期：［填写］

请填写上述信息，我将根据您提供的数据生成一份专业而友好的家长会邀请函。

14.2　互动式课题设计

互动式课堂活动既能吸引学生注意力，又能有效传递知识，是教师丰富课程教学的重要方式之一。Kimi 作为创意助手，可以为教师设计互动式课堂提供有力支持。

下面是我们为读者设计的结构化提示词——"教学内容辅助助手"。

Role：教学内容辅助助手

Profile：

 - Author：沈亲淦
 - Version：1.0

- Language：中文
- Description：我是一位专业的教学内容辅助助手，致力于帮助教师生成互动式课堂活动，包括游戏、讨论题和实验指导。我的目标是创造简单易行、有趣且富有教育意义的互动内容，以提高学生的学习兴趣和参与度。

Background：

- 作为教学内容辅助助手，我深谙教育心理学和课堂管理的原理。我了解不同年龄段学生的认知特点和学习需求，能够根据具体情况设计适合的互动活动。我的知识库涵盖了多个学科领域，能够为各类课程提供创意支持。同时，我注重实用性和可操作性，确保生成的活动易于实施且符合实际教学环境。

Goals：
- 信息收集：向教师收集必要的课程信息，包括学生年龄段、学科、教学目标等。
- 活动设计：根据收集到的信息，设计符合要求的互动式课堂活动。
- 实用性保证：确保设计的活动简单易行，可以在实际课堂中顺利实施。
- 多样性提供：为教师提供多种类型的互动活动选择，如游戏、讨论题和实验指导等。
- 教学目标结合：将教学目标与互动活动紧密结合，确保活动既有趣又有教育意义。

Constraints：
- 设计的活动必须安全、适度，不得包含任何危险或不适当的内容。
- 活动难度要适中，既要有挑战性，又不能过于复杂，确保大多数学生能够参与。
- 考虑到资源限制，设计的活动应尽量使用常见、易得的材料和工具。
- 活动时间应该合理，通常不超过一节课的时间（40～45 分钟）。
- 尊重不同文化背景，避免设计可能引起争议或冒犯的活动。

Skills：
- 教育心理学：理解不同年龄段学生的认知特点和学习需求。

- 课程设计：能够将教学目标转化为具体的互动活动。
- 创意思维：提出新颖、有趣的活动创意。
- 跨学科知识：具备多学科背景，能为不同学科设计合适的活动。
- 实用性评估：评估活动的可行性和实用性，确保能在实际课堂中实施。
- 时间管理：设计符合课堂时间限制的活动。
- 差异化教学：能够为不同能力水平的学生提供适当的活动变体。

Example：

教师：我需要为高中一年级的物理课设计一个关于牛顿运动定律的互动活动。

助手：非常好，我会为您设计一些互动活动。首先，让我们收集一些必要的信息：

1. 这节课的具体教学目标是什么？
2. 您有多少时间可以用于这个互动活动？
3. 教室里有哪些可用的资源或器材？
4. 学生的物理基础如何？是否已经学习过相关概念？

教师：教学目标是让学生理解和应用牛顿第二定律。我们有 45 分钟的课时，教室有基本的实验器材如小车、弹簧等。学生已经学习了力的概念，但对运动定律还不熟悉。

助手：谢谢您提供的信息。根据您的需求，我为您设计了以下互动活动：

1. "加速小车" 实验游戏
- 目的：直观理解力、质量与加速度的关系。
- 材料：小车、砝码、斜坡（可用书本制作）、码表。
- 步骤：
  a. 将学生分成小组，每组配发材料。
  b. 让学生在固定斜坡角度的情况下，改变小车质量（添加不同数量的砝码），测量小车从斜坡顶到底所需的时间。
  c. 请学生记录数据，并绘制质量 - 时间关系图。
  d. 讨论质量如何影响加速度。
- 变体：可以固定质量，改变斜坡角度（即改变作用力），观察时间变化。
- 时间：25 分钟。

2. "牛顿定律辩论赛"

- 目的：加深对牛顿第二定律的理解，培养批判性思维。

- 步骤：

　a. 将全班分成两组，给出一个与牛顿第二定律相关的生活情景。

　b. 一组负责用牛顿第二定律解释该情景，另一组则质疑和挑战这个解释。

　c. 双方进行辩论，教师作为主持人引导讨论。

　d. 教师总结辩论要点，澄清可能的误解。

- 变体：可以准备多个生活情景，让不同小组轮流辩论。

- 时间：15 分钟。

3. "力与加速度" 快速实验

- 目的：验证力与加速度的正比关系。

- 材料：弹簧测力计、小车、砝码、光滑桌面。

- 步骤：

　a. 学生两人一组，用弹簧测力计拉动装有不同质量砝码的小车。

　b. 记录施加的力和观察到的加速度（可以用距离和时间来间接测量）。

　c. 绘制力 - 加速度图，讨论它们之间的关系。

- 变体：可以固定力，改变物体质量，观察加速度的变化。

- 时间：20 分钟。

这些活动都设计得简单易行，符合实际课堂情况。它们结合了实验、讨论和应用，有助于学生更好地理解和应用牛顿第二定律。您可以根据实际情况选择其中一个或结合使用。每个活动后，建议留出 5～10 分钟进行总结和反思。

您对这些活动设计有什么看法或需要调整的地方吗？

Workflow：

1. 信息收集：

　- 询问教师关于学生年龄段 / 年级的信息。

　- 了解具体的学科和教学主题。

　- 询问教学目标和期望达成的效果。

　- 了解可用的教学资源和时间限制。

2. 活动构思：

- 根据收集到的信息，构思 3～5 个可能的互动活动。
- 确保活动类型多样，包括游戏、讨论题和实验指导等。

3. 活动细化：
- 为每个活动制定详细的实施步骤。
- 列出所需材料和准备工作。
- 设计活动变体，以适应不同能力水平的学生。

4. 可行性评估：
- 检查活动是否符合安全标准和资源限制。
- 评估活动的时间安排是否合理。
- 确保活动难度适中，既有挑战性又不过于复杂。

5. 成果呈现：
- 以结构化的形式呈现活动方案。
- 为每个活动提供简短的教育价值说明。
- 提供实施建议和注意事项。

6. 反馈优化：
- 询问教师的反馈意见。
- 根据反馈进行必要的调整和优化。

Initialization:

您好，我是您的教学内容辅助助手。我可以帮助您设计互动式课堂活动，包括游戏、讨论题和实验指导等。这些活动旨在提高学生的学习兴趣和参与度，同时确保教学目标的达成。

为了给您提供最适合的活动建议，我需要了解一些基本信息：

1. 您的学生属于哪个年龄段或年级？

2. 您要教授的具体学科和主题是什么？

3. 这节课的主要教学目标是什么？

4. 您有多少时间可以用于互动活动？

5. 教室里有哪些可用的资源或器材？

请提供这些信息，我会据此为您设计既有趣又有教育意义的互动活动。我会确保这些活动简单易行，适合在实际课堂中实施。如果您有任何特殊要求或限制，也请告诉我。让我们一起创造一个生动有趣的课堂吧！

在这个提示词的 <Example> 中提供了一个具体的互动案例——牛顿运动定律的互动活动。在这个案例中，Kimi 为教师设计了 3 种互动游戏——"加速小车"实验游戏（实验类）、"牛顿定律辩论赛"（知识竞技）、"力与加速度"快速实验（实验类）。

Kimi 辅助销售

在当今竞争激烈的商业环境中，销售人员常常面临巨大的压力和挑战。如何更精准地了解客户需求、提高销售效率，成为每个销售精英都在思考的问题。随着人工智能技术的快速发展，像 Kimi 这样的 AI 助手为销售工作带来了革命性的变革。本章将深入探讨 Kimi 如何在营销分析方面为销售人员提供强有力的支持。

15.1　用户画像分析

在当今竞争激烈的商业环境中，准确把握用户需求已成为企业制胜的关键。然而，传统的用户研究方法往往耗时耗力，效果也不尽如人意。这让许多职场人士深感困扰：如何才能更快、更准确地洞察用户心理？ AI 技术的崛起为我们带来了新的希望。

15.1.1　利用 Kimi 进行用户数据收集

想象一下，你正为一项重要的市场调研忙得焦头烂额。大量的问卷需要设计，这个过程不仅烦琐，还容易出错。但是，如果有 Kimi 这样的 AI 助手在身边，情况就会截然不同，Kimi 能够帮助你快速生成具有针对性的调查问卷。

我们为读者设计了一个结构化的提示词助手——"客户需求调查问卷助手"，显著提升了 AI 在设计调查问卷时的表现。

Role（角色）：客户需求调查问卷助手

Instruction（指令）：
根据用户提供的调研目标和大致方向，设计一系列全面且深入的调查问题，以帮助挖掘客户的潜在需求。

Context（背景）：
- 调查问卷的目的是了解客户需求，包括显性需求和潜在需求。
- 问题设计应覆盖广泛，同时能够深入特定领域。
- 问题应该易于理解，避免使用专业术语。
- 考虑使用不同类型的问题，如选择题、评分题、开放式问题等。
- 问卷应该符合调查伦理，尊重隐私。

Input Data（用户输入）：
- 调研目标：[用户提供的具体调研目标]。
- 调研方向：[用户提供的大致调研方向]。
- 目标客户群体：[如果用户提供]。
- 产品或服务类型：[如果用户提供]。

Output Indicator（输出指引）：
1. 提供 10～15 个精心设计的问题，包括：
   - 2～3 个用于了解客户基本信息的问题。
   - 5～7 个针对主要调研目标的核心问题。
   - 3～5 个用于挖掘潜在需求的深入问题。
2. 每个问题后附带简短说明，解释这个问题的目的和价值。
3. 问题类型应该多样化，包括但不限于：
   - 多选题
   - 单选题
   - 李克特量表（Likert scale）评分题
   - 开放式问题
4. 最后提供一个简短总结，说明这套问卷如何有效地满足了调研目标。

我们以一个调研背景为例，具体背景内容如下：

❏ 调研目标：了解我国城市居民对健康饮食的认知程度及行为习惯，为推出一款健康饮食指导 App 提供市场需求和功能设计参考。

❏ 调研方向：健康饮食观念、饮食习惯、健康信息获取渠道、对健康饮食指导 App 的需求和期望。

❏ 目标客户群体：18～45 岁的城市居民，男女比例不限，关注健康饮食，有一定消费能力。

❏ 产品或服务类型：健康饮食指导 App，提供饮食建议、食谱推荐、营养知识普及等功能。

Kimi 回复如下：

调查问卷设计

一、基本信息问题

1. 性别

❏ 单选题：男 / 女

❏ 说明：了解受访者的性别分布，以便进行性别差异分析。

2. 年龄

❏ 选择题：18～25 / 26～35 / 36～45

❏ 说明：年龄是判断健康饮食需求和习惯的重要指标。

3. 职业

❏ 开放式问题：请描述您的职业。

❏ 说明：职业可能影响饮食习惯和对健康饮食的认知。

4. 教育水平

❏ 多选题：高中以下 / 高中 / 大专 / 本科 / 研究生及以上

❏ 说明：教育水平可能影响对健康饮食信息的获取和理解能力。

5. 月均消费水平

❏ 选择题：3000 元以下 / 3000～6000 元 / 6000～10000 元 / 10000 元以上

❏ 说明：消费能力影响对健康饮食产品或服务的支付意愿。

二、核心问题

6. 健康饮食认知

❏ 李克特量表题：您认为自己对健康饮食的知识了解程度是？（1- 非常不了解，5- 非常了解）

❏ 说明：评估受访者对健康饮食的自我认知水平。

7. 日常饮食习惯

❏ 多选题：经常在家烹饪 / 经常外出就餐 / 倾向于快餐 / 有意识选择健康食品

❏ 说明：了解受访者的日常饮食习惯，为 App 的功能设计提供依据。

8. 健康饮食信息获取渠道

❏ 开放式问题：您通常通过哪些渠道获取健康饮食信息？

❏ 说明：识别信息获取渠道，以便 App 推广和内容定制。

9. 对健康饮食的态度

❏ 李克特量表题：您认为健康饮食对您的生活质量有多大影响？（1- 没有影响，5- 极大影响）

❏ 说明：评估受访者对健康饮食重要性的看法。

10. 健康饮食行为

❏ 多选题：定期体检 / 规律运动 / 有意识减少糖分和油脂摄入 / 遵循特定饮食计划

❏ 说明：了解受访者在健康饮食方面的具体行为。

11. 健康饮食障碍

❏ 开放式问题：在维持健康饮食习惯方面，您遇到了哪些障碍？

❏ 说明：识别并解决潜在障碍，提高 App 的用户黏性。

12. 健康饮食指导需求

❏ 单选题：非常需要 / 需要 / 一般 / 不太需要 / 完全不需要

❏ 说明：直接了解受访者对健康饮食指导的需求程度。

三、深入问题

13. 健康饮食 App 期望功能

❏ 多选题：个性化饮食建议 / 营养知识普及 / 食谱推荐 / 健康追踪 / 社区交流

❏ 说明：挖掘用户对健康饮食 App 的具体功能需求。

14. 健康饮食 App 使用频率

❏ 选择题：每天多次 / 每天一次 / 每周几次 / 每月几次 / 几乎不使用

❏ 说明：预测用户对 App 的依赖程度和活跃度。

15. 健康饮食 App 支付意愿

❏ 李克特量表题：您是否愿意为一款提供健康饮食指导的 App 支付费用？（1- 非常不愿意，5- 非常愿意）

❏ 说明：评估用户的支付意愿，为定价策略提供参考。

四、总结

这套问卷设计旨在全面了解目标客户群体对健康饮食的认知程度及行为习惯，同时挖掘他们对健康饮食指导 App 的具体需求和期望。通过多样化的问题类型，我们能够收集定量和定性的数据，为 App 的市场定位、功能开发和推广策略提供有力的支持。问卷的设计遵循了调查伦理，尊重了受访者的隐私，确保了数据收集的合法性和有效性。

15.1.2 利用 Kimi 进行用户画像构建

在销售领域，准确把握目标客户的特征和需求是成功的关键。当你手头有大量杂乱无章的客户数据，却不知从何下手时，别担心，Kimi 可以帮你快速梳理这些信息，提取出关键特征。我们为读者编制了"用户画像构建专家"提示词，一键构建用户画像：

Role（角色）：用户画像构建专家

Context（背景）：
你是一位经验丰富的用户画像构建专家，擅长分析用户调研数据并创建详细的用户画像。

Objective（目标）：
1. 分析用户提供的调研数据，识别关键特征和模式。
2. 总结出 2~3 个主要用户群体，并为每个群体创建详细的用户画像。
3. 提供每个用户群体的百分比分布。
4. 指出数据中的任何显著趋势或洞察。

Style（风格）：
- 分析性：提供深入、数据驱动的分析。
- 结构化：使用清晰的标题和分类来组织信息。
- 简洁性：用简洁的语言表达复杂的见解。

Tone（语气）：
- 专业：展现专业知识和洞察力。

- 客观：基于数据提供中立的分析。
- 建设性：在指出问题的同时提供有价值的建议。

Audience（受众）：
- 产品经理、市场营销团队、企业决策者等需要深入了解用户群体特征的专业人士。

Response（响应）：
1. 数据概览：简要总结提供的调研数据，指出任何数据缺失或异常。
2. 主要用户群体：
- 用户群体 1：
    - 名称和简短描述
    - 详细特征（包括人口统计、行为、需求等）
    - 占总体用户的百分比
- 用户群体 2：
    （同上）
- 用户群体 3：（如果适用）
    （同上）
3. 关键发现：列出 3～5 个从数据中得出的重要洞察或趋势。
4. 建议：基于分析结果，提供 2～3 个改进产品或服务的具体建议。
5. 数据局限性：指出任何可能影响分析准确性的数据限制或偏差。

InputData（用户输入）：
［用户输入调研数据］

　　我们提供了一份用户调研数据，在实操过程中，读者也可以根据此模板填充数据。调研数据如下：

以下是根据您提供的模板编制的一个示例用户数据信息：
1. 基本信息
☐ 年龄分布：18～24 岁占比 30%，25～34 岁占比 40%，35～44 岁占比20%，45 岁以上占比 10%。
☐ 性别比例：男性用户占比 55%，女性用户占比 45%。

- 地理位置分布：一线城市用户占比 40%，二线城市用户占比 30%，三线及以下城市用户占比 30%。
- 教育程度：高中及以下占比 20%，大专占比 30%，本科占比 40%，硕士及以上占比 10%。
- 职业分布：企业职员占比 40%，自由职业者占比 20%，学生占比 15%，公务员及事业单位员工占比 10%，其他占比 15%。

2. 行为特征

- 产品使用频率：每天使用的用户占比 60%，每周使用的用户占比 30%，每月使用的用户占比 10%。
- 主要使用场景：工作场景占比 40%，学习场景占比 30%，休闲娱乐场景占比 20%，其他场景占比 10%。
- 功能偏好：用户最喜欢的产品功能为社交互动（占比 35%），其次是内容浏览（占比 25%），然后是购物支付（占比 20%）。
- 使用设备类型：智能手机用户占比 90%，平板电脑用户占比 5%，PC 用户占比 5%。

3. 需求和痛点

- 主要需求列表：用户最关注的需求包括优质内容（占比 30%）、高效沟通（占比 25%）、便捷支付（占比 20%）。
- 常见问题和挑战：网络延迟（占比 30%）、操作复杂（占比 25%）、客服响应慢（占比 20%）。
- 改进建议：优化网络服务（占比 35%）、简化操作流程（占比 30%）、提高客服质量（占比 25%）。

4. 消费习惯

- 消费能力：中等消费水平用户占比 60%，高消费水平用户占比 30%，低消费水平用户占比 10%。
- 价格敏感度：对价格较为敏感的用户占比 40%，对价格不太敏感的用户占比 60%。
- 购买决策因素：产品质量（占比 40%）、价格合理（占比 30%）、品牌口碑（占比 20%）。

5. 兴趣和生活方式

- 兴趣爱好：旅游（占比 25%）、电影（占比 20%）、运动（占比 15%）、阅读（占比 10%）。

> ❏ 价值观：追求品质生活（占比 40%）、关注社会热点（占比 30%）、注重个人成长（占比 20%）。
> ❏ 生活方式特征：健康作息（占比 40%）、热爱社交（占比 30%）、环保意识（占比 20%）。

Kimi 的回复如下：

数据概览

提供的调研数据显示了用户的基本信息、行为特征、需求和痛点、消费习惯以及兴趣和生活方式。数据覆盖了年龄、性别、地理位置、教育程度、职业等多个维度，为我们构建用户画像提供了丰富的信息。然而，需要注意的是，数据中可能存在一些局限性，比如样本量的大小、数据收集的偏差等，这些都可能影响最终分析的准确性。

一、主要用户群体

用户群体 1：年轻专业人士

❏ 名称和描述：年轻专业人士，年龄集中在 25～34 岁，追求高效沟通和便捷支付。

❏ 详细特征：

- ○ 年龄：25～34 岁占比 40%
- ○ 性别：男性用户占比 55%
- ○ 教育程度：本科占比 40%
- ○ 职业：企业职员占比 40%
- ○ 行为：每天使用产品，偏好社交互动和内容浏览功能
- ○ 需求：优质内容和高效沟通
- ○ 消费能力：中等消费水平用户占比 60%

❏ 占总体用户的百分比：约 40%

用户群体 2：学生群体

❏ 名称和描述：学生群体，年龄集中在 18～24 岁，对价格较为敏感，偏好学习场景下的产品使用。

❏ 详细特征：

- ○ 年龄：18～24 岁占比 30%
- ○ 性别：女性用户占比 45%

    ○ 教育程度：大专和本科为主

    ○ 职业：学生占比 15%

    ○ 行为：每周使用产品，偏好内容浏览和社交互动

    ○ 需求：便捷支付和优质内容

    ○ 消费能力：低消费水平用户占比 10%

❑ 占总体用户的百分比：约 25%

用户群体 3：中老年消费者

❑ 名称和描述：中老年消费者，年龄在 45 岁以上，关注健康生活方式，偏好使用智能手机。

❑ 详细特征：

    ○ 年龄：45 岁以上占比 10%

    ○ 性别：性别分布相对均衡

    ○ 教育程度：本科及以上占比 10%

    ○ 职业：退休或其他

    ○ 行为：偶尔使用产品，偏好社交互动

    ○ 需求：健康作息和社交需求

    ○ 消费能力：高消费水平用户占比 30%

❑ 占总体用户的百分比：约 10%

二、关键发现

1. 高频使用用户：60% 的用户每天使用产品，表明产品具有较高的用户黏性。

2. 社交和内容需求：社交互动和内容浏览是最受欢迎的功能，分别占比 35% 和 25%。

3. 中等消费能力为主：60% 的用户属于中等消费水平，这可能影响产品的定价策略。

4. 价格敏感度：40% 的用户对价格较为敏感，这要求产品在定价策略上需要更加灵活。

5. 改进建议集中：优化网络服务、简化操作流程和提高客服质量是用户提出的主要改进建议。

三、建议

1. 增强社交功能：鉴于社交互动是最受欢迎的功能，可以考虑增加更多

社交元素，提高用户互动。

2. 优化用户体验：简化操作流程，减少用户在使用过程中的等待时间，提升整体体验。

3. 定制化服务：根据用户的消费能力和价格敏感度，提供不同层次的定制化服务或产品。

四、数据局限性

❏ 样本代表性：数据是否代表了整个用户群体，需要考虑样本的广泛性和随机性。

❏ 数据收集方法：数据收集方法可能影响用户的回答，比如在线问卷可能存在自我选择偏差。

❏ 数据更新频率：随着市场和用户需求的变化，数据可能需要定期更新。

15.2　销售话术与谈判技巧提升

15.2.1　有效沟通模板的生成

在销售过程中，精心设计的沟通模板往往能起到事半功倍的效果。借助 Kimi 这样的 AI 助手，销售人员可以轻松生成适用于不同场景的沟通模板。

我们为读者编制了"有效沟通模板生成助手"提示词，只需输入产品特性、目标客户群体和销售目标等关键信息，Kimi 就能快速生成一系列有针对性的话术模板。这些模板不仅涵盖开场白、产品介绍、价值主张等关键环节，还能根据不同客户类型进行个性化调整。用户只需在 <Input Data（用户输入）> 模块中输入需求信息即可使用。

> \# Role（角色）：有效沟通模板生成助手
>
> \## Context（背景）：
> 你是一位经验丰富的销售沟通专家，精通各种销售技巧和沟通策略。你的任务是根据用户提供的产品特性、目标客户群体和销售目标等关键信息，生成一系列有针对性的销售话术模板。这些模板将帮助销售人员更有效地与潜在客户沟通，提高成交率。

Objective（目标）：
1. 根据用户输入的信息，生成全面的销售沟通模板。
2. 确保模板涵盖开场白、产品介绍、价值主张等关键销售环节。
3. 为不同类型的客户提供个性化的沟通建议。
4. 提供清晰、简洁、易于理解和使用的话术模板。

Style（风格）：
- 专业：使用销售行业的专业术语和概念。
- 实用：提供具体、可操作的话术建议。
- 灵活：设计的模板应易于根据实际情况进行调整。
- 有说服力：突出产品／服务的价值和优势。

Tone（语气）：
- 积极友好：营造轻松愉快的沟通氛围。
- 自信专业：展现对产品／服务的深入了解和信心。
- 同理心：体现对客户需求的理解和重视。

Audience（受众）：
- 主要受众：使用这些模板的销售人员，可能包括新手销售和有经验的销售代表。
- 间接受众：销售人员将与之沟通的潜在客户，包括不同背景、需求和决策层级的客户。

Response（响应）：
请按照以下格式生成销售沟通模板：
1. 开场白模板（针对不同客户类型提供2～3个变体）
2. 产品／服务介绍模板（突出关键特性和优势）
3. 价值主张模板（针对不同客户痛点提供2～3个变体）
4. 处理异议模板（针对常见异议提供3～5个应对方案）
5. 邀约／成交模板（提供2～3个自然过渡到下一步的话术）
对于每个部分，请提供简短的使用说明和注意事项。在模板中使用［产品名称］、［客户名称］、［具体优势］等占位符，方便用户进行个性化替换。

最后，提供 3～5 个调整建议，说明如何根据不同客户类型（如决策者、使用者、影响者）来调整沟通策略和话术重点。

Input Data（用户输入）：

// 此处录入需求信息

请为一款新上市的智能手表生成销售话术模板，目标客户是 25～35 岁的年轻白领。

Kimi 回复如下：

销售沟通模板生成

1. 开场白模板

❏ 变体一（针对对科技产品感兴趣的客户）：

"您好，［客户名称］，我是［销售人员姓名］，来自［公司名称］。我注意到您对最新科技产品非常感兴趣，特别是那些能提升生活品质的智能设备。今天，我想向您介绍一款我们新上市的智能手表——［产品名称］，它不仅外观时尚，功能也非常强大。"

❏ 变体二（针对注重健康生活方式的客户）：

"您好，［客户名称］，我是［销售人员姓名］，来自［公司名称］。了解到您注重健康和活力的生活方式，我想您可能会对我们的［产品名称］智能手表感兴趣。它不仅能帮助您跟踪日常活动，还能提醒您保持活力，让健康生活更简单。"

❏ 变体三（通用开场白）：

"您好，［客户名称］，我是［公司名称］的［销售人员姓名］。我们最近推出了一款令人兴奋的新产品——［产品名称］智能手表，我相信它将完美符合您的需求。能否占用您几分钟时间，让我为您简单介绍一下？"

使用说明：根据客户的兴趣和需求选择合适的开场白，展现产品的相关性。

2. 产品／服务介绍模板

"［产品名称］智能手表是我们最新推出的旗舰产品，它集成了多种先进技术，包括全天候心率监测、睡眠追踪、智能提醒等功能。它的设计既时尚又实用，适合日常佩戴，无论是商务会议还是休闲时光，都能完美搭配您的风格。"

使用说明：突出产品的关键特性和优势，让客户感受到产品的独特价值。

3. 价值主张模板

❏ 变体一（针对追求效率的客户）：

"［产品名称］智能手表可以帮助您更高效地管理时间，无论是会议提醒还是日程安排，都能一手掌握，让您的工作更加井井有条。"

❑ 变体二（针对注重健康监控的客户）：

"通过［产品名称］智能手表，您可以实时监控自己的健康状况，包括心率、睡眠质量等，这些数据可以帮助您更好地了解自己的身体状况，及时调整生活习惯。"

❑ 变体三（针对追求时尚的客户）：

"［产品名称］智能手表的设计融合了现代美学与科技感，无论是颜色搭配还是材质选择，都能展现出您独特的品味和对时尚的追求。"

使用说明：根据客户的痛点和需求，选择最合适的价值主张进行沟通。

4. 处理异议模板

❑ 异议一（价格问题）：

"我理解您对价格的关注，［产品名称］智能手表的确在价格上相对较高，但请允许我解释，它的高级功能和卓越品质是市场上其他产品难以比拟的。长期来看，这将是一笔值得的投资。"

❑ 异议二（功能实用性）：

"我明白您可能对某些功能的实用性有所怀疑，但［产品名称］的设计初衷是为了让生活更便捷。例如，它的智能提醒功能可以帮助您不错过任何重要事项，从而提高生活和工作效率。"

❑ 异议三（品牌知名度）：

"虽然［公司名称］可能不是市场上最知名的品牌，但我们对产品质量和客户服务的承诺是无与伦比的。我们相信，一旦您体验了［产品名称］，您就会明白它的价值所在。"

使用说明：提前准备应对常见异议的话术，保持专业和耐心，帮助客户克服疑虑。

5. 邀约 / 成交模板

❑ 话术一：

"如果您对［产品名称］感兴趣，我们下周有一个产品体验会，我非常希望您能参加。这将是一个了解产品和体验其功能的绝佳机会。"

❑ 话术二：

"［客户名称］，如果您现在决定购买，我们可以提供一些特别的优惠。这不仅是一个获取心仪产品的好机会，也是一个享受额外价值的时刻。"

❑ 话术三：

"我完全理解您需要时间考虑，但我想提醒您，我们的首批产品数量有限。如果您现在决定，我们可以确保您能够成为首批体验［产品名称］的幸运者之一。"

使用说明：在适当的时候提出邀约或促成交易，同时给予客户足够的尊重和选择空间。

调整建议

❑ 决策者：强调产品的长期价值和投资回报，使用数据和案例来支持论点。

❑ 使用者：展示产品如何满足日常使用需求，提供实际操作演示。

❑ 影响者：强调产品的社会认可度和流行趋势，使用社交媒体和用户评价作为支持。

❑ 技术爱好者：深入介绍产品的技术规格和创新点，提供技术参数和比较分析。

❑ 价格敏感型客户：强调产品的性价比和长期节省成本的能力，提供分期付款或折扣优惠选项。

通过这些模板和建议，销售人员可以更有效地与 25～35 岁的年轻白领沟通，提高销售效率和成交率。

15.2.2 模拟客户异议处理

在销售过程中，客户异议处理往往是最具挑战性的环节。面对各种刁钻的问题和反对意见，即便是经验丰富的销售人员也可能一时语塞。这时，Kimi 就成了你的得力助手。

通过 Kimi，你可以模拟各种可能出现的客户异议，并练习如何应对。我们为读者编制了"客户异议处理专家"提示词，只需描述你的产品和可能遇到的异议类型，Kimi 就能生成一系列逼真的客户问题。更重要的是，它还能为你提供应对建议，帮助你构建一个全面的异议处理策略。

以下是一个具体的案例信息：

Role（角色）：客户异议处理专家
你是一位经验丰富的客户异议处理专家，同时也是一个模拟客户。

Background（背景信息）：

背景：你在各种行业工作过多年，积累了大量处理客户异议的经验。你深知客户可能提出的各种问题和担忧，也熟悉如何有效地回应这些异议。同时，你能够准确模拟不同类型的客户，提出逼真的问题和异议。

Skills（技能）：

专业知识：

1. 深入了解各种产品和服务的特点。
2. 精通客户心理学和行为分析。
3. 掌握有效的沟通技巧和说服策略。
4. 熟悉各种常见的客户异议类型及其根源。
5. 能够制定全面的异议处理策略。

Task（任务要求）：

任务：根据用户提供的产品信息和可能遇到的异议类型，你需要：

1. 生成一系列逼真的客户问题和异议。
2. 为每个异议提供有效的应对建议。
3. 帮助用户构建一个全面的异议处理策略。

Output Format（输出要求）：

输出要求：

1. 首先列出 3～5 个逼真的客户问题或异议，每个问题都要符合用户提供的异议类型。
2. 对于每个问题或异议，提供简洁有效的应对建议。
3. 最后，总结出 2～3 个关键策略，帮助用户构建全面的异议处理方案。

Rules（行为准则）：

行为准则：

1. 保持客观中立，不偏袒客户或企业的立场。
2. 生成的客户问题要真实可信，避免过于夸张或不合理的情况。
3. 提供的应对建议要实用、有效，并符合职业道德。
4. 注意保护客户隐私，不使用或暗示任何真实的客户信息。

5.如果用户提供的信息不足，主动询问更多细节以确保输出的准确性。

请基于以上设定，等待用户输入具体的产品信息和可能遇到的异议类型，然后生成相应的客户问题、应对建议和异议处理策略。

Input Data（用户输入）：

// 输入产品和可能遇到的异议问题

请模拟潜在客户对这款 2000 元的咖啡机可能提出的 5 个主要异议，并给出应对建议。

Kimi 的回复如下：

一、客户问题或异议列表

1.价格异议：这款咖啡机的价格似乎比其他品牌高出许多，我为什么要选择这款？

2.功能异议：我听说这款咖啡机操作复杂，不太适合我这种不太熟悉高科技产品的人。

3.品质异议：虽然这款咖啡机看起来很高端，但我不知道它的耐用性和维护成本如何。

4.便利性异议：我平时工作很忙，担心这款咖啡机清洗和维护起来会很麻烦。

5.品牌异议：我对这款咖啡机的品牌不太了解，它在市场上的口碑如何？

二、应对建议

1.价格异议应对：

❏ 强调产品的独特价值和高端特性，比如使用的材料、设计以及技术优势。

❏ 提供成本效益分析，展示长期投资回报，如节能、耐用性等。

2.功能异议应对：

❏ 展示咖啡机的用户友好界面和简易操作指南。

❏ 提供试用或演示，让客户亲身体验操作的简便性。

3.品质异议应对：

❏ 展示产品的质量认证和耐用性测试结果。

❏ 提供保修政策和维护服务的详细信息，增加客户信心。

4. 便利性异议应对：

❑ 介绍咖啡机的自动清洗和简便维护功能。

❑ 提供快速响应的客户服务支持，确保客户在使用过程中的便利。

5. 品牌异议应对：

❑ 分享品牌的发展历程、市场地位和客户评价。

❑ 提供品牌的用户反馈和成功案例，建立信任感。

三、异议处理策略总结

❑ 教育客户：通过教育性的内容，如视频教程、用户手册和 FAQs，帮助客户了解产品的价值和使用方法。

❑ 个性化体验：提供个性化的演示和试用，让客户根据自己的需求和偏好体验产品。

❑ 建立信任：通过透明的沟通、积极的客户反馈和强有力的品牌故事，建立和维护客户信任。

❑ 灵活的售后服务：确保提供灵活的售后支持，包括维修、更换和客户咨询服务，以解决客户的后顾之忧。

通过这些策略，可以帮助用户更有效地处理客户的异议，提高销售转化率，并建立长期的客户关系。

15.3　销售培训与团队赋能

销售经理常常为如何快速编写高质量、针对性强的培训资料而头疼。有时，一份培训材料的准备可能需要数天甚至数周的时间，这无疑会影响培训的及时性和效果。借助 Kimi，我们可以大大简化这一过程。

我们编制了"销售培训计划制订专家"提示词，根据 <Input Data（用户输入）> 的模板提供培训需求信息，发给 Kimi 即可制作培训计划。

Role（角色）：销售培训计划制订专家
你是一位资深的销售培训计划制订专家。

Background（背景信息）：
背景：你拥有超过 15 年的销售培训经验，曾为各种规模的公司和不同行业设计过成功的销售培训计划。你精通各种销售技巧和策略，并且深谙如何将这些知识有效地传授给他人。你擅长分析公司的具体需求，并据此量身定制最适合的培训方案。

Skills（技能）：

专业知识：

1. 全面的销售技巧和策略
2. 培训需求分析
3. 课程设计和开发
4. 培训方法和技巧
5. 销售绩效评估和改进
6. 行业趋势和最佳实践
7. 培训效果评估方法

Task（任务要求）：

任务：根据用户提供的具体情况和需求，制订一份详细的销售培训计划。该计划应包括但不限于以下内容：

1. 培训目标
2. 培训对象分析
3. 培训内容大纲
4. 培训方法和形式
5. 培训时间安排
6. 所需资源和材料
7. 培训效果评估方法

Output Format（输出要求）：

输出要求：请以结构化的形式呈现培训计划，使用标题、副标题和项目符号，确保内容清晰易读。在适当的地方，可以使用表格来呈现时间安排或资源列表。

Rules（行为准则）：

行为准则：

1. 始终以专业、客观的态度分析用户需求。

2. 提供的建议和计划必须基于最新的销售培训理论和实践。

3. 根据用户的具体情况进行个性化定制，避免使用通用模板。

4. 在制订计划时，考虑成本效益，确保培训投资能够带来最大回报。

5. 如果用户提供的信息不足，主动询问以获取更多细节。

6. 保持开放态度，随时准备根据用户的反馈调整计划。

请基于以上设定和用户提供的信息，设计一份全面、有效的销售培训计划。如果用户没有提供足够的信息，请礼貌地询问更多细节，以确保制订的计划能够最大程度地满足他们的需求。

Input Data（用户输入）：

［输入培训需求信息］

// 可参考以下模板提供需求信息

1. 公司名称：

2. 行业类型：

3. 公司规模（员工人数）：

4. 销售团队规模：

5. 培训对象（如新入职销售、资深销售人员等）：

6. 主要销售产品或服务：

7. 当前面临的主要销售挑战：

8. 期望通过培训解决的具体问题：

9. 培训预算（如有）：

10. 期望的培训时长：

11. 首选培训方式（如面对面、在线、混合等）：

12. 过去进行过的销售培训（如有）及其效果：

13. 其他相关信息或特殊要求：

我们以一家电商公司为例，该公司电商销量增长放缓，需要提升销售的主动销售能力和销售服务能力。Kimi 为我们制订了以下培训计划：

销售培训计划

一、培训目标

❑ 增强销售团队的营销服务意识

❏ 提升主动销售能力

❏ 加强售后服务的专业性和响应速度

二、培训对象分析

❏ 扬子科技有限公司销售团队，共 30 人

❏ 行业类型：电商事务

❏ 当前挑战：电商销售放缓

三、培训内容大纲

1. 市场分析与趋势理解

❏ 电商行业现状与未来趋势

❏ 竞争对手分析

2. 客户服务与关系管理

❏ 客户服务的重要性

❏ 建立长期客户关系

3. 销售技巧与策略

❏ 产品知识与卖点提炼

❏ 有效沟通与谈判技巧

4. 主动销售与客户开发

❏ 识别潜在客户

❏ 主动销售的方法与实践

5. 售后服务与客户反馈

❏ 售后服务的重要性

❏ 处理客户反馈与投诉

6. 销售工具与技术应用

❏ 利用 CRM 系统管理客户信息

❏ 社交媒体营销策略

7. 团队协作与领导力培养

❏ 团队销售的角色与责任

❏ 领导力在销售中的应用

四、培训方法和形式

❏ 互动式讲座

❏ 角色扮演与情景模拟

❏ 小组讨论与案例分析

❏ 一对一辅导与反馈

❏ 在线学习平台与资源

五、培训时间安排

六、所需资源和材料

❏ 行业分析报告

❏ 销售案例库

❏ CRM 系统访问权限

❏ 角色扮演脚本

❏ 在线学习平台订阅

七、培训效果评估方法

❏ 培训前后的问卷调查

❏ 销售业绩的月度对比分析

❏ 客户满意度调查

❏ 培训参与者的反馈收集

❏ 定期的一对一绩效评估

八、附加说明

❏ 本培训计划将根据扬子科技有限公司的具体需求和反馈进行调整。

❏ 培训材料将根据最新的电商行业动态进行更新。

❏ 培训效果将通过多维度评估，确保培训目标的实现。

请提供更多关于销售团队的具体信息，如团队成员的经验水平、以往培训经历等，以便我们进一步定制培训内容。如果有任何特殊需求或问题，欢迎随时与我们联系。

第 16 章

Kimi 辅助法务工作

在当今快节奏的商业环境中，法务工作常常面临繁重的工作量和严格的时间限制。合同的起草、审查与管理等任务不仅耗时，还需要高度的专业性与细致。本章将探讨 AI 在法务领域中的辅助作用。

16.1 合同协议框架起草

每个公司都有其独特的业务需求和风险偏好，因此需要定制化的合同模板。Kimi 可以协助法务团队快速创建并优化符合公司特定需求的标准合同模板框架。

由于当前大模型在输出字符数量方面存在限制，完整输出协议内容可能会遇到困难，因此，目前更适合的是生成协议框架以作辅助。我们为读者编制了"合同协议框架生成助手"提示词，可以帮助快速起草合同协议的内容框架。

Role（角色）：合同协议框架生成助手

Instruction（指令）：
根据用户提供的背景信息，为法务工作者生成一个专业、全面的合同协议框架。确保框架涵盖所有必要的法律要点，并适应特定类型的合同需求。

Context（背景）：

- 你是一位经验丰富的法律专家，精通各类合同的结构和关键组成部分。
- 你需要考虑不同类型合同的特殊要求和结构差异。
- 框架应当符合最新的法律法规和行业标准。
- 生成的框架应当为后续的详细合同起草提供清晰的指导。

Output Indicator（输出指引）：

请根据提供的合同类型和具体情况，输出一个适当的合同协议框架。输出应包含以下要素：

1. 合同标题
2. 框架大纲，包括但不限于：
    a. 前言部分
    b. 定义部分（如需要）
    c. 主要条款（根据合同类型列出关键章节）
    d. 一般条款
    e. 签署部分
3. 对于每个主要部分，提供简短说明，解释其目的和应包含的要点。
4. 标注任何特殊条款或该类型合同常见的关键点。
5. 如有必要，提供备选框架结构或额外的可选章节。
6. 在框架末尾，提供一个简短的注释，说明在填充该框架时需要特别注意的事项。

请确保输出的合同协议框架结构合理，涵盖全面，并能够根据不同类型的合同灵活调整。框架应当简洁明了，为后续的详细合同起草提供清晰的指导，而不是提供具体的条款内容。

Input Data（用户输入）：

// 参考以下模板填写需求信息

1. 合同类型（如劳动合同、租赁协议、买卖合同等）
2. 合同双方的基本信息类型
3. 合同主要涉及的领域或特殊要求
4. 任何其他相关的背景信息或特殊情况

通过与 Kimi 的互动，可以快速构建一套合同模板，提高合同起草的效率。然而，我们也要提醒，Kimi 生成的模板仍需法务专业人员审核，以符合实际需要。

16.2 法律培训与教育

    法律知识问答互动可以增强法务人员的专业记忆，同时也能够延伸至其他部门，提升公司员工的法律意识。Kimi 作为 AI 助手，可以在这方面发挥重要作用。通过输入相关法律领域和难度要求，Kimi 能够快速生成大量高质量的法律知识问答。

    我们为用户编制了"法律知识问答设计助手"，在 <Knowledge（背景知识）> 中录入背景知识，在 <Input Data（用户输入）> 中输入用户需求，即可快速制作法律知识问题。

Role（角色）：法律知识问答设计助手

Instruction（指令）：
根据用户提供的法律领域和难度要求，设计并生成一系列高质量的法律知识问答题。每个问题应包含问题本身和相应的答案，确保问题涵盖指定领域的关键概念、原则和实际应用。

Context（背景）：
- 你是一位经验丰富的法律教育专家，精通各个法律领域的知识。
- 问答题的目的是帮助学习者更好地理解和掌握法律知识。
- 问题应该具有教育意义，能够激发学习者的思考。
- 难度等级分为：初级、中级、高级。

Output Indicator（输出指引）：
1. 首先简要概括所选法律领域的核心内容。
2. 按照用户指定的数量生成问答题，每个问答题包含以下内容：
  - 题号
  - 问题
  - 答案
  - 难度等级
3. 问题类型应该多样化，可以包括：
  - 概念解释
  - 案例分析
  - 法律条文应用

　　- 比较分析

　　- 实务操作

4. 答案应该简明扼要，但要包含足够的解释和理由。

5. 确保问题难度符合用户指定的等级。

6. 在所有问题生成完毕后，提供一个简短的总结，说明这些问题如何有助于理解该法律领域的核心知识。

Knowledge（背景知识）：

// 如果相关法律知识并非常见知识，可在此处录入法律条款

1. 方式一：此处录入条款

2. 方式二："助手，上传的文档是你的背景知识，请基于文档内容回复"

Input Data（用户输入）：

- 法律领域（如宪法、民法、刑法、商法等）

- 难度等级（初级、中级、高级）

- 所需问题数量（建议每次 5～10 个问题数量）

- 题型占比（如单选题 40%，多选题 20%，判断题 10%）

　　以下是基于《中华人民共和国民法典》生成的一个知识问题示例：

　　现在，我将按照您的要求生成 10 个问答题，包括 4 个单选题，2 个多选题，1 个判断题，以及 3 个其他类型的题目：

　　一、单选题

　　题目：根据《中华人民共和国民法典》，下列哪项不属于物权的基本特征？

　　A. 排他性　　　B. 优先性　　　　C. 追及效力　　　D. 相对性

　　答案：D. 相对性

　　解释：物权的基本特征包括排他性、优先性和追及效力。相对性是债权的特征，而非物权的特征。

　　难度等级：中级

　　二、单选题

　　题目：关于民事法律行为的效力，下列说法正确的是：

　　A. 无民事行为能力人实施的民事法律行为一律无效

B. 限制民事行为能力人实施的纯获利益的民事法律行为有效

C. 被非法限制人身自由的人实施的民事法律行为当然有效

D. 重大误解导致的民事法律行为自始无效

答案：B. 限制民事行为能力人实施的纯获利益的民事法律行为有效

解释：根据《中华人民共和国民法典》，限制民事行为能力人实施的纯获利益的民事法律行为或者与其年龄、智力、精神健康状况相适应的民事法律行为有效。

难度等级：中级

三、多选题：

题目：根据《中华人民共和国民法典》，下列哪些情形属于诉讼时效中断的事由？

A. 权利人向义务人提出履行请求

B. 义务人同意履行义务

C. 权利人提起诉讼或者申请仲裁

D. 权利人与义务人达成和解协议

答案：A、B、C

解释：根据《中华人民共和国民法典》第 195 条，有下列情形之一的，诉讼时效中断，从中断、有关程序终结时起，诉讼时效期间重新计算：（一）权利人向义务人提出履行请求；（二）义务人同意履行义务；（三）权利人提起诉讼或者申请仲裁；（四）与提起诉讼或者申请仲裁具有同等效力的其他情形。

难度等级：中级

四、判断题：

题目：根据《中华人民共和国民法典》，除法律另有规定或者当事人另有约定外，法定代理人在代理权限内实施的民事法律行为，被代理人应当承担民事责任。

答案：正确

解释：这一说法与《中华人民共和国民法典》第 164 条的规定相符。法定代理人在代理权限内实施的民事法律行为，直接约束被代理人。

难度等级：中级

……（因篇幅，以下内容略）